# 电力拖动控制线路

主　编　范玉海　马树换

副主编　王庆军　刘　强　张吉岩　周　华

主　审　彭贞蓉

合肥工业大学出版社

**图书在版编目(CIP)数据**

电力拖动控制线路/范玉海,马树换主编. --合肥:合肥工业大学出版社,2025.
ISBN 978 - 7 - 5650 - 6967 - 3

Ⅰ. TM921.5

中国国家版本馆 CIP 数据核字第 2024AU5867 号

# 电力拖动控制线路

范玉海　马树换　主编　　　　　　　　责任编辑　毕光跃　郭　敬

| | | | | |
|---|---|---|---|---|
| 出　版 | 合肥工业大学出版社 | 版　次 | 2025 年 3 月第 1 版 | |
| 地　址 | 合肥市屯溪路 193 号 | 印　次 | 2025 年 3 月第 1 次印刷 | |
| 邮　编 | 230009 | 开　本 | 787 毫米×1092 毫米　1/16 | |
| 电　话 | 理工图书出版中心:0551-62903004 | 印　张 | 15.75　　**彩插**　1 印张 | |
| | 营销与储运管理中心:0551-62903198 | 字　数 | 322 千字 | |
| 网　址 | press. hfut. edu. cn | 印　刷 | 安徽联众印刷有限公司 | |
| E-mail | hfutpress@163.com | 发　行 | 全国新华书店 | |

ISBN 978 - 7 - 5650 - 6967 - 3　　　　　　　　　　定价:49.00 元

# 前　　言

近几年来，随着社会经济和科学技术的发展，社会对专业技术人才的需求日趋旺盛，对机电技术应用专业人才的专业知识和操作技能也提出了更高的要求。为了更好地适应社会对电工类人才的需求，职业学校电工电子类专业的招生规模也在不断扩大，教学内容和教学方法也在不断调整。

为了满足中等职业技术学校电工类专业的教学要求，我们结合工厂电气设备维修的特点及实践经验，突出实践技能操作，以提高学生的动手能力和分析能力为原则，以解决实际工作中的具体问题为主要目标，组织人员对电力拖动与自动控制线路技能训练进行任务驱动项目化教学改编，并编写了本教材。

本教材的编写力求体现职业教育的性质、任务和培养目标，符合职业教育的课程教学基本要求，符合职业教育的特点和规律，具有职业教育特色。

本教材在内容组织上紧扣中等职业学校学生实际情况，具有以下特点。

力求新颖：本教材采用项目式教学，以任务书的形式展现每一个层面的内容，尽可能多地在教材中充实新知识、新技术、新设备和新材料等方面的内容，力求使教材具有较鲜明的时代特征。

理论联系实际：本教材在教学内容上力图与企业生产现状相符，讲练结合，学以致用，有利于学生主动参与到教学中，提高学习主动性和操作技能，解决实际问题。

培养团队合作意识：采用分组形式进行教学，形成合作团队，培养严谨求实、团结协作的精神，能有效地提高小组分析问题、解决问题的能力。

突出技能训练：本教材立足实际应用，精选从企业岗位上提炼出的项目进行分析训练，以培养学生的实践能力和操作技能，适应行业发展的需要。

本书由范玉海、马树换担任主编，王庆军、刘强、张吉岩、周华担任副主编，胡宗生、刘井卫、丁静、韩莉娜、黄和媛参与了本书的编写。

在编写过程中，我们参阅了大量的相关专业书籍和资料，并在网络上查阅了大量的资料，得到了济南锦泉成套电器有限公司、济南清河电气有限公司、山东新科特电气有限公司、济南三机床有限公司的大力支持，在此一并表示衷心的感谢。

特别感谢中职电子学科名师彭贞蓉。她对本教材进行了全面的审读，并提供了丰富的、有针对性的资料，对本教材的内容质量提升和顺利出版有很大帮助。

由于编者的水平有限，书中难免有疏漏和不足之处，恳请读者朋友提出改正意见，以便进一步完善。

编　者

2025 年 1 月

# 目 录

# 二维码索引

# 课　程　导　入

## 0.1　安全用电常识

在日常用电操作中，人体触电的事故时有发生。其中一个重要原因就是人员缺乏安全用电常识和违反安全操作规程。在人体触电后，抢救不及时或急救处置不当，均会造成人员二次伤害。因此，掌握安全用电常识是十分必要的。

### 0.1.1　安全用电基本知识

#### 1.触电的类型

在人们的日常生活和工作中，触电是常见的一类事故。触电主要指人体接触到带电物体，导致有电流流过人体，从而产生了各种伤害人体的现象。

根据电流通过人体的路径和触及带电体的方式，一般可将触电分为单相触电、两相触电和跨步电压触电等。人体触电的类型见表 0-1-1 所列。

表 0-1-1　人体触电的类型

| 名　称 | 图　示 | 含　义 |
|---|---|---|
| 单相触电 | | 当人体某一部位与大地接触，另一部位与一相带电体接触时，电流从相线经人体到地（或中性线）形成回路而发生的触电 |
| 两相触电 | | 发生触电时，人体的不同部位同时触及两相带电体。两相触电时，电流直接经人体构成回路。此时，流过人体的电流大小完全取决于电流路径和供电电网的电压 |

（续表）

| 名　　称 | 图　　示 | 含　　义 |
|---|---|---|
| 跨步电压触电 | | 当带电体接地，有电流流入地下时，电流在接地点周围土壤中产生电压降。人在接地点周围，两脚之间出现的电位差即跨步电压。由此造成的触电称为跨步电压触电。发生跨步电压触电时，电流仅通过身体下半部及两下肢，基本上不通过人体的重要器官，故一般不危及人体生命，但人体感觉相当明显。当跨步电压较高时，流过两下肢的电流较大，易导致两下肢肌肉强烈收缩，此时如身体重心不稳，极易跌倒而造成电流流过人体的重要器官（心脏等），引起人身死亡事故 |

**2. 电流对人体的伤害**

当电流通过人体时，电流会对人体产生热效应、化学效应及刺激作用等生物效应，影响人体的功能。严重时，电流可损伤人体，甚至危及人的生命。

1）电流对人体造成伤害的相关因素

电流对人体伤害的严重程度与通过人体电流的大小、频率、持续时间、通过人体的路径及人体电阻的大小等多种因素有关。

人体对电流大小的反应见表 0-1-2 所列。

表 0-1-2　人体对电流大小的反应

| 电流大小 | 对应的人体感觉 |
|---|---|
| 100～200mA | 对人体无害，甚至还能治病 |
| 1mA 左右 | 引起麻的感觉 |
| 不超过 10mA 时 | 人尚可摆脱电源 |
| 超过 30mA 时 | 感到剧痛，神经麻痹，呼吸困难，有生命危险 |
| 达到 100mA 时 | 很短时间使人心跳停止 |

2）电流对人体造成的伤害的分类

根据伤害程度的不同，电流对人体的伤害一般分为两种类型：电击与电伤。

（1）电击：电流流过人体时造成的人体内部的伤害，主要破坏人的心脏、肺及神经系统。电击的危险性最大，一般死亡事故是由电击造成的。

（2）电伤：电流对人体外表造成的伤害，主要是局部的热效应和光效应。轻者只见皮肤灼伤，严重者则见灼伤面积大并可深达肌肉、骨骼。常见的电伤有灼伤、烙伤和皮肤表面金属化等，严重时可危及人的生命。

**3. 事故原因分析**

1）安全意识缺乏引起的触电事故

缺乏安全意识是造成电气事故的主要原因之一。安全意识缺乏引起的触电事故如图 0-1-1

所示。在生产生活中私自乱拉、乱接电线，盲目安装、修理线路或电器用具，对家用电器的金属外壳未接地线，用湿手或湿布接触、擦拭灯具等均有可能引起触电事故。

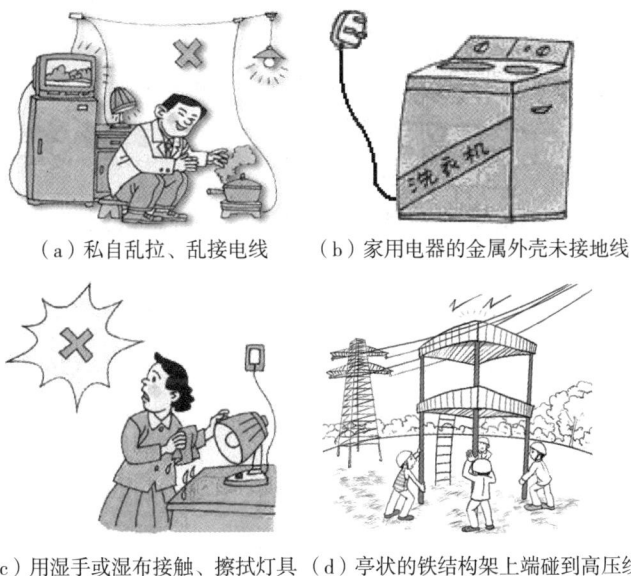

(a) 私自乱拉、乱接电线　　(b) 家用电器的金属外壳未接地线

(c) 用湿手或湿布接触、擦拭灯具　(d) 亭状的铁结构架上端碰到高压线

图 0-1-1　安全意识缺乏引起的触电事故

2) 违章作业引起的触电事故

违章作业引起的触电事故一般是因操作时没有严格按照安全操作规程的要求而造成的。图 0-1-2 为作业车拖动的钻机塔架顶部搭在距离地面不足 10m 的电线上，很容易造成触电事故。

3) 电气安装不符合要求引起的事故

电气安装不符合要求引起的事故常见的是因电线接触不良而引起的事故，如图 0-1-3 所示。

图 0-1-2　作业车拖动的钻机塔架顶部
搭在距离地面不足 10m 的电线上

图 0-1-3　因电线接触
不良而引起的事故

4) 设备有缺陷或故障引起的事故

设备有缺陷或故障是引发电气事故的一个原因。例如，某供电局在处理配电事故时，柱上多油断路器突然爆炸，燃烧的油落在杆上准备操作的工人身上，使工人烧伤。

### 4. 触电的预防

预防触电的措施主要有以下几个。

（1）在使用家用电器的过程中，要使其插头部位的地线与地面或其他具有接地效果的物体保持良好的接触，只有这样才能防止家用电器外表面漏电对人身造成伤害。

（2）在维修家庭线路或用电设备时，首先就应确保电源已经断开，并且在操作之前，要用测电设备（如验电笔）测试，以确保设备或线路安全。在对设备或电器进行维修时，最好佩戴绝缘手套和其他具有保护措施的装备，如绝缘手环等。

（3）当用电设备需要维修时，应该请专业人员进行维修，做到不私自拆用电设备。由于有些用电设备即使在断电的情况下，自身也会存在带电的情况，因此维修时应谨慎。

（4）养成良好的用电习惯。例如，用电设备在不使用时应当切断电源；插座等用电设备的连接部位应保持稳固接触，防止产生火花，线路的裸露部位应当及时进行包裹处理，防止对人身造成伤害。

（5）在用电的过程中，如果发生熔丝烧断的情况，更换时应当选择电流或功率与烧断熔丝匹配的熔丝，不可以用其他类型熔丝或铁丝代替，同时检查周边用电设备，排除用电设备的短路故障。

（6）不要在高压设备，特别是超高压电线塔附近活动。过高的电压会在人靠近时引发跨步电压触电，危害相当大，因此与高压设备保持合理距离至关重要。

## 0.1.2 触电急救方法

当发现有人触电时，首先要尽快使触电者脱离电源，然后根据触电情况采取相应的急救措施。

### 1. 使触电者脱离电源

施救者应根据不同场景采取适当的措施，既要达到使触电者脱离电源的目的，又要保证自身的安全。使触电者脱离电源的方法（表0-1-3），可用"拉""切""挑""拽""垫"5个字来概括。

表0-1-3 使触电者脱离电源的方法

| 触电现场处理方法 | 图 示 | 操作要领 |
|---|---|---|
| 拉 | | 如果电源开关或插头在触电地点附近，那么可立即拉开或拔出插头，断开电源 |
| 切 | | 如果电源开关或插头距离触电现场较远，那么可用有绝缘柄的电工钳等工具切断电源。切断时应防止带电导线断落触及周围的人 |

（续表）

| 触电现场处理方法 | 图 示 | 操作要领 |
|---|---|---|
| 挑 | | 如果导线落在触电者身上或被压在身下，可用干燥的绳索、木棒等绝缘物作为工具，拉开触电者或挑开导线，使触电者脱离电源 |
| 拽 | | 救护人员可戴上绝缘手套或在手上包裹缠绕干燥的衣服等绝缘物品拖拽触电者，使其脱离电源。如果触电者的衣服是干燥的，又没有紧缠在身上，可以用一只手抓住触电者的衣服，将其脱离电源 |
| 垫 | | 如果触电者由于痉挛，手指紧握导线或导线缠绕在身上，可先用干燥的木板插入触电者身下，使其与地绝缘，然后采取其他办法把电源切断 |

### 2. 脱离电源后的急救

当触电者脱离电源后，应在现场就地检查和抢救，并呼叫急救车，抢救措施如下：

（1）将触电者移至通风干燥的地方，使触电者仰卧，松开衣服和腰带，检查瞳孔是否放大，呼吸和心跳是否存在；

（2）对于失去知觉的触电者，若其呼吸不齐、微弱，或呼吸停止而有心跳，应采用口对口人工呼吸法进行抢救；

（3）对于有呼吸、心跳微弱或无心跳者，应采用胸外心脏按压法进行抢救。

具体触电急救方法见表 0-1-4 所列。

表 0-1-4 具体触电急救方法

| 急救方法 | 实施方法 | 图 示 |
|---|---|---|
| 简单诊断 | （1）将脱离电源的触电者迅速移至通风、干燥处，将其仰卧，松开上衣和裤带；<br>（2）观察触电者的瞳孔是否放大。当人体处于假死状态时，人体大脑细胞严重缺氧，处于死亡边缘，瞳孔自行放大；<br>（3）观察触电者有无呼吸存在，摸一摸颈部的颈动脉有无搏动 | <br>瞳孔正常　瞳孔放大 |

（续表）

| 急救方法 | 实施方法 | 图　示 |
|---|---|---|
| 对有心跳而呼吸停止的触电者，应采用口对口人工呼吸法进行急救 | （1）使触电者仰天平卧，颈部枕垫软物，头部偏向一侧，松开衣服和裤带，清除触电者口中的血块、假牙等异物。急救者跪在触电者的一边，使触电者的鼻孔朝天，头后仰；<br>（2）用一只手捏紧触电者的鼻子，另一只手托在触电者颈后，将颈部上抬，深深吸一口气，用嘴紧贴触电者的嘴，大口吹气；<br>（3）放松捏着鼻子的手，让气体从触电者肺部排出，如此反复进行，每5s吹气一次，坚持连续进行，不可间断，直到触电者苏醒为止 | 清理口腔防阻塞　　贴嘴吹气胸扩张<br><br>鼻孔朝天，头后仰　　放松嘴鼻好换气 |
| 对有呼吸而心跳停止的触电者，应采用胸外心脏按压法进行急救 | （1）使触电者仰卧在硬板上或地上，颈部枕垫软物使头部稍后仰，松开衣服和裤带，急救者跪跨在触电者腰部；<br>（2）急救者将右手掌根部按于触电者胸骨下1/2处，中指指尖对准其颈部凹陷的下缘，左手掌复压在右手背上；<br>（3）掌根用力下压4～5cm，然后突然放松，挤压与放松的动作要有节奏，以每分钟100次为宜，必须坚持连续进行，不可中断；<br>（4）在向下挤压的过程中，将肺内空气压出，形成呼气；停止挤压，放松后，由于压力解除，胸廓扩大，外界空气进入肺内，形成吸气 | 压区<br>中指对凹膛，当胸一手掌　　掌根用力向下压<br><br>胸骨<br>左心室<br>主动脉<br>左肺<br>胸骨<br>右心房<br>下腔静脉<br>脊柱<br>肋骨<br>心脏在胸骨与脊柱之间被挤压，血液排出<br><br>放松时，心脏因静脉回流而充盈 |
| 对呼吸和心跳都已停止的触电者，应同时采用口对口人工呼吸法和胸外心脏挤压法进行急救 | （1）一人急救：两种方法应交替进行，即吹气两次，挤压心脏30次，且速度都应快些；<br>（2）两人急救：每5s吹气一次，每1s挤压一次，两人同时进行 | 一人急救　　两人急救 |

注：（1）禁止乱打肾上腺素等强心针；

　　（2）禁止用冷水浇淋。

## 0.2 认识常用电工工具和仪器、仪表

在电机拖动与控制中，经常用到各类电工工具和仪器、仪表。下面主要介绍常用电工工具、仪器、仪表的名称、功能及用途，使学生对这些电工工具和仪器、仪表有一个初步的认识。

### 0.2.1 常用电工工具

电气操作人员必须掌握常用电工工具的结构、性能和正确的使用方法。常用的电工工具有钢丝钳、尖嘴钳、斜口钳、剥线钳、螺钉旋具、镊子、扳手、电烙铁、电工刀、验电笔等，常用电工工具见表 0-2-1 所列。

表 0-2-1 常用电工工具

| 名　称 | 图　示 | 功能及用途 |
|---|---|---|
| 钢丝钳 | | 钢丝钳是用于剪切或夹持导线、金属丝或工件的钳类工具。钢丝钳的规格有 150mm、175mm 和 200mm 三种，均带有橡胶绝缘套管，适用于 500V 以下的带电作业 |
| 尖嘴钳 | | 尖嘴钳也是电工常用的工具之一，它的头部尖、细、小，特别适宜于狭小空间的操作，功能与钢丝钳相似 |
| 斜口钳 | | 斜口钳主要用于剪切导线、元器件多余的引线，还常用来代替一般剪刀剪切绝缘套管、尼龙扎线卡等 |
| 剥线钳 | | 剥线钳用于剥削直径在 6mm 以下的塑料电线或橡胶电线线头的绝缘层 |
| 螺钉旋具 | | 螺钉旋具是用来紧固或拆卸螺钉的工具，可分为一字形和十字形两种。一字形螺钉旋具主要用来旋动一字槽形的螺钉，十字形螺钉旋具主要用来旋动十字槽形的螺钉 |
| 镊子 | | 镊子是电工电子维修中经常用到的工具，常被用于夹持导线、元器件及集成电路引脚等 |
| 扳手 | | 扳手是一种常用的安装与拆卸工具，是利用杠杆原理拧转螺栓、螺钉、螺母的手工工具 |
| 电烙铁 | | 电烙铁是电子制作和电器维修的必备工具，主要用途是焊接元器件及导线。电烙铁按结构可分为内热式电烙铁和外热式电烙铁，按功能可分为焊接用电烙铁和吸锡用电烙铁 |
| 电工刀 | | 电工刀可用于剖削导线的绝缘层、电缆绝缘层、木槽板等 |

（续表）

| 名　称 | 图　示 | 功能及用途 |
|--------|--------|-----------|
| 验电笔 | | 验电笔简称电笔，是用来检查测量低压导体和电气设备外壳是否带电的一种常用工具。验电笔常做成小型螺钉旋具结构或钢笔式结构 |

### 0.2.2　常用仪器、仪表

在电机拖动与控制相关职业岗位工作中，测量是不可缺少的一项重要工作。通过借助各种电工仪器、仪表对电机设备或电路的相关物理量进行测量，可以了解和掌握电机设备的特性和运行情况，检查电气元件的质量。可见，了解电工仪器、仪表的功能及用途是十分必要的。常用仪器、仪表见表 0-2-2 所列。

表 0-2-2　常用仪器、仪表

| 名　称 | 图　示 | 功能及用途 |
|--------|--------|-----------|
| 万用表 | | 万用表是用来测量直流电流、直流电压、交流电压和电阻等的电工仪表，常见的有指针式万用表和数字式万用表两种 |
| 示波器 | | 示波器是用来测量被测信号的波形、幅度和周期的仪器 |
| 钳形电流表 | | 钳形电流表是一种不需要断开电路即可直接测量较大工频交流电流的便携式仪表 |
| 信号发生器 | | 信号发生器又称为信号源或振荡器，能够产生多种波形（如三角波、锯齿波、矩形波、正弦波等信号），在电路实验和设备检测中具有十分广泛的用途 |
| 兆欧表 | | 兆欧表又称绝缘电阻表或摇表，是专门用于测量绝缘电阻的仪表，它的计量单位是兆欧（MΩ）。兆欧表主要用来检测供电线路、电机绕组、电缆、电气设备等的绝缘电阻，以便检验其绝缘性能的好坏 |

常用仪器、仪表日常使用维护的注意事项如下。

（1）仪器、仪表应定期进行校验和调整，并应定期用干布擦拭，保持清洁。

（2）搬运仪器、仪表时应小心，轻拿轻放，以防止损坏其轴承和游丝。电工仪器、仪表的装拆工作应在切断电源后进行。

（3）仪器、仪表接电源前，应估计电路上要测的电压、电流等是否在最大量程内。其引线必须适当，要能负担测量时的负载而不致过热，并不致产生很大的电压降而影响仪器、仪表的读数。

（4）在使用仪器、仪表时，应注意做好零位调整，使指针指在起始位置（零点）。若指针不指零位，可旋转调零旋钮，使指针回到零点位置；若指针转动不灵活，不可硬敲表面，而须考虑进行检修。由于使用不当而将指针撞弯，不能旋转调零旋钮调节零位时，必须拆开修理。

（5）对仪器、仪表不能随便加润滑油，不能加普通食用油或其他油脂，否则会损坏仪器、仪表。

（6）仪器、仪表发生故障时，应送相关单位进行修理。

（7）仪器、仪表存放的地方，周围温度应保持为 $10 \sim 30 ℃$，不能将其放在炉子旁或其他冷热变化急剧的场所，相对湿度应为 $30\% \sim 80\%$。周围空气应清洁，没有过多尘土，并不含有酸、碱腐蚀性气体。在南方，还应注意在黄梅季节加强对仪器、仪表存放条件的检查，防止线圈发霉与零件生锈。

# 项目1
# 认识与连接三相异步电动机

**项目描述**

目前，电动机已渗透到我们的学习、生活和工作中。其中，三相异步电动机因其结构简单、制造方便、运行性能好、可节省各种材料、价格低廉等优点，在工矿企业生产中得到广泛应用。

那么，什么是三相异步电动机呢？它如何与生产设备构成一个共同体呢？下面让我们一起来认识与连接三相异步电动机。

## 任务 1  认识与拆装三相异步电动机

知识目标

（1）了解三相异步电动机的结构。

（2）理解三相异步电动机的原理。

（3）能读懂三相异步电动机的铭牌。

（4）了解三相异步电动机的拆装步骤和方法。

技能目标

（1）会正确拆卸三相异步电动机。

（2）会正确安装三相异步电动机。

素养目标

（1）能在实践操作过程中养成独立思考问题、解决问题的工作习惯。

（2）在拆装三相异步电动机的过程中使学生养成安全生产、文明生产习惯。

【课件】

认识与拆装
三相异步电动机

【微课】

认识与拆装
三相异步电动机

### 任务导入

电动机是一种将电能转换为机械能的装置，在工农业生产中通常用来驱动生产机械。下面让我们一起来认识三相异步电动机。

# 活动 1  认识三相异步电动机

三相异步电动机的型号和类型较多，外形也各异。让我们通过表 1-1-1 来认识几种常见的三相异步电动机。

表 1-1-1  几种常见的三相异步电动机

| 系　列 | 电动机 | 系　列 | 电动机 |
|---|---|---|---|
| YD 系列<br>变极多速<br>电动机 |  | YZR 系列<br>绕线型冶金<br>及起重用<br>三相异步电动机 |  |

（续表）

| 系　列 | 电动机 | 系　列 | 电动机 |
|---|---|---|---|
| YS 系列<br>三相异步<br>电动机 |  | Y 系列<br>全封闭自扇<br>冷式三相笼型<br>异步电动机 |  |
| YZ 系列<br>冶金及起重用<br>三相异步<br>电动机 |  | | |

**知识探究**

1. 三相异步电动机的外形、结构及原理

三相异步电动机虽然种类较多，但基本结构都相同，都是由定子和转子两大部分组成的。此外，三相异步电动机还包括端盖、轴承、接线盒等其他附件。三相异步电动机的组成、说明及原理见表 1-1-2 所列。

表 1-1-2　三相异步电动机的组成、说明及原理

| 类　型 | 三相异步电动机 |
|---|---|
| 外形图 |  |
| 结构 | 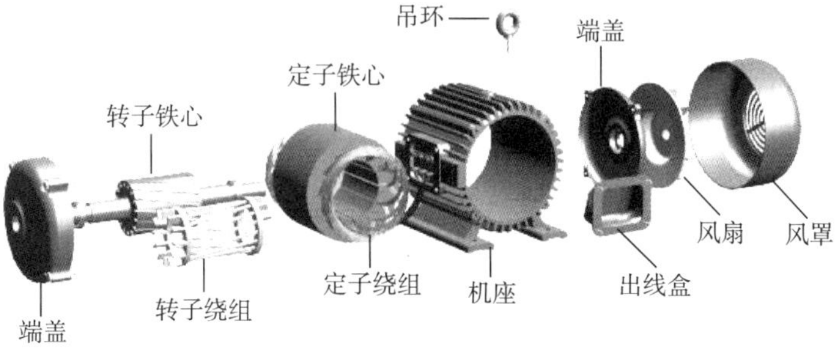 |

（续表）

| 类　型 | 三相异步电动机 |
|---|---|
| 定子 | 定子主要由定子铁心、定子绕组和机座三部分组成。其主要作用是将输入的三相交流电转变成一个旋转磁场。<br>三相对称的定子绕组嵌入定子槽并由槽楔固定于定子槽中，一般由多个线圈组按规律连接而成。绕组与铁心之间有槽绝缘且整体固定于机座中 |
| 转子 | 三相异步电动机的转子，主要由转子铁心、转子绕组和转轴等组成。其作用是在定子旋转磁场感应电磁转矩，跟着旋转磁场的方向转动，输出电力，带动设备运行。转子铁心也由硅钢片叠压并固定于转轴或转子支架上。转子绕组有笼形和绕线型两种 |
| 原理 | 电动机通电后会在铁心中产生旋转磁场，通过电磁感应在转子绕组中产生感应电流，转子电流受到磁场的电磁力作用产生电磁转矩并使转子旋转，因此三相异步电动机又被称为感应电动机 |

### 2. 三相异步电动机的铭牌及技术指标

电动机出厂时在机座上均装有铭牌，在铭牌上标明了这台电动机的型号、主要性能、技术指标和使用条件，给用户使用和维修这台电动机提供了重要依据。图 1-1-1 是三相异步电动机的铭牌。

| 三相异步电动机 | | | |
|---|---|---|---|
| 型号 Y112M-4 | | 编号 | |
| 功率 4.0kW | | 电流 8.8A | |
| 电压 380V | 转速 1440r/min | | LW82dB |
| △ 连接 | 防护等级 IP44 | 50Hz | 45kg |
| 标准编号 | 工作制 S1 | B 级绝缘 | 年 月 |
| ×××× | | 电机厂 | |

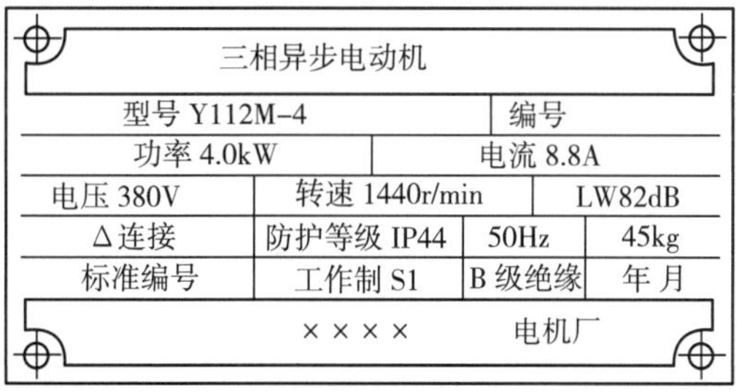

图 1-1-1　三相异步电动机的铭牌

三相异步电动机的铭牌含义及技术指标见表 1-1-3 所列。

表 1-1-3　三相异步电动机的铭牌含义及技术指标

| 内容指标 | 说　明 |
|---|---|
| 型号 | 型号表示电动机品种、规格和特殊环境代号。例如，"Y"表示"异步电动机"，"112"表示机座中心高（mm），"M"表示机座号（"S"表示短号，"M"表示中号，"L"表示长号），"4"表示磁极对数 |
| 额定电压 | 额定电压指电动机在额定状态下运行时，加在定子绕组上的线电压。通常铭牌上标有两种电压（220V/380V），与定子绕组的接法相对应 |
| 额定电流 | 额定电流指电动机在额定功率及额定电压下运行时，电网注入定子绕组的线电流。额定电流也有两种额定值对应不同的接法 |

（续表）

| 内容指标 | 说 明 |
|---|---|
| 额定功率 | 额定功率指电动机按铭牌所给条件运行时，轴所输出的机械功率（kW） |
| 接法 | 常见的有星形（Y）和三角形（△）接法 |
| 额定转速 | 额定转速指转子输出额定功率时每分钟的转数（r/min） |
| 额定频率 | 额定频率指额定状态下电动机应接电源的频率 |
| 功率因数 | 功率因数指用电设备的有功功率与视在功率的比值。视在功率一定时，功率因数越高，有功功率越高，电源利用率也越高 |
| 温升 | 温升指电动机运行时，机体温度数值与环境温度的差值（环境温度定为40℃） |
| 定额 | 分连续、短时和断续的工作方式。连续指电动机不间断地输出额定功率而温升不超过允许值。短时指电动机只能短时输出额定功率。断续指电动机可短时输出额定功率，但可重复启动 |
| 绝缘等级 | 绝缘等级指电动机绝缘材料的允许耐热等级。其对应温度如下：A级为105℃，B级为130℃，E级为120℃，F级为155℃，H级为180℃ |
| 重量 | 重量指电动机的自身重量 |
| 防护等级 | 防护等级由两个数字组成。第1个数字表示电器防尘、防止外物侵入的等级，第2个数字表示电器防湿气、防水侵入的密闭程度，数字越大表示其防护等级越高 |

### 3. 三相异步电动机的接法

**技能训练**

识别实训室中各电动机铭牌，讨论从中得到的电动机信息。

**练一练**

1. 填空题

（1）将学生分成小组，以小组为单位，仔细阅读并说出三相异步电动机的铭牌数据，并将铭牌数据填入表1-1-4中。

表1-1-4 三相异步电动机铭牌数据

| 型　号 | | 额定电流 | | 额定转速 | |
|---|---|---|---|---|---|
| 额定功率 | | 额定频率 | | 绝缘等级 | |
| 额定电压 | | 重　量 | | 中心高度 | |
| 定　额 | | 接　法 | | 防护等级 | |

（2）三相异步电动机由_____和_____两大部分组成。

（3）三相异步电动机的定子由_____、_____和_____组成。

（4）三相异步电动机的转子由_____、_____和_____等组成。

2. 问答题

(1) 请说出三相异步电动机的基本组成。

(2) 请说出三相异步电动机的基本原理。

# 活动 2　拆装三相异步电动机

**知识探究**

1. 三相异步电动机拆卸工具的认识

三相异步电动机拆卸工具见表 1-1-5 所列。

表 1-1-5　三相异步电动机拆卸工具

| 序　号 | 工具名称 | 图　例 | 用　途 |
|---|---|---|---|
| 1 | 拉具 |  | 用于拆卸皮带轮和轴承 |
| 2 | 套筒 |  | 用于紧固和起松螺母 |
| 3 | 锤子 |  | 用来传递力量，可避免因直接敲击而造成的轴或轴承等金属表面的损伤 |
| 4 | 纯铜棒 |  | 防止损伤设备，传递力量，不造成设备表面损坏 |

2. 三相异步电动机的拆卸

三相异步电动机的拆卸是维修和保养的必要步骤。若拆卸不当，势必使电动机受到损坏，为安全运行带来后遗症。为避免电动机损坏，必须掌握电动机的正确拆卸方法。三相异步电动机的拆卸方法见表 1-1-6 所列。

表 1-1-6　三相异步电动机的拆卸方法

| 项　目 | 步　骤 | 工艺要点 | 操作示意图 |
|---|---|---|---|
| 拆前准备 | （1）准备好拆卸工具，如拉具、套筒、锤子、螺钉旋具、扳手等 | 无 | 无 |
| | （2）做好拆卸前的标记 | 电源线在接线盒的相序；标出联轴器、皮带轮在轴上的位置，标出拆卸前后端盖、轴承的前后位置 | |
| | （3）拆除电源线和保护地线，将电动机搬至拆卸现场 | 卸下底脚螺母、弹簧垫圈和平垫片；测定并记录绕组对地的绝缘电阻 | |
| 拆卸步骤 | （1）拆下皮带轮和联轴器 | 皮带轮和联轴器若不好拆卸，可用拉具来完成拆卸 | |
| | （2）拆下前轴承外壳 | 去掉螺钉，取下外盖，并做好标记 | |
| | （3）拆下前端盖 | 去掉螺钉取下前端盖，并做好标记 | |
| | （4）拆下风罩 | 去掉螺钉，取下风罩 | |

（续表）

| 项　目 | 步　骤 | 工艺要点 | 操作示意图 |
|---|---|---|---|
| 拆卸步骤 | （5）拆下风罩 | 拧下风扇螺钉，取下风扇 | 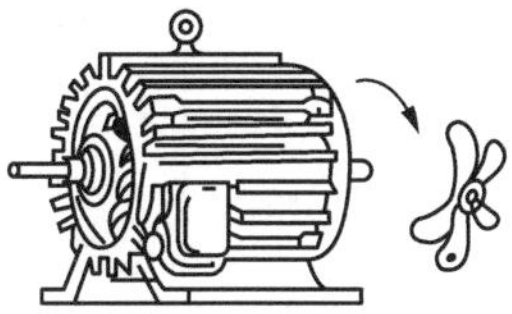 |
| | （6）拆卸后轴承外盖 | 去掉螺钉，取下外盖，并做好标记 | 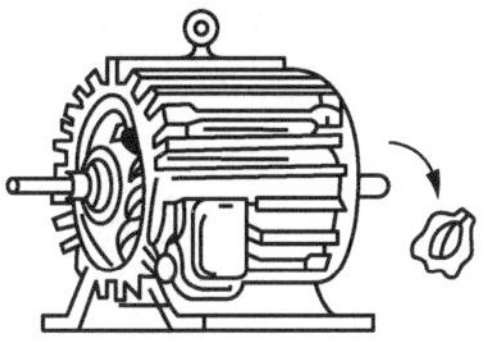 |
| | （7）拆下后端盖 | 去掉螺钉，取下后端盖，并做好标记 | 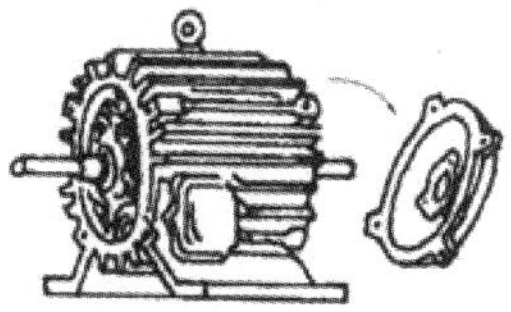 |
| | （8）抽出转子 | 轻轻地从电机定子内取出转子，注意不要与定子绕组相碰，避免出现损伤绕组的情况 |  |
| | （9）拆除转子上的前后轴承 | 可以用拉具拉出，也可以用铜棒沿着轴承轮番敲击取出轴承 | 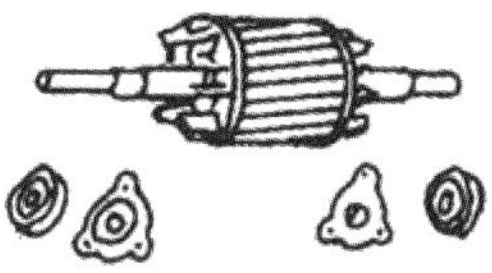 |

## 3. 三相异步电动机的装配

三相异步电动机的装配，实际上是电动机拆卸方法的逆过程。装配顺序与拆卸顺序相反。三相异步电动机的装配方法见表1-1-7所列。

表1-1-7　三相异步电动机的装配方法

| 项　目 | 步　骤 | 工艺要点 | 操作示意图 |
|---|---|---|---|
| 装配前的准备 | （1）准备装配的工具，如拉具、套筒、锤子、螺钉旋具、扳手等 | 无 | 无 |

（续表）

| 项　目 | 步　骤 | 工艺要点 | 操作示意图 |
|---|---|---|---|
| 装配前的准备 | （2）做好装配前的工作 | ① 检查装配环境，包括场地是否清洁、合适；<br>② 彻底清扫定子、转子内表面的尘垢、漆瘤；<br>③ 用灯光检查气隙、通风沟、止口处和其他空隙有无杂物，并清除干净；<br>④ 检查槽楔、绑扎带和绝缘材料是否到位，是否有松动、脱落，有无高出定子铁心表面的地方，如有，应清除掉；<br>⑤ 检查各相定子绕组的冷态直流电阻是否基本相同，各相绕组对地绝缘电阻和相间绝缘电阻是否符合要求 | 无 |
| 安装步骤 | （1）在转子上组装滚动轴承 | ① 看轴承转动是否灵活，磨损是否太大，是否出现松动；<br>② 加上适量的润滑油；<br>③ 装上轴承，如右图所示，用铁管轻敲入轴承或者用铁条轻敲入轴承 | 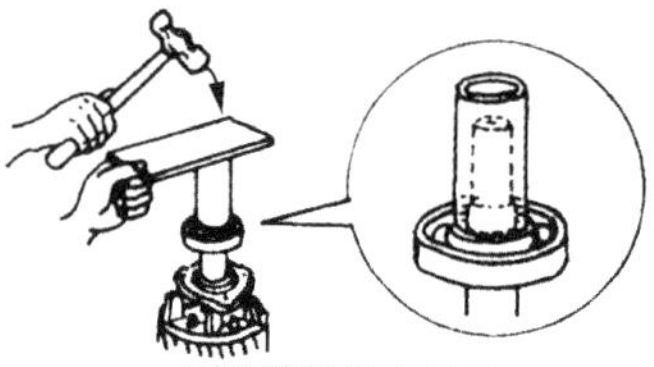 <br>用铁管轻敲入轴承 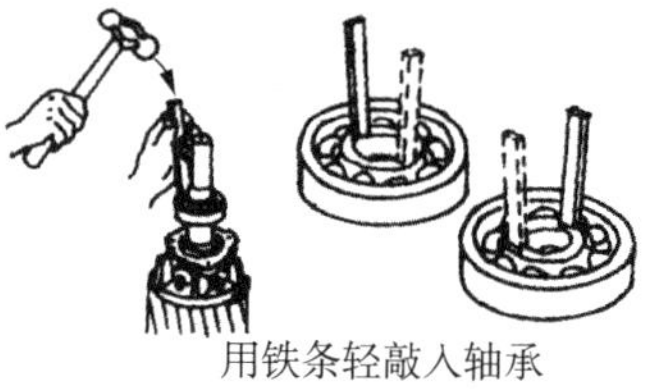<br>用铁条轻敲入轴承 |
| 安装步骤 | （2）将转子与后端盖装配好 | ① 按拆卸前做好的标记，将后端盖与转子装好，注意各装配部位应到位；<br>② 最后套上轴承的外盖或旋紧轴承螺钉 | 无 |
| 安装步骤 | （3）将带有后盖的转子装入定子腔中 | 将转子放入定子腔中装配到位，并按对角方式交替拧紧螺钉 | 无 |
| 安装步骤 | （4）组装前端盖并紧固螺钉 | ① 按拆卸前做好的标记，将前端盖与转子及电动机壳螺钉孔对齐装好，注意各装配部位应到位；<br>② 最后套上轴承的外盖和旋紧轴承螺钉 | 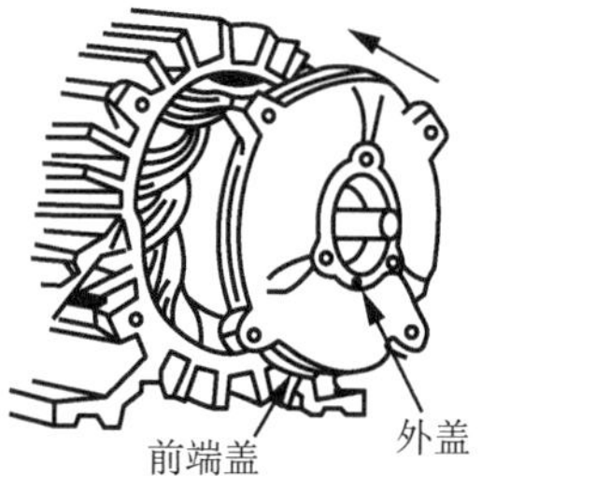 <br>前端盖　外盖 |

（续表）

| 项　目 | 步　骤 | 工艺要点 | 操作示意图 |
|---|---|---|---|
| 安装步骤 | （5）装上风扇和风扇罩 | 装上风扇及罩子，拧紧风扇和罩子的紧固螺钉 | 无 |
| | （6）装上带轮和联轴器 | ① 去锈（包括内孔和轴承表面），如图（a）、（b）所示。<br>② 套皮带轮，对准键槽，位置合适，如图（c）所示。<br>③ 敲入转子轴键。转子轴与键槽配合恰当，如图（d）所示。<br>④ 紧固螺钉。固定好螺钉，防止皮带轮窜动，如图（e）所示 | 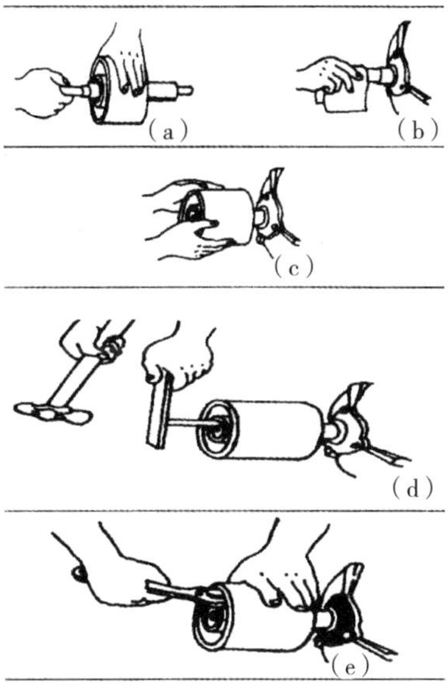 |

**技能训练**

1. **工具与材料**

（1）工具：拉具、套筒、锤子、螺钉旋具、扳手等。

（2）材料：煤油、钠基润滑脂。

2. **训练步骤**

1）三相异步电动机的拆卸

为每组同学发放一台小型三相异步电动机（10kW以下），对照表1-1-6进行操作。

2）三相异步电动机的装配

对照表1-1-7，对上一步拆卸的三相异步电动机进行操作。

三相异步电动机拆卸和安装任务评价见表1-1-8所列。

表1-1-8　三相异步电动机拆卸和安装任务评价

| 活动内容 | 配分/分 | 评分标准 | 得分/分 |
|---|---|---|---|
| 拆卸步骤 | 55 | （1）拆卸步骤及方法不正确扣5分/次；<br>（2）拆卸不熟练扣5～10分；<br>（3）丢失零部件扣10分/次；<br>（4）损坏零部件扣5分/个 | |

（续表）

| 活动内容 | 配分/分 | 评分标准 | 得分/分 |
|---|---|---|---|
| 安装步骤 | 45 | （1）安装步骤及方法不正确扣 5 分/次；<br>（2）拆卸后不能组装扣 25 分 | |
| 时间 | 60min，每超过 5min 扣 5 分 | | |
| 成绩 | | | |

3）注意事项

（1）在拆卸端盖前不要忘记在端盖现机座的接缝处做好标记。

（2）抽出转子和安装转子时，动作不要过急，防止碰坏绕组。

（3）在拆卸和装配时要小心仔细，不要损坏零部件。

（4）直立转子时，地面必须垫木板。

（5）紧固端盖螺栓时，要按对角线上下左右逐步拧紧。

（6）拆卸和装配时，不能用锤子直接敲击，必须垫铜块或木块。

（7）操作时注意安全。

**练一练**

（1）请简要叙述三相异步电动机拆卸前的准备。

（2）请简要叙述三相异步电动机的拆卸步骤。

（3）请简要叙述装配三相异步电动机前的准备工作。

（4）请简要叙述三相异步电动机的装配过程。

===== 任务评价 =====

对三相异步电动机进行拆卸和安装，并按表 1-1-8 进行评价。

## 任务2　检测三相异步电动机电阻

知识目标

（1）理解三相异步电动机绕组测试的意义。

（2）掌握三相电异步电动机的绕组测试方法。

（3）会根据实际情况，分析简单故障。

技能目标

（1）会用万用表测量三相异步电动机的直流电阻。

（2）会用兆欧表测试三相异步电动机的绝缘电阻。

素养目标

（1）树立安全为了生产、安全重于泰山、安全第一的观念。

（2）养成安全生产、文明生产习惯。

（3）自觉履行安全职责。

【课件】

检测三相异步
电动机电阻

### 任务导入

三相异步电动机的三相不平衡可能造成起动困难，电动机运转时发出噪声，严重时电动机会发生剧烈振动，电流增大。如果不及时停机，还可能导致电动机绕组被烧毁。例如，大型压板机的电动机三相不平衡，则压出的板子可能出现厚薄不均匀的情况，甚至产生小孔。为了避免这样的次品产生，就要求三相异步电动机三相平衡。那么，如何检测三相异步电动机的三相是否平衡呢？通常检测三相异步电动机的直流电阻。三相异步电动机的直流电阻包括定子绕组、绕线式电动机转子绕组及起动变阻器等的直流电阻。测量这些直流电阻的目的是检查绕组有无断线和匝间短路、焊接部分有无虚焊或开焊、接触点有无接触不良等现象。

## 活动1　检测三相异步电动机的直流电阻

检测三相异步电动机的直流电阻，主要是指检测三相绕组的电阻值。检测三相异步电动机直流电阻的方法比较多，有伏安法、电桥法、万用表法等。伏安法准确度高，但试验麻烦；电桥法准确度和灵敏度都高，能直接读数，但操作过程复杂；万用表法操作简单，能直接读数，在要求不高的场所，可以用万用表法进行检测。下面让我们一起来看一下如何用万用表来测量三相异步电动机的直流电阻。

**知识探究**

1. 用万用表测量三相异步电动机直流电阻的原理

电动机的绕组是用铜丝制成的。由电阻定律知，绕组的电阻与其长度、铜丝的粗细有关，铜丝越长电阻越大。因此我们就可以利用万用表来测量其电阻。常温下任何物体都有电阻。

由于三相异步电动机绕组对称，它们的电阻也应相等，但是由于材料和工艺等原因，三相绕组的直流电阻很难一致。技术上规定，某直流绕组的直流电阻与三相绕组平均阻值的差距不超过 2%，不平衡度小于 5%。

2. 检测方法

在三相异步电动机接线盒中，取下全部连接铜片（若已经取下，用万用表低倍率挡测出哪两个头为一对，并做好标记），将万用表调到 R×1 挡，对 U1－U2、V1－V2、W1－W2 绕组测量 3 次，取其平均值。所测得的各相绕组电阻偏差与三相绕组平均值之比的百分值不得超过 5%，即

$$\frac{R_{max}-R_{min}}{R_a}\times100\%\leqslant5\%$$

式中，$R_{max}$——最大一相绕组直流电阻（Ω）；

　　　$R_{min}$——最小一相绕组直流电阻（Ω）；

　　　$R_a$——三相绕组平均值，即

$$R_a=\frac{R_U+R_V+R_W}{3}\ （Ω）$$

若结果超过 5%，说明对应相有匝间短路；若某相为 ∞，说明对应相断路；若某相为 0，说明对应相短路。

**技能训练**

1. 工具、仪表与器材

万用表、电工工具、导线等。

2. 训练步骤

为每一组同学发一台三相异步电动机供其测量，并将测量结果填入表 1－2－1 中。

表 1－2－1　三相异步电动机测量

| 训练名称 | | | 测量人员 | |
|---|---|---|---|---|
| 测量时间 | | | | |
| 三相异步电动机型号 | | | 万用表型号 | |
| 测量数据/W | U1—U2 | | | |
| | V1—V2 | | | |
| | W1—W2 | | | |
| $R_a$ | | | | |
| 结论 | | | | |

**练一练**

（1）请学生指出老师所展示的三相异步电动机的绕组。

（2）某同学在测量电动机的直流绕组时，只有两组有阻值，请分析产生这种现象的原因。

# 活动2  检测三相异步电动机的绝缘电阻

凡是长时间不用的电动机，在投入使用之前应进行必要的检查。其中至关重要的一项检查内容就是检测它的绝缘电阻。主要是检测相间绝缘电阻和对地绝缘电阻。

（1）掌握兆欧表的使用方法。

（2）熟悉电动机绝缘电阻的测试方法。

**知识探究**

检测三相异步电动机绝缘电阻的工具、检测方法和步骤如下。

**1. 检测绝缘电阻的工具**

兆欧表又称绝缘电阻表，是为了避免事故发生，用于测量各种电器设备的绝缘电阻的兆欧级电阻表。对额定电压500V以下的电动机用500V兆欧表测量；对于额定电压为500～3000V的电动机，应用1000V的兆欧表进行测量；对于额定电压在3000V以上的电动机，应用2500V的兆欧表进行测量；对于使用中的异步电动机，绝缘电阻不得低于0.5MW。

请特别注意：兆欧表有3个接线端钮，其中"L"表示"线"，"E"表示"地"，"G"表示"保护环"（即屏蔽接线端钮）。

1）使用前的准备工作

（1）被测对象不同，所选用的兆欧表的额定电压和量程也不同。根据不同的电气设备选择兆欧表的电压及其测量范围。对于额定电压在500V以下的电气设备，应选用电压等级为500V或1000V的兆欧表；对于额定电压在500V以上的电气设备，应选用1000～2500V的兆欧表。

（2）根据被测设备选择如图1-2-1所示兆欧表的额定电压和量程。

（3）拧松兆欧表的L线路端子和E接地端子（图1-2-2）。

（4）先检查两条测试线是否完好、有无破损，再将兆欧表测试线的连接端子分别连接到兆欧表的两个端子上，即黑色测试线连接E接地端子，红色测试线连接L线路端子。连接兆欧表的测试线如图1-2-3所示，并

【微课】
三相异步电动机
绝缘电阻测量

图1-2-1  兆欧表的
额定电压和量程

拧紧兆欧表的检测端子。最后检查两条测试线是否已连接到 L 端和 E 端，接触是否良好。

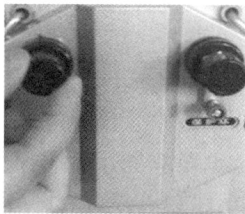

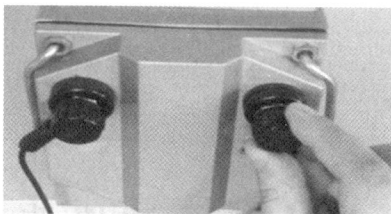

图 1-2-2　拧松端子　　　　图 1-2-3　连接兆欧表的测试线

（5）检查兆欧表能否正常工作（图 1-2-4）。方法如下：将兆欧表水平放置，空摇兆欧表手柄，指针应该指到"∞"处；再慢慢摇动手柄，使 L 和 E 两接线端输出线瞬时短接，指针应迅速指零。注意在摇动手柄时不得让 L 和 E 短接时间过长，否则将损坏兆欧表。

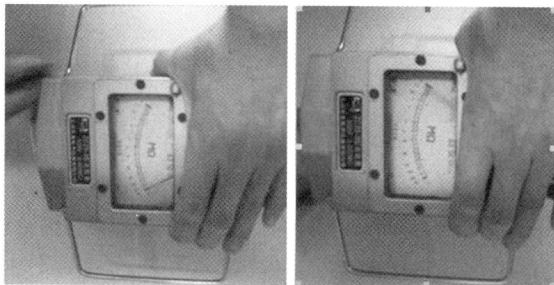

图 1-2-4　检查兆欧表能否正常工作

2）兆欧表的使用

在这里以检测电动机的绝缘电阻为例介绍兆欧表的使用方法。

（1）做好以上准备工作后，检查被测电气设备和电路，看是否已全部切断电源。绝对不允许设备和线路带电时用兆欧表去测量。

（2）测量前，应对设备和线路先行放电（图 1-2-5），以免设备或线路的电容放电危及人身安全和损坏兆欧表。这样还可以减少测量误差，同时注意将被测试点擦拭干净。

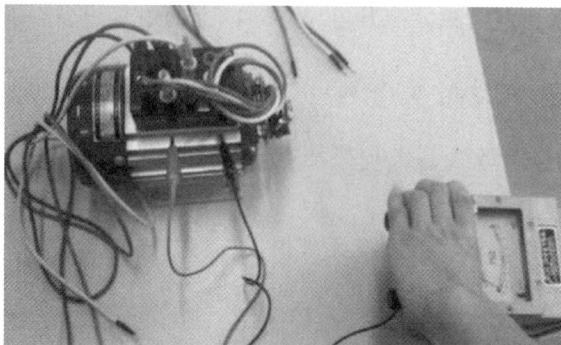

图 1-2-5　放电

（3）测电动机内两绕组之间的绝缘电阻时，将"L"和"E"分别接两绕组的接线端。两绕组间的绝缘电阻接线如图1-2-6所示。测电动机绕组与地之间的绝缘电阻时，将兆欧表的红色测试线与电动机的一根电源线连接，黑色测试线连接电动机的外壳（接地线）。测绕组与地间的绝缘电阻接线如图1-2-7所示。

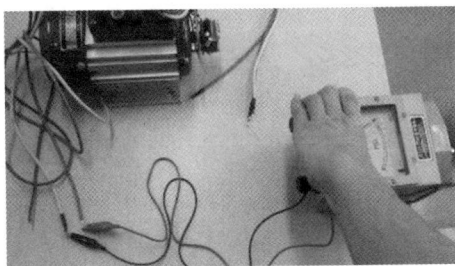

图1-2-6　两绕组间的绝缘电阻接线　　　　　　图1-2-7　测绕组与地间的绝缘电阻接线

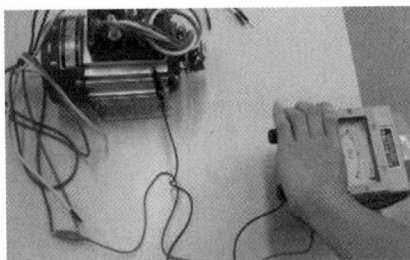

（4）用力按住兆欧表，由慢渐快地摇动摇杆。转速一般规定为120r/min，允许有±20%的变化，最多不应超过±25%。通常都要摇动一分钟后，待指针稳定下来再读数。此时，即可检测出电动机的绝缘电阻值为500MΩ左右。若测得电动机的阻抗远小于500MΩ，则表明该电动机已经被损坏，需要及时进行检测或更换。

（5）测量完毕，应对设备充分放电，否则容易引起触电事故。

3）兆欧表使用时的注意事项

（1）兆欧表在不使用时应放置于固定的地点，环境气温不宜太低或太高，禁止将兆欧表放置于潮湿、脏污的地面上，并避免将其置于含有害气体的空气中。

（2）应尽量避免兆欧表长期、剧烈的振动，以免表头轴尖等受损，影响仪表的准确度。

（3）禁止在雷电时或附近有高压导体的设备上测量绝缘电阻。只有在设备不带电又不可能受其他电源感应而带电的情况下才可测量。

（4）在使用兆欧表进行测量时，必须将其放置于平稳牢固的地方，并用力按住兆欧表，以免在摇动时因抖动和倾斜产生测量误差。

（5）如被测电路中有电容，先持续摇动一段时间，让兆欧表对电容充电，指针稳定后再读数，测完后先拆去接线，再停止摇动。若测量中发现指针指零，应立即停止摇动手柄。

（6）兆欧表未停止转动以前，切勿用手去触及设备的测量部分或兆欧表接线桩。拆线时也不可直接去触及引线的裸露部分。

（7）兆欧表应定期校验。校验方法是直接测量有确定值的标准电阻，检查其测量误差是否在允许范围以内。

（8）兆欧表的引线应用多股软线，且两根引线切忌绞在一起，以免造成测量数据不准确。

2. 检测方法、步骤

检测三相异步电动机绕组绝缘电阻的方法见表1-2-2所列。

表 1-2-2　检测三相异步电动机绕组绝缘电阻的方法

| 顺序号 | 测试内容 | 方　法 | 图　形 |
|---|---|---|---|
| 1 | 相间绝缘电阻 | 在三相绕组间任选两相，用兆欧表来测试绕组间的绝缘电阻，共测 3 次 | 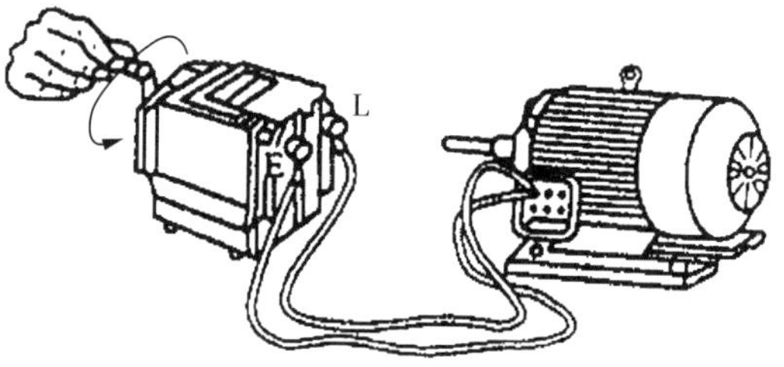 |
| 2 | 三相绕组对地绝缘电阻 | 将三相绕组接在一起，将兆欧表的 L 端连接到三相绕组的接线端子上，E 端连接到电动机的外壳（螺钉）上，测对地绝缘 | 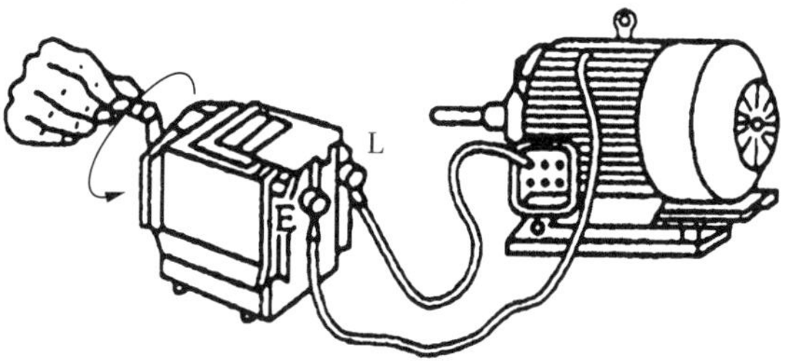 |

**注意事项：**

（1）测量时，如果发现被测设备的绝缘电阻等于零，应立即停止摇转手柄，以免损坏兆欧表。

（2）在兆欧表没有停止摇转和设备没有对地放电之前，切勿触及测量部分和兆欧表的接线端钮，以免触电。

（3）测量完毕，应将被测设备对地放电。

（4）兆欧表（也叫绝缘电阻表）是测量绝缘电阻最常用的仪表。它在测量绝缘电阻时本身就有高电压电源，这就是它与测电阻仪表的不同之处。兆欧表用于测量绝缘电阻既方便又可靠。

**技能训练**

1. 工具、仪表与器材

万用表、兆欧表、电工工具、导线等。

2. 训练步骤

为每一组同学发一台三相异步电动机供其测量，并将测量结果填入表 1-2-3 中。

表 1-2-3　检测三相异步电动机的绝缘电阻

| 项目名称 | | | | | | |
|---|---|---|---|---|---|---|
| 测量人 | | 时间 | | | | |
| 电动机型号 | | 兆欧表型号挡位 | | | | |
| U—V 相间阻值 | V—W 相间阻值 | W—U 相间阻值 | 对地阻值 | | | |
| | | | | U 相 | V 相 | W 相 |
| | | | | | | |
| 结论 | | | | | | |

## 练一练

（1）测量直流电阻时挡位能否选 $R \times 10$ 或更大的挡位？

（2）在测量直流电阻时，测得某相绕组的阻值为"∞"或"0"，这说明了什么问题？

（3）在用兆欧表测绝缘电阻时，摇得不均会出现什么问题？摇速不够又会怎样？

（4）用兆欧表时为什么不能用手接触兆欧表或电动机绕组的接头？

（5）测量绝缘电阻能否在电动机运转时进行？

（6）为什么要在摇动兆欧表时读取兆欧表计数？

## 任务评价

检测三相异步电动机电阻的任务评价见表 1-2-4 所列。

表 1-2-4　检测三相异步电动机电阻的任务评价

| 活动内容 | 配分/分 | 评分标准 | 得分/分 |
|---|---|---|---|
| 三相异步电动机直流电阻的检测 | 55 | （1）选用仪表错误扣 45 分；<br>（2）不检查仪表扣 20 分；<br>（3）仪表挡位错误扣 20 分；<br>（4）读数不准确，每次扣 5 分；<br>（5）不会根据结果进行计算和判断扣 20 分 | |
| 三相异步电动机绝缘电阻的检测 | 45 | （1）选用仪表错误扣 45 分；<br>（2）不检查仪表扣 20 分；<br>（3）不会根据结果进行判断扣 20 分 | |
| 安全文明生产 | | 违反安全文明生产规程，扣 5～40 分 | |
| 时间 | | 20min，每超过 5min 扣 10 分 | |
| 成绩 | | | |

## 任务3 连接三相异步电动机

知识目标

（1）了解三相异步电动机的绕组连接方法。

（2）掌握三相异步电动机绕组电流的测试方法。

技能目标

（1）会用钳形电流表测三相异步电动机绕组的电流。

（2）能正确进行"丫"形、"△"形连接。

素养目标

（1）在实践操作过程中，培养学生认真细致的工作态度。

（2）在检测过程中，培养学生的团结互助意识，提高其安全意识，加强岗位及集体意识。

【课件】

连接三相异步电动机

【微课】

三相异步电动机的

"Y"形-"△"形连接

### 任务导入

如图1-3-1所示，是一款大型三相异步电动机。在工业生产中像这样的电动机比比皆是。这些三相异步电动机在起动时都有很大的电流，如果直接起动或者起动方式不合理，巨大的起动电流会对电网供电造成很大影响。为解决这样的问题，通常采用三相异步电动机定子绕组"丫"形起动、"△"形运行的方式。三相异步电动机正常运行时，由于考虑到绕组额定电压和电网电压的匹配问题，有些三相异步电动机的定子绕组可以接成"丫"形，有的可以接成"△"形，因此我们要先了解电动机的绕组连接方法。同时，为了对三

图1-3-1 一款大型
三相异步电动机

相异步电动机的运行情况进行了解和判断，通常还要对三相异步电动机的绕组电流进行测试等。下面就让我们一起来学习三相异步电动机的绕组连接和绕组电流测量的相关内容吧。

## 活动1 三相异步电动机"△"形连接及绕组电流测量

三相异步电动机在使用时，有两种接法：一种是"△"形接法，另一种是"丫"形接法。接法不一样，电动机绕组电压、电流及输出的功率都不一样。这就需要我们在使用三相异步

电动机时一定要注意三相异步电动机的绕组连接方式。

**知识探究**

### 1. 三相异步电动机首尾端的判断

在对三相异步电动机的绕组进行连接之前，我们必须先确定三相异步电动机绕组哪三端为同名端（即首尾端），否则无法进行连接。

三相异步电动机首尾端的判断方法及操作步骤见表1-3-1所列。

表1-3-1　三相异步电动机首尾端的判断方法及操作步骤

| 判断方法 | 操作步骤 | 示意图 |
|---|---|---|
| 用36V交流电源和灯泡判别首尾端 | 将三相绕组的6个端头从接线板上拆下，先用万用表测出每相绕组的两个端头，并按右图假设编为1号、2号、3号、4号、5号、6号 | |
| | 如果灯泡发光，说明假设编号正确；如果灯泡不发光，说明其中有一相假设编号不对。应逐相对调重测，直至正确为止 | |
| 用万用表（或微安表）及直流电池判别首尾端 | 将三相绕组的6个端头从接线板上拆下，先用万用表测出每相绕组的两个端头，并按右图假设编为1号、2号、3号、4号、5号、6号 | |
| | 将3、4两号绕组端接万用表正、负端钮，并规定接正端钮的为首端，将万用表置于直流最低毫安挡。将另一绕组的1端、2端分别接低压直流电源正、负极；在闭合SA开关瞬间，若电流表指针向右偏转，则与电源正极相接的1端和与万用表正端钮相接的3端为同极性端，均为首端。反过来，2端与4端也是同极性端，均为尾端。用同样办法，可判断出第三相绕组的5、6两端谁为首端、谁为尾端。规定1—2端绕组为U相，3—4端绕组为V相，5—6端绕组为W相，按表要求填出对应端子的编号 | |
| 剩磁法 | 将三相绕组的6个端头从接线板上拆下，先用万用表测出每相绕组的两个端头，并按右图假设编为1号、2号、3号、4号、5号、6号 | |
| | 用手转动转轴，若万用表（或微安表）指示数值为"0"或很小，说明假设编号正确；若万用表（或微安表）指示数值较大，说明其中有一相假设编号不对，应逐相对调重测，直至正确为止 | |

**2. 三相异步电动机的"△"形连接**

三相异步电动机的"△"形接法示意图如图1-3-2所示，包含三相异步电动机的绕组电气示意图和接线盒示意图。"△"形接法就是将每一相的首端与另一相的尾端相连，再从首尾端的连接处引入电源的接线方法。

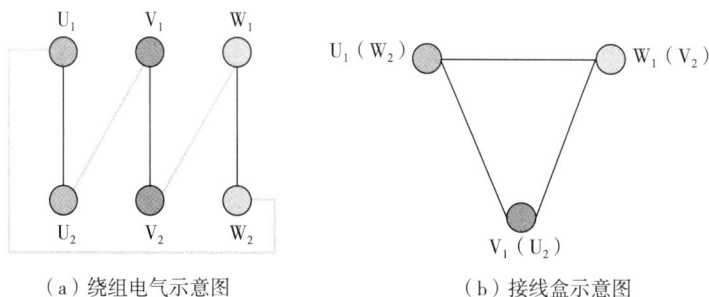

（a）绕组电气示意图　　　　　　　　　（b）接线盒示意图

图1-3-2　三相异步电动机的"△"形接法示意图

**3. 三相异步电动机的绕组为"△"形连接时的电流检测**

三相异步电动机电流的检测一般用钳形电流表，如图1-3-3所示是两种钳形电流表。

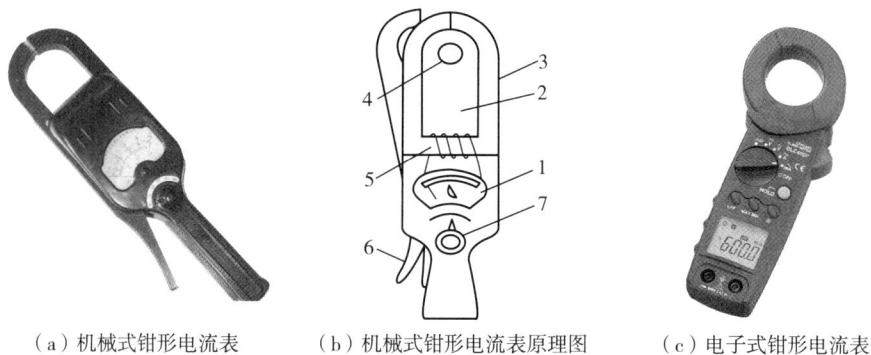

（a）机械式钳形电流表　　（b）机械式钳形电流表原理图　　（c）电子式钳形电流表

1—电流表；2—电流互感器；3—铁心；4—被测导线；5—二次绕组；6—手柄；7—量程选择开关。

图1-3-3　两种钳形电流表

钳形电流表的使用方法如下。

（1）首先正确选择钳形电流表的电压等级，检查其外观绝缘性是否良好，有无破损，指针摆动是否灵活，钳口有无锈蚀等。根据电动机功率估计额定电流，以选择钳形电流表的量程。

（2）在使用钳形电流表前应仔细阅读说明书，弄清该钳形电流表是交流还是交直流两用钳形表。

（3）由于钳形电流表本身精度较低，在测量小电流时，可采用下述方法：先将被测电路的导线绕几圈，再放进钳形电流表的钳口内进行测量。此时钳形电流表所指示的电流值并非被测量的实际值，实际电流应当为钳形电流表的读数除以导线缠绕的圈数。

（4）在测量时钳型电流表钳口闭合要紧密，闭合后如有杂音，可打开钳口重合一次。若杂音仍不能消除，应检查磁路上各接合面是否光洁，有尘污时要擦拭干净。

（5）钳形电流表每次只能测量一相导线的电流，被测导线应置于钳形窗口中央，不可以将多相导线都夹入窗口测量。

（6）被测电路电压不能超过钳形电流表上所标明的数值，否则容易造成接地事故，或者引发触电。

（7）测量运行中笼形异步电动机工作电流。根据电流大小，可以检查判断电动机工作情况是否正常，以保证电动机安全运行，延长使用寿命。

（8）测量时，可以每相测一次，也可以三相测一次，此时表上数字应为零（因三相电流相量和为零）。当钳口内有两根相线时，表上显示数值为第三相的电流值，通过测量各相电流可以判断电动机是否有过载现象（所测电流超过额定电流值），电动机内部或电源（把其他形式的能量转换成电能的装置叫作电源）电压是否有问题，即三相电流不平衡是否超过10％的限度。

（9）使用钳形电流表测量前应先估计被测电流的大小，再决定用哪个量程。若无法估计，可先用最大量程挡然后适当换小些，以准确读数。不能使用小电流挡去测量大电流，以防损坏仪表。

测量交流电流时将导线（三相异步电动机的电源线）夹在中间即可，操作简单。

### 技能训练

1. 工具、仪表与器材

万用表、钳形电流表、36V直流电源、交流电源、电工工具、导线等。

2. 训练步骤

（1）为每一组同学发一台三相异步电动机供其测量，并进行连接。

（2）对三相异步电动机绕组电流进行测试，并按表1-3-2做好记录。

表1-3-2 三相异步电动机绕组测试及连接

| 训练名称 | | | 测量人员 | |
|---|---|---|---|---|
| 测量时间 | | | | |
| 三相异步电动机型号 | | | 万用表型号 | |
| 三相异步电动机<br>首尾端测试方法及步骤 | | | 钳形电流表型号 | |
| | | | 稳压电源或电池型号 | |
| | | | 交流电源 | |
| 三相异步电动机<br>绕组电流 | U相 | | 结论 | |
| | V相 | | | |
| | W相 | | | |

### 练一练

请学生对提供的三相异步电动机的定子绕组进行"△"形连接。

# 活动 2  三相异步电动机 "丫" 形连接及绕组电流测量

在三相异步电动机的降压起动过程中，其为 "丫" 形连接方式。在三相异步电动机工作时根据电源电压与绕组额定电压的要求，可采用 "丫" 形连接。那么什么是三相异步电动机 "丫" 形连接方式呢？

## 知识探究

1. 三相异步电动机的 "丫" 形连接

三相异步电动机的 "丫" 形接法示意图如图 1-3-4 所示，包含三相异步电动机的绕组电气示意图和接线盒示意图。"丫" 形接法就是将三相绕组的尾端连接在一起，再从首端引入电源的接线方法。

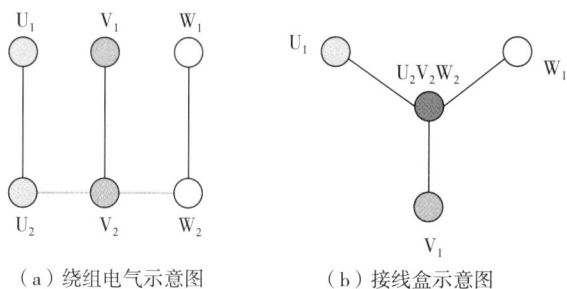

（a）绕组电气示意图　　　　　（b）接线盒示意图

图 1-3-4  三相异步电动机的 "丫" 形接法示意图

2. 三相异步电动机的绕组为 "丫" 形连接时的电流检测

"丫" 形连接时，其电流检测方法同前述方法一致，这里不再赘述。

## 技能训练

1. 工具、仪表与器材

万用表、钳形电流表、电工工具、导线等。

2. 训练步骤

1）三相异步电动机绕组的连接

为每一组同学发一台三相异步电动机使其进行 "丫" 形、"△" 形连接，并测量其阻值，将结果填入表 1-3-3 中。

2）检测三相异步电动机绕组电流

使绕组连接完毕的电动机首端接上三相电源，并将检测结果填写在表 1-3-3 中。

表 1-3-3　三相异步电动机绕组电流的检测

| 项目名称 | | | | | | | | |
|---|---|---|---|---|---|---|---|---|
| 测量人 | | | | | 时间 | | | |
| 电动机型号 | | | | | 钳形电流表型号 | | | |
| "丫"形接法 | | | | "△"形接法 | | | | |
| $I_U =$ | $I_V =$ | $I_W =$ | $U_f =$ | $I_U =$ | | $I_V =$ | $I_W =$ | $U_f =$ |
| 功率 | | | | 功率 | | | | |
| 两种 | 电流 | | | | | | | |
| 接法比较 | 功率 | | | | | | | |

**知识拓展**

### "丫"形、"△"形连接的选择

电动机绕组在使用时，具体采用哪一种方式，要根据实际情况而定。一般来说，小功率电动机（3kW以下的电动机，有的资料介绍是7kW以下的电动机）工作时采用"丫"形接法，而大功率电动机正常工作时则采用"△"形连接。两种连接对比如图 1-3-5 所示。

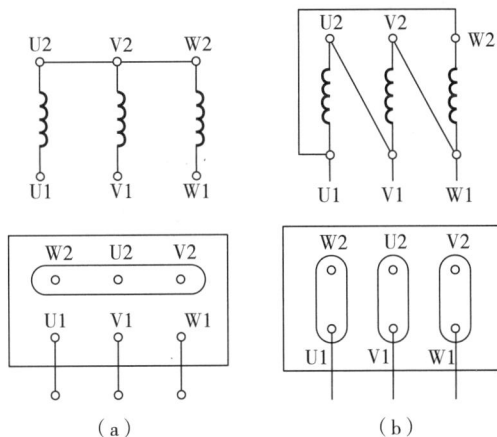

图 1-3-5　两种连接对比

具体情况分析如下：

（1）三相异步电动机起动按铭牌标示接法为"△"形或"丫"形时，均为全压起动。若铭牌标示接法为"△"形而采用"丫"形接法起动，则为降压起动，起动电流为原接法时的 1/3；若铭牌标示接法为"丫"形而采用"△"形接法时，则不适合负载三相 380V 电压，只适合负载三相 220V 电压运行。在额定电压 380V 下运行的三相异步电动机，"△"形接法和"丫"形接法的转速可视为一样，但功率相差很大。例如，"△"形接法为 10kW 的电动机，在"丫"形接法下运行，其功率只有"△"形接法时的 1/3 左右，但是在 380×1.73V＝657.4V 电压下运行时功率相等。

（2）一般三相异步电动机的每个绕组可以做成两种额定电压：220V 和 380V。一般小型三相异步电动机的每个绕组是220V的，接成"Ｙ"形可运行于220V下，接成"△"形可运行于380V下。而一般中型三相异步电动机的每个绕组是380V的，接成"△"形可运行于380V下，接成"Ｙ"形可运行于220V下。一般三相笼形异步电动机的起动电流是额定值的3～5倍。往往采用"Ｙ"形/"△"形变换方式起动380V的中型三相笼形异步电动机，以减小电动机起动电流。

① 起动时接成"Ｙ"形（降压起动），电动机起动功率变小，电动机起动电流减小。

② 运行时接成"△"形，达到满功率运行目的。这对中型三相笼形异步电动机的应用有很大作用。如果电动机起动时，既要电动机起动电流小，又要电动机起动功率或起动转矩不变，那就必须改用绕线转子等形式的三相异步电动机了。

**练一练**

【习题】

项目1

（1）在连接时可否将首尾端对换？请说明原因。

（2）试比较一下两种接法下电流的大小，看其有什么关系。

（3）是不是每一个电动机在正常工作时，都可以接成"Ｙ"形或"△"形？

（4）试测一下同一电动机在两种接法下的电流，并进行比较，分析它们之间的关系。

（5）试比较一下我们检测到的电流与铭牌电流。

======================= 任务评价 =======================

连接三相异步电动机的任务评价见表1-3-4所列。

表1-3-4　连接三相异步电动机的任务评价

| 活动内容 | 配分/分 | 评分标准 | 得分/分 |
|---|---|---|---|
| 三相异步电动机首尾端的判断 | 30 | （1）选用仪表错误扣30分；<br>（2）不检查仪表扣20分；<br>（3）仪表挡位错误扣20分；<br>（4）操作过程不正确扣20分；<br>（5）不会根据结果进行判断扣10分 | |
| 三相异步电动机"△"形接法及电流测试 | 35 | （1）选用仪表错误扣30分；<br>（2）不检查仪表扣20分；<br>（3）仪表挡位错误扣20分；<br>（4）连接不正确扣20分；<br>（5）不会根据测试结果进行判断扣20分 | |
| 三相异步电动机"Ｙ"形接法及电流测试 | 35 | （1）选用仪表错误扣30分；<br>（2）不检查仪表扣20分；<br>（3）仪表挡位错误扣20分；<br>（4）连接不正确扣20分；<br>（5）不会根据测试结果进行判断扣20分 | |
| 安全文明生产 | | 违反安全文明生产规程，扣5～40分 | |
| 时间 | | 60min，每超过5min扣10分 | |
| 成绩 | | | |

# 项目2
# 认识低压电器

**项目描述**

电器就是一种能根据外界的信号和要求，手动或自动地接通或断开电路，实现对电路或非电对象的切换、控制、保护、检测和调节的元件或设备。

根据工作电压的高低，电器可分为高压电器和低压电器。在交流额定电压1200V及以下、直流额定电压1500V及以下工作的电器称为低压电器。

低压电器按其用途和所控制对象的不同，可分为低压控制电器和低压配电电器。

低压控制电器包括接触器、继电器、电磁铁等，主要用于电力拖动与自动控制系统中。

低压配电电器包括低压开关、低压熔断器等，主要用于低压配电系统及动力设备中。

低压电器种类较多，下面我们通过此项目来认识它们吧！

## 任务 1　认识与选择低压熔断器

知识目标

（1）了解低压熔断器的作用。

（2）掌握低压熔断器的分类、结构和原理，熟记低压熔断器的符号。

（3）会根据实际电路要求选择合适的低压熔断器。

技能目标

（1）会拆装低压熔断器。

（2）会维修低压熔断器。

素养目标

（1）培养学生认识问题、分析问题和解决问题的能力。

（2）通过选择低压熔断器养成一丝不苟、精益求精的工匠精神。

【课件】

认识与选择熔断器

### 任务导入

2023 年 2 月 14 日，济南市某酒店发生火灾事故，造成 27 人死亡，35 人受伤。据初步调查，火灾原因是酒店内的电气线路老化，电路短路引起了火灾。

其实，因电路短路而发生的事故还有很多。据调查，事故的发生都是由于没有短路保护或没有合适的短路保护装置。因此，对电流过大及短路进行保护是非常重要的，能完成这项功能的器件就是熔断器。

## 活动 1　认识低压熔断器

熔断器按电压高低可分为高压熔断器和低压熔断器。这里，我们主要介绍低压熔断器。让我们通过表 2-1-1 来认识常用的低压熔断器。

【微课】

认识与拆装熔断器

表 2-1-1　常用的低压熔断器

| 类　　型 | 熔断器 | 类　　型 | 熔断器 |
|---|---|---|---|
| RC1 系列瓷插式熔断器 |  | 自复式熔断器 |  |

（续表）

| 类　型 | 熔断器 | 类　型 | 熔断器 |
|---|---|---|---|
| RL1 系列<br>螺旋式<br>熔断器 |  | 快速熔断器 |  |
| TR0 系列有<br>填料封闭<br>管式熔断器 |  | | |

**知识探究**

**1. 低压熔断器的作用**

低压熔断器串接在所保护的电路中。当该电路发生严重过载或短路故障时，通过低压熔断器的电流达到或超过了某一规定值，低压熔断器以其自身产生的热量使熔体熔断而自动切断电路，起到保护作用。

**2. 低压熔断器结构及原理**

低压熔断器主要由熔体、安装熔体的熔管和绝缘底座三部分组成。在电路正常情况下，电流流过熔体，电路正常工作；当出现严重过载或短路故障时，熔体（通常是用熔点较低的铅锡合金通过一定工艺制作而成）熔化，从而切断电路。

**3. 低压熔断器的分类及外形**

（1）瓷插式熔断器和螺旋式熔断器见表 2-1-2 所列。

表 2-1-2　瓷插式熔断器和螺旋式熔断器

| 类　型 | 瓷插式熔断器 | 螺旋式熔断器 |
|---|---|---|
| 外形结构<br>及组成 |  | 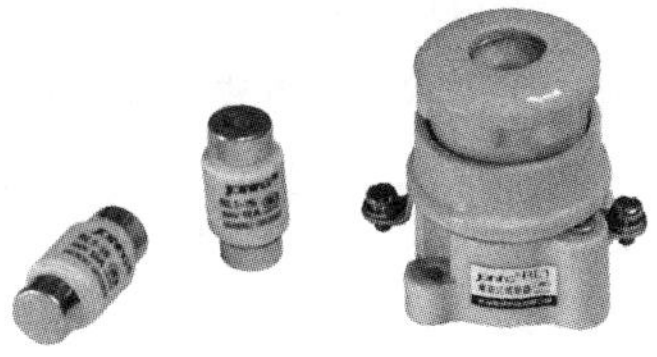 |

（续表）

| 类　型 | 瓷插式熔断器 | 螺旋式熔断器 |
|---|---|---|
| 外形结构及组成 | 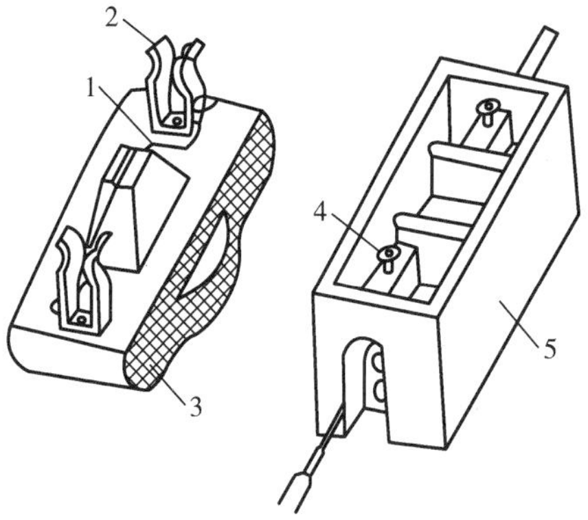 <br>1—熔体；2—动触点；3—瓷盖；<br>4—静触点；5—瓷体 | 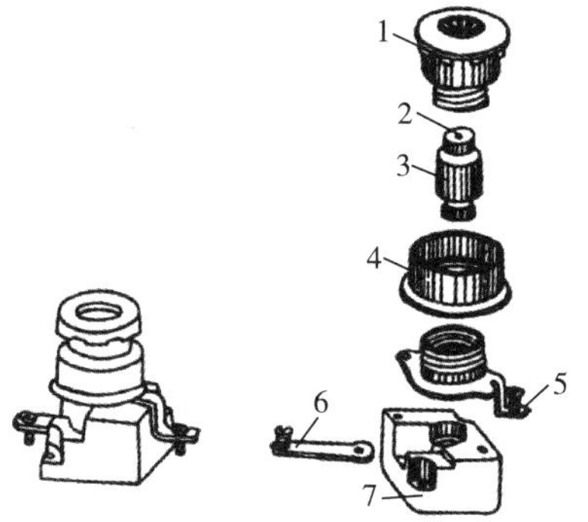 <br>1—瓷帽；2—小红点标记；3—熔断管；<br>4—瓷套；5—上线接端；<br>6—下线接端；7—瓷底座 |
| 常见符号 | RC1A 系列 | RL、RLS 系列 |
| 用　途 | 一般用于交流额定电压 380V、额定电流 200A 及以下电路中，可提供短路和严重过载保护，如照明电路 | 一般用于交流额定电压 380V、额定电流 200A 及以下电路中，可提供短路和严重过载保护。由于有良好的抗振性能，其常用于电动机、机床设备、控制箱和配电屏中 |

（2）有填料式熔断器和无填料式熔断器介绍见表 2-1-3 所列。

表 2-1-3　有填料式熔断器和无填料式熔断器介绍

| 类　型 | 有填料式熔断器 | 无填料式熔断器 |
|---|---|---|
| 外形结构及组成 | 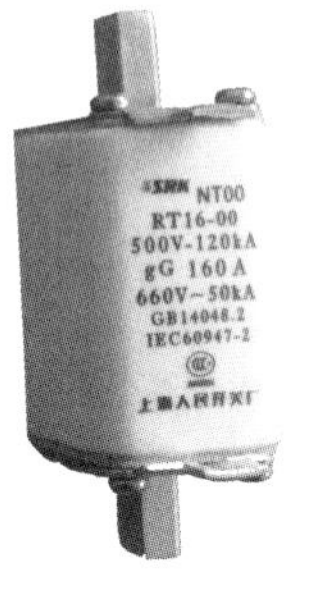 <br>由填有石英砂的瓷熔管、触点和镀银铜栅状熔体组成。有填料式熔断器均装在特别的底座上 |  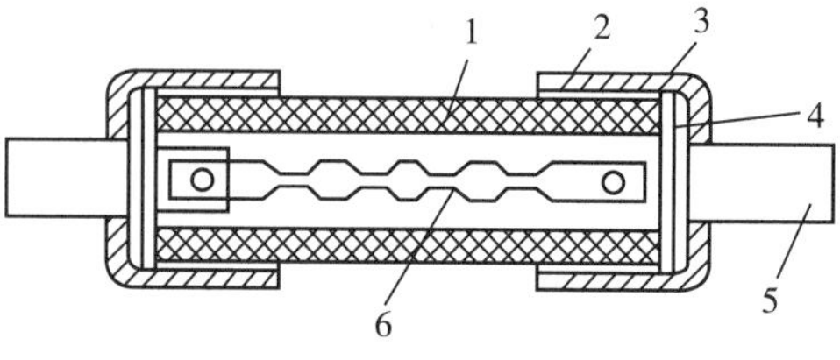 <br>1—纤维管；2—铜环；3—黄铜帽盖；<br>4—盖板；5—刀形触头；6—熔体 |

(续表)

| 类　型 | 有填料式熔断器 | 无填料式熔断器 |
|---|---|---|
| 常见符号 | RT 系列 | RM 系列 |
| 用　途 | 一般用于交流额定电压 380V、额定电流 1000A 及以下的电力电网和配电装置中，提供短路和严重过载保护 | 一般用于低压电力网和成套配电设备中，提供短路和严重过载保护 |

（3）快速熔断器和自恢复式熔断器见表 2-1-4 所列。

表 2-1-4  快速熔断器和自恢复式熔断器

| 类　型 | 快速熔断器 | 自恢复式熔断器 |
|---|---|---|
| 外形结构及组成 | | |
| 常见符号 | RS、RLS 系列 | RZ 系列（PTC 热敏电阻） |
| 用　途 | 主要用于半导体功率元件或变流装置，可提供短路和严重过载保护 | 主要应用于过电流保护、消磁、过载保护、恒温加热、电动机起动、传感器等 |

**技能训练**

1. 工具、仪表及器材

（1）工具：螺钉旋具、电工刀、尖嘴钳、剥线钳等。

（2）仪表：万用表。

2. 训练内容

1）识别低压熔断器

（1）在教师指导下，仔细观察各种不同类型、规格的低压熔断器的外形和结构特点。

（2）教师从所给低压熔断器中任选 5 只，用胶布盖好其型号并编号。学生根据实物写出名称、型号规格及主要技术参数，并将测量结果填入表 2-1-5 中。

表 2-1-5  低压熔断器识别

| 序　号 | 1 | 2 | 3 | 4 | 5 |
|---|---|---|---|---|---|
| 名　称 |  |  |  |  |  |
| 型号规格 |  |  |  |  |  |
| 主要技术参数 |  |  |  |  |  |

2）检查低压熔断器

对前面的低压熔断器进行检查与测试，更换 RC1A 系列或 RL 系列低压熔断器的熔体。

（1）检查所给低压熔断器的熔体是否完好。对于 RC1A 系列，可拔下瓷盖进行检查；对于 RL 系列，应首先查看其熔断指示器。

（2）若熔体已熔断，则按原规格选配熔体。

（3）更换熔体。对 RC1A 系列低压熔断器，安装熔体时熔体缠绕方向要正确，安装过程中不得损伤熔体；对 RL 系列低压熔断器，注意安装时熔断管不能倒装。

（4）用万用表检查更换熔体后的低压熔断器各部分接触是否良好，并记入表 2-1-6 中。

表 2-1-6　识别和检查低压熔断器

| 活动内容 | 配分及过程 | | 评分标准 | 得　分 |
|---|---|---|---|---|
| 识别低压熔断器 | 主要零件名称及作用 | 40 分 | （1）写错或漏写名称，扣 5 分/只；<br>（2）写错或漏写型号，扣 5 分/只；<br>（3）漏写每个主要部件，扣 5 分/只 | |
| | 拆卸步骤 | 10 分 | 拆卸步骤不正确，扣 10 分 | |
| 检查 | 50 分 | | （1）检查方法不正确，扣 10 分；<br>（2）不能正确选配熔体，扣 10 分；<br>（3）更换熔体不正确，扣 10 分；<br>（4）损坏熔体，扣 20 分；<br>（5）更换熔体后熔断器断路，扣 25 分 | |
| 安全文明生产 | 违反安全文明生产规程，扣 5~40 分 | | | |
| 成绩 | | | | |

**练一练**

（1）请学生说出教师展示的低压熔断器名称。

（2）教师说出低压熔断器名称，请学生找出对应低压熔断器。

# 活动 2　选择低压熔断器

学习"选择低压熔断器"的目的主要有以下两点：

（1）熟悉低压熔断器的型号及含义。

（2）掌握低压熔断器的选择方法。

**知识探究**

1. 低压熔断器的型号及符号（图2-1-1）

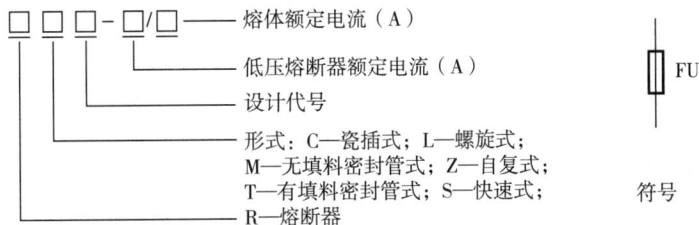

图2-1-1　低压熔断器型号及符号

2. 低压熔断器的主要技术参数

（1）额定电压——低压熔断器长期工作所能承受的电压。

（2）额定电流——保证低压熔断器能长期正常工作的电流。

3. 低压熔断器的选择

1）低压熔断器类型的选用

根据使用环境、负载性质和短路电流的大小选用低压熔断器。

2）低压熔断器额定电压和额定电流的选用

额定电压必须不小于线路的额定电压，额定电流必须不小于所装熔体的额定电流，分断能力应大于电路中可能出现的最大短路电流。

3）熔体额定电流的选用

（1）对于照明和电热等电流较平稳、无冲击电流的负载的短路保护，熔体的额定电流应等于或稍大于负载的额定电流。

（2）对于一台不经常起动且起动时间不长的电动机的短路保护，即

$$I_{RN} \geqslant (1.5 \sim 2.5) I_N$$

（3）对于一台起动频繁且连续运行的电动机的短路保护，即

$$I_{RN} \geqslant (3 \sim 3.5) I_N$$

（4）对于多台电动机的短路保护，熔体的额定电流应不小于其中最大容量电动机的额定电流 $I_{Nmax}$ 的 1.5～2.5 倍，加上其余电动机额定电流的总和 $\sum I_N$，即

$$I_{RN} \geqslant (1.5 \sim 2.5)I_{Nmax} + \sum I_N$$

**技能训练**

有一个电动机控制电路，其电动机额定电流为10A，额定电压为220V。请选择合适的低压熔断器，并说明其类型、额定电流、额定电压及型号。

### 练一练

1. 填空题

（1）低压熔断器在低压配电网络和电力拖动系统中作_____的电器，使用时_____在被保护的电路中。

（2）低压熔断器主要由_____、_____和_____三部分组成。

（3）低压熔断器的文字符号是_____，图形符号是_____。

（4）如果低压熔断器的实际工作电压大于其额定电压，熔体熔断时可能发生_____危险。

（5）对低压熔断器的选择主要包括_____、_____、_____和_____的选择。

（6）螺旋式熔断器应_____安装，螺旋式熔断器接线时，电源线应接在_____接线座上，负载应接在_____接线座上。

（7）更换低压熔断器或熔体时，必须_____电源，不允许_____操作，以免电弧灼伤。

2. 判断题

（1）低压熔断器的额定电流与熔体的额定电流意义完全相同。　　　　　　　（　　）

（2）低压熔断器的熔断时间随电流增大而减小。　　　　　　　　　　　　　（　　）

（3）在电动机拖动电路中，低压熔断器可以用于短路保护和过载保护。　　　（　　）

（4）一个额定电流等级的熔断器可以配若干等级的熔体，但熔体的额定电流不能大于低压熔断器的额定电流。　　　　　　　　　　　　　　　　　　　　　　　　（　　）

3. 问答题

（1）低压熔断器的主要作用是什么？常用类型有哪些？

（2）怎样选择低压熔断器？

（3）有一个电动机控制电路，其电动机额定电流为10A，额定电压为380V，试选择低压熔断器的类型、额定电流、额定电压及型号。

── 任务评价 ──

认识与选择低压熔断器见表2-1-7所列。

表2-1-7　认识与选择低压熔断器

| 项　目 | 配分/分 | 评分标准 | 扣分/分 |
|---|---|---|---|
| 熔断器识别 | 50 | （1）写错或漏写名称，每只扣5分；<br>（2）写错或漏写型号，每只扣5分；<br>（3）漏写一个主要元件扣4分 | |
| 更换熔体 | 50 | （1）检查方法不正确扣10分；<br>（2）不能正确选配熔体扣10分；<br>（3）更换熔体方法不正确扣10分；<br>（4）损伤熔体扣20分；<br>（5）更换熔体后低压熔断器断路扣25分 | |
| 安全文明生产 | | 违反安全文明生产规程扣5～40分 | |
| 时间 | | 60min，每超时5min扣总分5分 | |
| 成绩 | | | |

## 任务2　认识与维修交流接触器

知识目标

（1）了解交流接触器的作用。

（2）掌握交流接触器的结构和原理，熟记交流接触器的符号。

（3）会根据实际电路要求选择合适的交流接触器。

技能目标

（1）会拆装交流接触器。

（2）会维修交流接触器。

素养目标

（1）能够在工作过程中树牢安全意识，杜绝安全隐患。

（2）能够弘扬担当精神，强化社会责任。

（3）养成规范操作、认真检查的良好工作习惯。

【课件】

认识与维修交流接触器

【微课】

认识与拆装交流接触器

### 任务导入

我国自行设计、制造的第一台15000t水压机，锻造的材料尺寸、重量巨大，使用的电动机功率也巨大，电路中流过的电流特别大。而在工厂，类似的设备比比皆是，通常都将电动机作为动力设备。因此，对电动机的操作、控制就特别重要。对容量较小的电动机，可以利用一些低压电器（如刀开关）在主电路中直接操作；但是对容量较大，又需要频繁操作的电动机，如果在主电路中直接操作，人们接触大电流的机会就比较多，发生触电事故的概率就增大。为了保护人身设备安全，通常需要在控制电路中实现远距离控制，接触器就是能完成此功能的器件。下面，我们主要介绍交流接触器。

## 活动1　认识几种常见的交流接触器

交流接触器的类型较多，让我们通过表2-2-1来认识几种常见的交流接触器。

表2-2-1　几种常见的交流接触器

| 类　型 | 交流接触器 | 类　型 | 交流接触器 |
|---|---|---|---|
| CJ20-630A |  | ABB系列 |  |

（续表）

| 类　型 | 交流接触器 | 类　型 | 交流接触器 |
|---|---|---|---|
| ESC 系列 |  | CJX2 系列 |  |
| GMC 系列 | 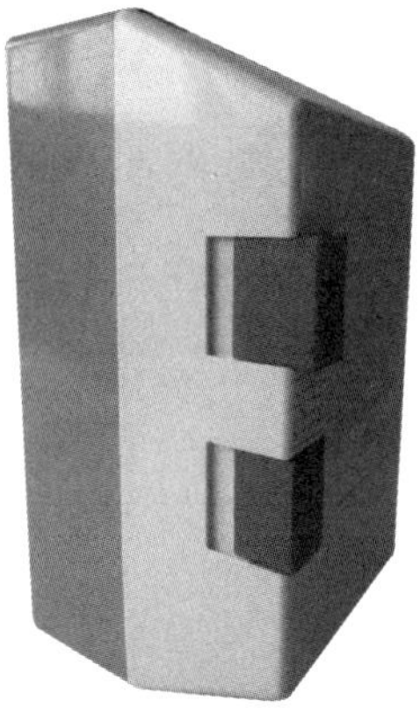 | CJT1－10 |  |
| NC7 系列 |  | | |

**知识探究**

1. 接触器的用途

接触器用于不频繁地接通或切断交、直流主电路和控制电路，可实现远距离控制。大多数情况下其控制对象是电动机，也可以用于其他电力负载。根据其主触点流过电流的种类不同，接触器可以分为交流接触器和直流接触器。其中，交流接触器在工业生产中使用最为广泛，这里只介绍交流接触器。

2. 交流接触器的结构、原理及符号

交流接触器的介绍见表 2－2－2 所列。

表 2-2-2 交流接触器的介绍

| 型 号 | CJ20-630A |
|---|---|
| 结 构 | |

灭弧罩
触点压力弹簧片
主触点
常闭辅助触点
常开辅助触点
动铁心
反作用弹簧
弹簧
静铁心
短路环
线圈

| 交流接触器工作原理 | 线圈得电以后，产生的磁场将铁心磁化，吸引动铁心，克服反作用弹簧的弹力，使它向着静铁心运动，拖动触点系统运动，使得动合触点闭合、动断触点断开。一旦电源电压消失或者显著降低，电磁线圈就会没有励磁或励磁不足，动铁心就会因电磁吸力消失或过小而在反作用弹簧的弹力作用下释放，使得动触点与静触点脱离，触点恢复线圈未通电时的状态 |
|---|---|

| 构 成 | | | | |
|---|---|---|---|---|
| 电磁系统 | 触点系统 | | 灭弧装置 | |
| | 主触点 | 辅助触点 | 常用灭弧方法 | |
| 线圈 动铁心 静铁心 | 主触点用以通断电流较大的主电路 | 辅助触点用以通断电流较小的控制电路 | | |
| 电磁系统电路部分 | 电磁系统磁路部分：在铁心上装有一个短路铜环，其作用是减少交流接触器吸合时产生的振动和噪声，故又称为减振环 | 3对<br><br>只有常开触点，用于接通或断开主电路 | 2对常开<br><br>常用来作自锁或多地控制起动等 | 2对常闭<br><br>常用来作互锁或多地控制制动等 | 电动力灭弧：电弧在触点回路电流磁场的作用下，受到电动力作用拉长，并迅速移开触点而熄灭 | 栅片灭弧电弧在电动力的作用下，进入由许多间隔着的金属片所组成的灭弧栅之中，电弧被栅片分割成若干段短弧，使每段短弧上的电压达不到燃弧电压，同时栅片具有强烈的冷却作用，致使电弧迅速熄灭 |

(续表)

| 符 号 | 动作过程 |
|---|---|
| 文字符号：KM<br>图形符号：<br><br>线圈　主触点　　常开辅助触点　常闭辅助触点 | <br>弹簧<br>线圈　　　主触点　　辅助触点<br>线圈得电→常闭辅助触点断开，主触点和常开辅助触点闭合 |

### 3. 交流接触器的主要技术参数及型号含义

**1）额定电压**

交流接触器铭牌额定电压是指主触点上的额定电压。通常用的电压等级为127V、220V、380V、500V等。

若某负载是380V的三相笼形异步电动机，则应选380V的交流接触器。

**2）额定电流**

交流接触器铭牌额定电流是指主触点上的额定电流。通常用的电流等级为5A、10A、20A、40A、60A、100A、150A、250A、400A、600A。

**3）使用类别**

使用类别是根据交流接触器的不同控制对象在运行过程中不同的特点而规定的。不同使用类别的交流接触器对接通、分断能力及电寿命的要求是不一样的。交流接触器类别代号见表2-2-3所列。

表2-2-3　交流接触器类别代号

| 形　式 | 触点类别 | 使用类别 | 用　途 |
|---|---|---|---|
| 交流接触器 | 接触器主触点 | AC-1 | 无感或低感负载，如电阻炉 |
|  |  | AC-2 | 绕线式三相异步电动机的起动、分断 |
|  |  | AC-3 | 笼形三相异步电动机的起动、分断 |
|  |  | AC-4 | 笼形三相异步电动机的起动、反接制动、反向运转、点动 |
|  | 接触器辅助触点 | AC-11 | 控制交流电磁铁 |
|  |  | AC-14 | 控制小容量电磁铁负载 |
|  |  | AC-15 | 控制容量在72VA以上电磁铁负载 |

**4）线圈的额定电压**

交流线圈：36V、127V、220V、380V。

5）额定操作频率

额定操作频率指每小时接通次数。交流接触器额定操作频率最高为 600 次/h，直流接触器可高达 1200 次/h。

交流接触器的型号含义如图 2-2-1 所示。

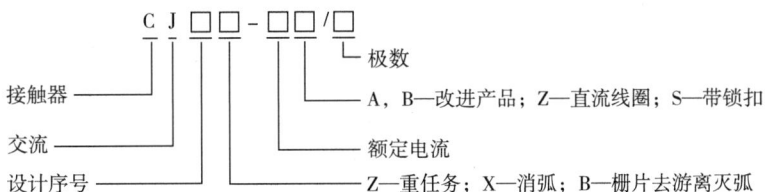

图 2-2-1　交流接触器的型号含义

## 4. 交流接触器的选择

选择交流接触器可按下列步骤进行：

（1）根据控制对象确定使用类别。

（2）根据类别确定交流接触器系列。

（3）根据负载额定电压确定交流接触器主触头额定电压，主触头的额定电压应不小于负载的额定电压。

（4）根据负载电流确定交流接触器的额定电流，并根据外界实际条件加以修正，主触头的额定电流可根据经验公式计算：

$$I_N \geqslant P_N / [(1-1.4) U_N]$$

式中，$I_N$ 单位为 A；$P_N$ 单位为 W；$U_N$ 单位为 V。

如果交流接触器控制的电动机起动、制动或正反转频繁较高，一般将交流接触器主触头额定电流降一级使用。

通断电流较大及通断频率过高，会引起触头严重过热，甚至熔焊。操作频率若超过规定数值，应选用额定电流大一级的交流接触器。

线圈的额定电压不一定选择主触头的额定电压，使用电器较少时可直接选择 220V 或 380V，如线路复杂，使用电器超过 5h，可用 36V、127V 或 110V 电压；选定吸引线圈的额定电压；根据负载情况复核操作频率，它应在额定范围之内。

### 技能训练

交流接触器的检测如下。

1. 检查接触器工具、仪表及器材

（1）工具：螺钉旋具、电工刀、尖嘴钳、剥线钳等。

（2）仪表：万用表。

2. 训练内容

为每一组同学发一个交流接触器，进行测量，并将测量结果填入表 2-2-4 中。

表 2-2-4　交流接触器的检测

| 型　号 | 含　义 | | 触点对数 | | |
|---|---|---|---|---|---|
| | | | 主触点 | 常开辅助触点 | 常闭辅助触点 |
| 触点类型 | 触点电阻/Ω | | | | |
| | 动作前 | 动作后 | | | |
| 主触点 | | | 电磁线圈 | | |
| 常开辅助触点 | | | 线径 | 匝数 | 工作电压/V　　电阻/Ω |
| 常闭辅助触点 | | | | | |

■ 练一练 ■

1. 填空题

（1）交流接触器主要由_____、_____和_____组成。

（2）接触器用于_____地接通或切断交、直流主电路和控制电路，可实现_____控制。大多数情况下其控制对象是_____，也可以用于其他电力负载。根据其主触点流过电流的种类不同，接触器可以分为_____和_____。

（3）交流接触器铭牌额定电压是指_____的额定电压。通常用的电压等级为_____、_____、_____、_____等档次。

（4）交流接触器的文字符号是_____，线圈的图形符号是_____，其常开辅助触点符号是_____，常闭辅助触点符号是_____。

（5）交流接触器的常态指_____状态。

（6）交流接触器铁心上短路铜环的作用是_____。

2. 问答题

（1）请学生说出教师展示交流接触器系列的名称。

（2）教师说出交流接触器系列的名称，请学生在实物中找出对应系列。

# 活动 2　拆装与检修交流接触器

学习拆装与检修交流接触器的目的主要有以下两点：

（1）熟悉交流接触器的拆卸与装配工艺，并能对常见故障进行检修；

（2）掌握交流接触器的检验和调整方法。

知识探究

1. 工具及仪表

（1）工具：螺钉旋具、电工刀、尖嘴钳、剥线钳等。

（2）仪表：电流表、电压表、万用表、兆欧表。

## 2. 训练步骤

1）拆卸交流接触器

按规定拆解交流接触器，仔细保留好各个零部件和螺钉。拆卸交流接触器步骤见表2-2-5所列。

表2-2-5 拆卸交流接触器步骤

| 顺序号 | 步　　骤 | 图　　形 |
|---|---|---|
| 1 | 卸下灭弧罩 |  |
| 2 | 拉紧主触头定位弹簧夹，将主触头侧转45°后，取下主触头和压力弹簧 |  |
| 3 | 松开常开辅助静触头的螺钉，卸下常开辅助静触头 | 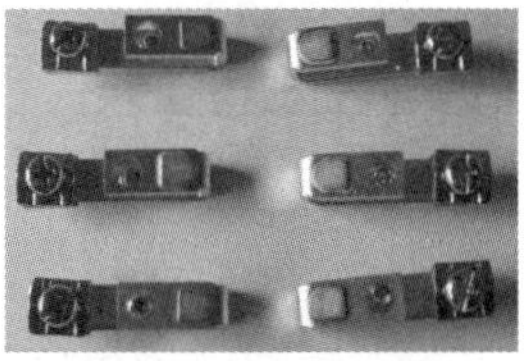 |
| 4 | 用手按压底盖板，并卸下螺钉 |  |
| 5 | 取出静铁心和静铁心支架及缓冲弹簧 |  |

（续表）

| 顺序号 | 步　骤 | 图　形 |
|---|---|---|
| 6 | 拔出线圈弹簧片，取出线圈 | 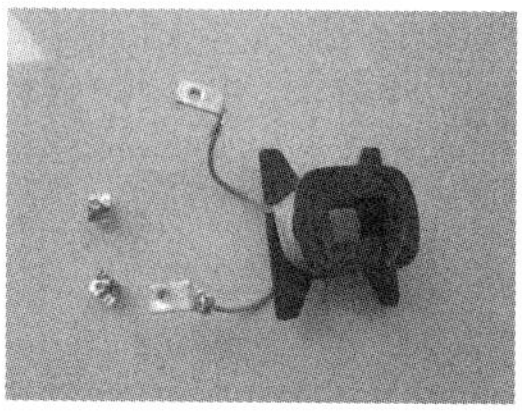 |
| 7 | 取出反作用弹簧 | 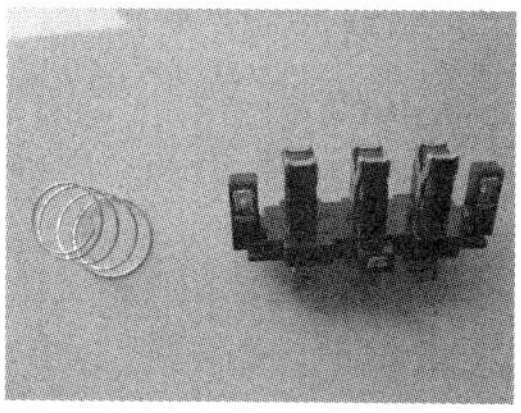 |
| 8 | 取出动铁心和塑料支架，并取出定位销 |  |

2）检修交流接触器

交流接触器在长期使用过程中，由于自然磨损或使用维护不当，会发生故障而影响正常工作。它的检修方法也可用于其他电磁式低压电器。检修交流接触器见表2-2-6所列。

表2-2-6　检修交流接触器

| 序　号 | 故障现象 | 产生原因 | 处理方法 |
|---|---|---|---|
| 1 | 通电后不能合闸 | 线圈供电线路断路 | 检修电路，找出断开点，把线重装好 |
| | | 线圈本身断路 | 更换线圈 |
| | | 线圈额定电压比线路高 | 更换额定电压合适的线圈 |
| | | 触点与灭弧装置卡住，或其他可动零部件与运动导轨或导槽卡住 | 调整互相卡住零部件的相对位置，消除它们之间的摩擦 |
| | | 转轴生锈或歪斜 | 拆下来洗去锈或调换已磨损的零部件，上润滑油 |
| 2 | 通电后不能完全闭合 | 控制电源电压过低 | 调整电源电压 |
| | | 线圈额定电压比线路高 | 更换额定电压合适的线圈 |
| | | 可动部分卡住 | 调整互相卡住零部件的相对位置，去除障碍物 |
| | | 触点弹簧压力与释放弹簧压力过大 | 调查或更换弹簧 |
| | | 触点超程过大 | 调整触点超程 |

（续表）

| 序　号 | 故障现象 | 产生原因 | 处理方法 |
|---|---|---|---|
| 3 | 运行中铁心噪声过大或发生振动 | 线圈电压不足 | 调整线圈电压 |
| | | 铁心极面有污垢或生锈或被过度磨损 | 清理极面，必要时可刮消修整 |
| | | 短路环断裂 | 更换新的短路环 |
| | | 动、静铁心夹紧螺钉松动 | 将螺钉紧固 |
| | | 可动部分配合不当 | 查明故障后进行调整 |
| | | 反作用力过大 | 调整触点超程 |
| 4 | 接触器动作过于缓慢 | 动静铁心之间间隙过大 | 调整机械部分，减小间隙 |
| | | 安装位置不当 | 按产品说明书或技术条件规定重新安装 |
| | | 线圈电压不足 | 调整线圈电压 |
| | | 反作用力过大 | 更换合适的弹簧 |
| 5 | 断电后接触器不释放 | 反作用力过小 | 更换合适的弹簧 |
| | | 剩磁过大 | 将剩磁间隙处的极面挫去一部分或更换磁系统 |
| | | 在新接触器铁心表面涂的凡士林未揩净 | 用抹布将凡士林揩净 |
| | | 可动部分被卡住 | 调整互相卡住零部件的相对位置，并清除障碍物 |
| | | 安装位置不当 | 按产品说明书或技术条件规定重新安装 |
| | | 触点已经熔焊在一起 | 撬开已熔焊在一起的触点，进行打磨或更换触点 |
| 6 | 线圈损坏、烧坏或引出线断裂 | 空气潮湿或含腐蚀性气体致使绝缘损坏 | 更换新线圈，必要时还可刷特殊绝缘漆 |
| | | 线圈内部断线 | 重绕或更换机械部分 |
| | | 因碰撞或振动导致机械部分损伤 | 查明原因，再修好损坏处或更换机械部分 |
| | | 线圈额定电压比控制电路电压低 | 更换额定电压相符的线圈 |
| | | 线圈的通电持续率与实际不符 | 更换通电持续率相符的线圈 |
| | | 线圈超过规定电压运行 | 检查并调整控制电路电压 |
| | | 衔铁不能吸合 | 检查并调整控制电路电压 |
| | | 交流线圈操作频率过高 | 降低操作频率或更换能适合高操作频率的线圈或接触器 |
| | | 周围环境温度过高 | 更换安装位置或采取降温措施 |
| | | 线圈匝间短路 | 更换线圈 |
| | | 接头焊接不良 | 重新焊接 |
| | | 线圈电流过大 | 检查并调整控制电路电压 |

（续表）

| 序　号 | 故障现象 | 产生原因 | 处理方法 |
|---|---|---|---|
| 7 | 短路环断裂 | 铁心碰撞过于猛烈 | 更换短路环或铁心 |
| 8 | 触点严重发热 | 负载电流过大 | 查明原因，采取措施 |
| | | 触点生锈或有积尘或严重氧化 | 清理接触面 |
| | | 触点被严重烧损，以致接触不良 | 用细锉刀整修，使接触面光洁，必要时更换触点 |
| | | 超程过小 | 调整或更换触点 |
| | | 行程过大以致接触压力不足 | 调整或更换触点 |
| | | 接触压力不足 | 调整或更换弹簧 |
| | | 接线松动 | 清理后接牢 |
| 9 | 主触点在工作位置上冒火花 | 铁心吸合不可靠 | 若控制电压过低，则进行调整 |
| | | | 若短路环不起作用，则更换 |
| | | | 若铁心损坏，则更换 |
| 10 | 主触点熔焊 | 闭合过程中振动过于猛烈，且多次发生振动 | 查明原因是不是供电电压过高或主电路电流过大 |
| | | 接触压力不足 | 更换触点弹簧 |
| | | 触点分断能力不足 | 改用分断能力高一级的接触器 |
| | | 触点表面有金属物颗粒突起或异物 | 清理触点表面 |

3）装配交流接触器

装配交流接触器的步骤与拆卸交流接触器的步骤正好相反。按规定安装交流接触器，仔细把每个零部件和螺钉安装到位。

4）自检

用万用表欧姆挡检查线圈及各触头是否良好；用兆欧表检查各触头间及主触头对地电阻是否符合要求；用手按动主触头，检查运动部分是否灵活，以防接触不良、振动和噪声。

## 技能训练

对测量后的接触器进行拆解、维修和安装。

## 知识拓展

### 校验交流接触器

校验交流接触器的具体步骤如下。

（1）将装配好的交流接触器按图2-2-2接好校验电路。

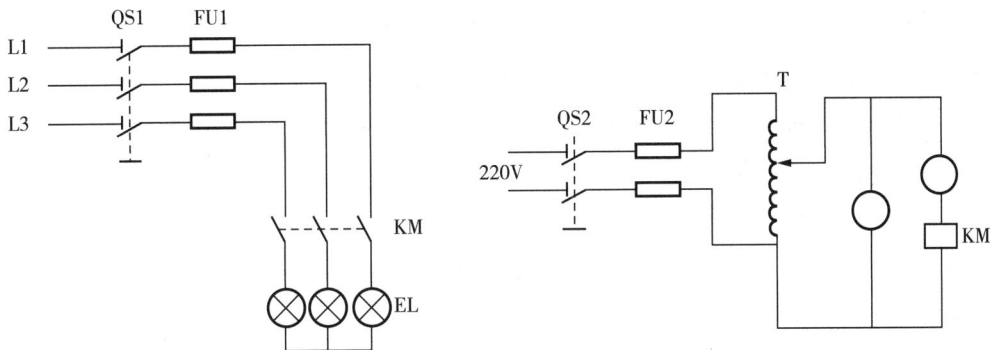

图 2-2-2　交流接触器校验电路

（2）选好电流表、电压表量程，将调压器输出置于零位。

（3）合上 QS1 和 QS2，均匀调节调压变压器，使电压上升到接触器铁心吸合为止，此时电压表的指示值即接触器的动作电压值。该电压应不大于 $85\%U_N$（$U_N$ 为吸引线圈的额定电压）。

（4）保持吸合值，分合 QS2，做两次冲击合闸试验，以校验动作的可靠性。

（5）均匀地降低调压变压器的输出电压至衔铁分离，此时电压表指示电压值即接触器的释放电压，释放电压值应大于 $50\%U_N$。

（6）将调压变压器的输出电压调至线圈的额定电压，观察铁心有无振动及噪声，根据指示灯明暗可判断主触头的接触情况。

**练一练**

1. 判断题

（1）交流接触器线圈通电后，如果铁心吸合受阻，将导致线圈烧坏。　　　（　　）

（2）交流接触器铁心端面短路铜环的作用是避免电路短路。　　　　　　　（　　）

2. 选择题

（1）判断交流或直流接触器的依据是（　　）。

A. 线圈电流的性质　　　　　　　　　　B. 主触点电流的性质

C. 主触点额定电流　　　　　　　　　　D. 辅助触点额定电流

（2）把线圈额定电压为 220V 的交流接触器线圈误接入 380V 的交流电源上，会发生的问题是（　　）。

A. 接触器正常工作　　　　　　　　　　B. 接触器产生强烈振动

C. 烧毁线圈　　　　　　　　　　　　　D. 烧毁触点

（3）把线圈额定电压为 380V 的交流接触器线圈误接入 220V 的交流电源上，会发生的问题是（　　）。

A. 接触器正常工作　　　　　　　　　　B. 接触器产生强烈振动

C. 烧毁线圈

D. 烧毁触点

## 3. 问答题

(1) 交流接触器触点系统由什么组成？各用在什么电路中？

(2) 交流接触器在动作时，常开辅助触点和常闭辅助触点动作顺序是怎样的？

(3) 如何选择交流接触器？

(4) 交流接触器为什么不允许操作频率过高？

━━━━━━ 任务评价 ━━━━━━

认识与维修交流接触器任务评价见表2-2-7所列。

表2-2-7　认识与维修交流接触器任务评价

| 活动内容 | 配分/分 | 评价标准 | 得分/分 |
|---|---|---|---|
| 根据实物写出名称 | 5 | 每写错或漏写1个扣1分 | |
| 根据清单选择实物 | 5 | 每选错或漏选1个扣1分 | |
| 根据实物写出<br>接触器型号与规格 | 10 | (1) 每写错或漏写1个扣2分；<br>(2) 只写出名称，写错型号或规格每1件扣2分 | |
| 接触器的检测 | 10 | 每检测错误或漏检测1项内容扣2分 | |
| 拆卸步骤 | 30 | (1) 拆卸步骤及方法不正确，扣5分/次；<br>(2) 拆卸不熟练，扣5~10分；<br>(3) 丢失零部件扣10分/次；<br>(4) 损坏零部件 | |
| 检修 | 20 | (1) 未进行检修或检修无结果，扣20分；<br>(2) 检修步骤及方法不正确，扣5分/次；<br>(3) 扩大故障（无须修复），扣20分 | |
| 安装步骤 | 20 | (1) 安装步骤及方法不正确，扣5分/次；<br>(2) 拆卸后不能组装，扣15分 | |
| 安全文明生产 | | 违反安全文明生产规程，扣5~40分 | |
| 时间 | | 180min，每超过5min，扣总分5分 | |
| 成绩 | | | |

## 任务3 认识继电器

知识目标

（1）了解常用继电器的作用。

（2）掌握常用继电器的结构和原理，熟记常用继电器的符号。

（3）会根据实际电路要求选择合适的继电器。

技能目标

（1）会识别常用继电器。

（2）会安装常用继电器。

素养目标

（1）能够在安装继电器的过程中养成团结互助的工作习惯。

（2）养成自主学习的习惯。

【课件】

认识继电器

### 任务导入

2023年3月，上海市普陀区某小区居民家中发生火灾，火灾调查人员经过现场勘查与当场质问，初步认定本起火灾原因是私自拆除床头柜后的墙插，长期私拉乱接电线，最终导致线路过载引起火灾。

实际上，因过载而发生的各种事故还有许多。如果电路中用了可靠的过载保护，那么这样的惨剧是可以避免的。为实施这些保护，通常会用到过电流继电器、热继电器等。为实现其他保护或实施更多的功能，还设计制造了多种多样的继电器。

继电器是一种根据电量（电流、电压等）或非电量（温度、压力、转速、时间等）的变化接通或断开电路的自动切换电器，通常应用于自动控制电路中。它实际上是用较小的电流去控制较大电流的一种"自动开关"，故在电路中起着自动调节、安全保护、转换电路等作用。继电器种类繁多，应用广泛，按工作原理可分为电磁式继电器、感应式继电器、电动式继电器、热继电器、时间继电器、速度继电器和电子式继电器等。这里只介绍几类常用的继电器。

## 活动1 认识电磁式继电器

电磁式继电器种类较多，让我们通过表2-3-1来认识电磁式继电器。

表 2-3-1 电磁式继电器

| 类　型 | 电磁式继电器 | 类　型 | 电磁式继电器 |
|---|---|---|---|
| 中间继电器 | 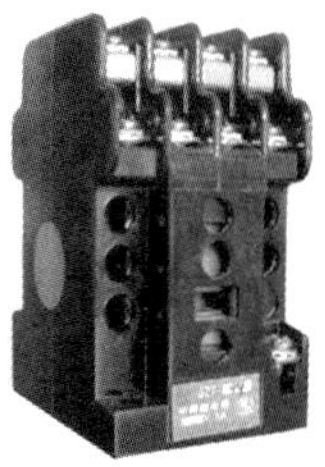 | 电流继电器 |  |
| 电压继电器 | 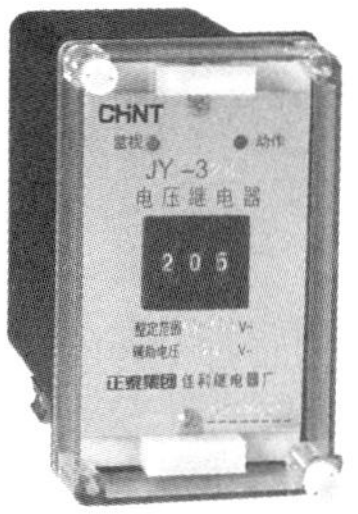 | 信号继电器 |  |
| 差动继电器 |  | 固态继电器 |  |

**知识探究**

1. 电磁式继电器的特点

电磁式继电器结构简单，价格低廉，使用和维护方便，被广泛应用于控制系统中。常用的电磁式继电器有电压继电器、电流继电器和中间继电器。

2. 电磁式继电器的工作原理和特性

电磁式继电器一般由电磁铁、衔铁、弹簧片、触点等组成，其工作电路由低压控制电路和高压工作电路两部分构成。电磁式继电器还可以实现远距离控制和自动化控制。只要在线圈两端加上一定的电压，线圈中就会流过一定的电流，从而产生电磁效应，衔铁就会在电磁力吸引的作用下克服返回弹簧的拉力吸向铁心，从而带动衔铁的动触点与静触点（常开触点）吸合。当线圈断电后，电磁的吸力也随之消失，衔铁就会在弹簧的反作用力下返回原来的位置，使动触点与原来的静触点（常闭触点）释放。这样吸合、释放，从而达到了在电路中导通、切断的目的。对于继电器的"常开、常闭"触点，可以这样来区分：继电器线圈未通电时处于断开状态的静触点，称为"常开触点"；处于接通状态的静触点，称为"常闭触点"。

电磁式继电器示意图如图 2-3-1 所示。

### 3. 电流继电器

1）电流继电器的概念

电流继电器是根据输入电流大小而动作的继电器。

2）电流继电器的结构特点

电流继电器电磁系统与接触器基本相同，但电流继电器没有主触点和辅助触点之分，并且触点通常都接在控制电路中，没有灭弧装置。其线圈匝数少、导线粗、阻抗小。

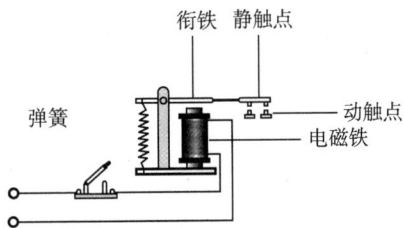

图 2-3-1  电磁式继电器示意图

3）电流继电器的分类

按用途不同，电流继电器可分为欠电流继电器和过电流继电器。欠电流继电器的吸合电流为线圈额定电流的 30%～65%，释放电流为线圈额定电流的 10%～20%。欠电流继电器用于欠电流保护或控制，如电磁吸盘中的欠电流保护。过电流继电器电路正常时不动作，当电流超过一定值时才动作。交流过电流继电器整定电流为（110%～400%）$I_N$。过电流继电器在电路中实现过电流保护，如超重机电路中的过电流保护。

4）电流继电器的型号及含义

JL 系列电流继电器的型号及含义如图 2-3-2 所示。

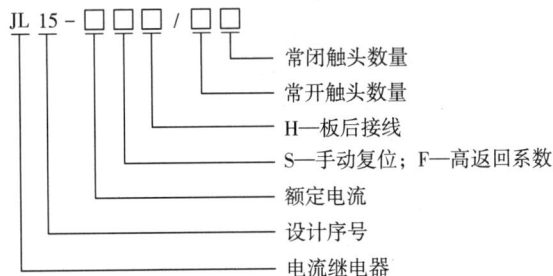

图 2-3-2  JL 系列电流继电器的型号及含义

5）电流继电器的符号

电流继电器的符号如图 2-3-3 所示。

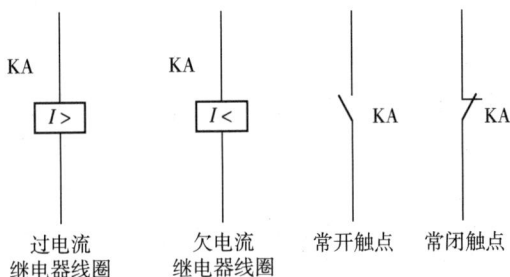

图 2-3-3  电流继电器的符号

6）实施保护的方法

电流继电器的线圈串联在被保护电路的主电路中；对于欠电流继电器，用常开触点串联在被保护电路的线圈电路中；对于过电流继电器，用常闭触点串联在被保护电路的线圈电路中。

4. 电压继电器

1）电压继电器的概念

电压继电器是根据输入电压大小而动作的继电器。

2）电压继电器的结构特点

电压继电器电磁系统与电流继电器基本相同，不同之处是其线圈匝数多、导线细、阻抗大。

3）电压继电器的分类

按用途不同，电压继电器可分为欠电压继电器和过电压继电器。欠电压继电器的吸合电压为线圈额定电压的 $20\%\sim50\%$，释放电压为线圈额定电压的 $10\%\sim20\%$。欠电压继电器用于欠电压、零压保护。过电压继电器电路正常时不动作，当电压超过一定值时才动作。过电压继电器整定电流为 $(105\%\sim120\%)U_N$。过电压继电器在电路中实现过电压保护。

4）电压继电器的型号及含义

电压继电器的型号及含义如图 2-3-4 所示。

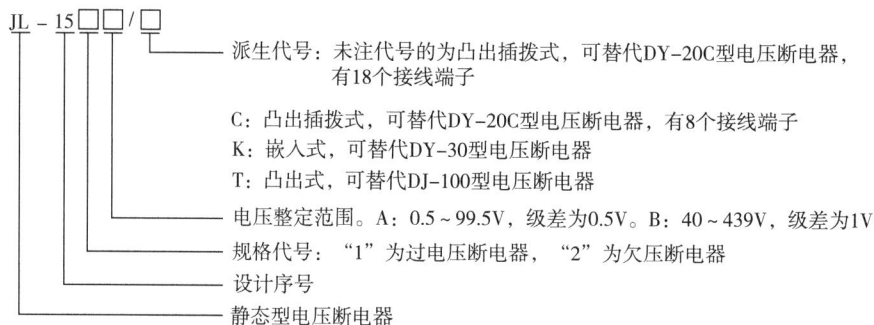

图 2-3-4　电压继电器的型号及含义

5）电压继电器的符号

电压继电器的符号如图 2-3-5 所示。

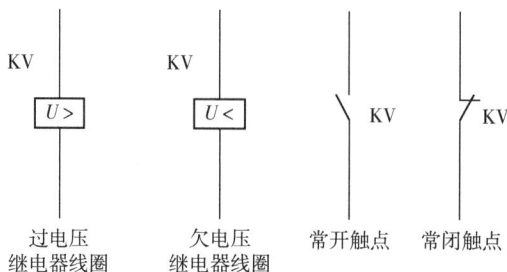

图 2-3-5　电压继电器的符号

6) 实施保护的方法

电压继电器的线圈并联在被保护电路的主电路中；对于欠电压继电器，用常开触点串联在被保护电路的线圈电路中；对于过电流继电器，用常闭触点串联在被保护电路的线圈电路中。

5. 中间继电器

中间继电器实质是一种电压继电器，触点对数多，触点容量较大（额定电流为5～10A），其作用是将一个输入信号变成多个输出信号或将信号放大（即增大触点容量），起到信号中转的作用。

中间继电器体积小，动作灵敏度高，并可在10A以下电路中代替接触器使用。

**技能训练**

电磁式继电器的检测如下。

1. 工具及仪表

(1) 工具：螺钉旋具、电工刀、尖嘴钳、剥线钳等。

(2) 仪表：万用表。

2. 训练内容

为每一组同学发一个电磁式继电器进行测量，并将测量结果填入表2-3-2中。

表2-3-2 电磁式继电器的检测

| 型号（4分） | 含义（6分） | | 触点对数（6分） | | | |
|---|---|---|---|---|---|---|
| | | | 常开辅助触点 | | 常闭辅助触点 | |
| 触点类型 | 触点电阻/W（6分） | | | | | |
| | 动作前 | 动作后 | | | | |
| | | | 电磁线圈（8分） | | | |
| 常开辅助触点 | | | 线径 | 匝数 | 工作电流/A | 工作电压/V | 电阻/W |
| 常闭辅助触点 | | | | | | |

**练一练**

(1) 什么叫继电器？

(2) 过电流继电器在电路中起什么作用？怎样实施保护？

(3) 欠电压继电器在电路中起什么作用？怎样实施保护？

(4) 中间继电器在电路中起什么作用？什么情况下可以代替接触器使用？

# 活动2 认识热继电器

热继电器种类不多，但是生产厂家较多，外形各有不同，让我们通过表2-3-3来认识一些热继电器。

表 2-3-3　不同品牌热继电器

| 品　牌 | 热继电器 | 品　牌 | 热继电器 |
|---|---|---|---|
| 正泰 |  | 西门子 |  |
| ABB |  | 富士 |  |

**知识探究**

### 1. 热继电器原理及结构

热继电器是用于电动机或其他电气设备、电气线路的过载保护的保护电器。其原理示意图如图 2-3-6 所示。

热继电器由发热元件、双金属片、触点及一套传动和调整机构组成。双金属片由两种热膨胀系数不同的金属片碾压而成。图 2-3-6 中所示的双金属片，下层的金属片热膨胀系数大，上层的小。当电动机过载时，通过发热元件的电流超过整定电流，双金属片受热向上弯曲脱离扣板，使常闭触点断开。由于常闭辅助触点是接在电动机的控制电路中的，因此它的断开会使得与其相接的接触器线圈断电，从而使接触器主触点断开，电动机的主电路断电，实现了过载保护。

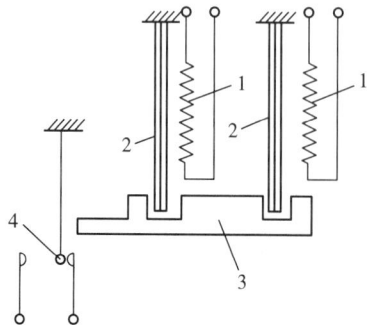

1—发热元件；2—双金属片；3—导板；4—触点。

图 2-3-6　热继电器原理示意图

【微课】

认识与拆分热继电器

## 2. 热继电器的型号及含义

热继电器的型号及含义如图2-3-7所示。

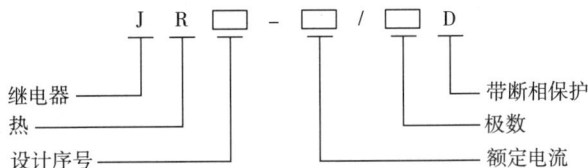

$$JR\ \square-\square/\square\ D$$

继电器 —
热 —
设计序号 —

— 带断相保护
— 极数
— 额定电流

图2-3-7 热继电器的型号及含义

## 3. 热继电器的符号

热继电器的符号如图2-3-8所示。

## 4. 热继电器实施保护的方式

发热元件串联在被保护电动机主电路中，一般习惯直接与电动机相连；常闭触点串联在被保护电动机线圈电路中。

FR

图2-3-8
热继电器的符号

## 5. 热继电器的选择方法

热继电器主要用于保护电动机的过载，因此选用时必须了解电动机的情况，如工作环境、起动电流、负载性质、工作制、允许过载能力等。

（1）原则上应使热继电器的安秒特性尽可能接近甚至与电动机的过载特性重合，或在电动机的过载特性之下，同时在电动机短时过载和起动的瞬间，热继电器应不受影响（不动作）。

（2）当热继电器用于保护长期工作制或间断长期工作制的电动机时，一般按电动机的额定电流来选用。例如，热继电器的整定值可等于95%~1.05倍的电动机的额定电流，或者使热继电器整定电流的中值等于电动机的额定电流，然后进行调整。

（3）当热继电器用于保护反复短时工作制的电动机时，热继电器仅有一定范围的适应性。如果短时间内操作次数很多，那么就要选用带速饱和电流互感器的热继电器。

（4）对于正反转和通断频繁的特殊工作制电动机，不宜采用热继电器作为过载保护装置，而应使用埋入电动机绕组的温度继电器或热敏电阻来保护。

（5）"丫"形接法的电动机可选用二相或三相结构热继电器，"△"形接法的电动机应选用带断相保护装置的三相结构热继电器。

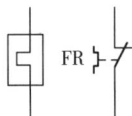

## 技能训练

### 1. 工具及仪表

（1）工具：螺钉旋具、电工刀、尖嘴钳、剥线钳等。

（2）仪表：万用表。

### 2. 训练内容

为每名学生发一个热继电器，按表2-3-4进行测试，并填入表2-3-4中。

表 2-3-4　热继电器的检测

| 型号（4分） | 含义（6分） | | 触点对数（6分） | | |
| --- | --- | --- | --- | --- | --- |
| | | | 主触点 | 常开辅助触点 | 常闭辅助触点 |
| 触点类型 | 触点电阻/W（6分） | | | | |
| | 正常情况 | 异常情况 | | | |
| 主触点 | | | 安装时注意事项 | | |
| 常开辅助触点 | | | | | |
| 常闭辅助触点 | | | | | |

■ 练一练

（1）热继电器由哪些部分组成？

（2）"丫"形接法的电动机和"△"形接法的电动机应如何选用热继电器？

（3）热继电器是怎样实施保护的？试叙述当电动机过载时，热继电器的动作过程。

（4）在电动机控制电路中，接入了热继电器，能不能不接熔断器？为什么？

（5）在电动机控制电路中，接入了熔断器，能不能不接热继电器？为什么？

# 活动 3　认识时间继电器

时间继电器在电气控制系统中是一个非常重要的元器件，是根据电磁原理或机械动作原理来实现触点系统延时接通或断开的自动切换电器。按延时方式，时间继电器可分为通电延时和断电延时两种类型；按动作的原理，时间继电器可分为电子式、机械式等。电子式时间继电器是采用电容充放电再配合电子元件的原理来实现延时动作的。目前，时间继电器采用数控技术，用集成电路和 LED（发光二极管）显示器件取代电动机和机械传动系统。时间继电器除具有电动式长延时优点外，还有无机械磨损，工作稳定可靠，精度高，计数清晰悦目、准确直观和结构新颖等优点，作为实践控制器件可被广泛应用于各种自动生产工艺过程控制及家用电器中。由于生产厂家多，外形各不相同，我们通过表 2-3-5 认识一下常见的时间继电器。

表 2-3-5　常见的时间继电器

| 品牌 | 时间继电器 | 品牌 | 时间继电器 |
| --- | --- | --- | --- |
| 德力西 1 | | 德力西 2 | |

（续表）

| 品　牌 | 时间继电器 | 品　牌 | 时间继电器 |
|:---:|:---:|:---:|:---:|
| 正泰 |  | 富士 |  |
| 德力西 3 |  |  |  |

**知识探究**

### 1. 时间继电器分类及对应符号

时间继电器分类方式较多，按延时方式可分为通电延时型和断电延时型。时间继电器图形符号如图 2-3-9 所示。

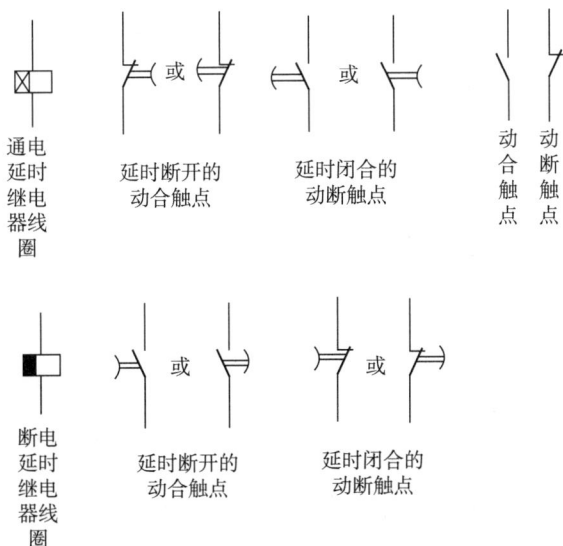

图 2-3-9　时间继电器图形符号

时间继电器触点的记忆方法如图 2-3-10 所示。

时间继电器非延时触点与一般继电器触点画法相同。

延时继电器触点的画法比较特殊，无论通电延时还是断电延时，都会有一个"小弧形"。可以把这个小弧形看作雨伞，观察翻转时是否"兜风"。如红框中上排画的通电延时继电器触点，通电瞬间都向右翻转，"雨伞"会兜风，即延时翻转；而在断电时，触点向右移动，"雨伞"呈流线型，将瞬间复位（不延时）。

断电延时时间继电器触点记忆方法相同。通电瞬间"雨伞"都呈流线型，瞬间完成翻转；断电时，"雨伞"兜风，即延时翻转。

通电延时时间继电器的触点，在继电器通电后，到达设定的延时时间后动作。继电器断电后触点复原。

断电延时时间继电器的触点，在继电器通电后动作；继电器断电后，到达设定的延时时间后触点复原。

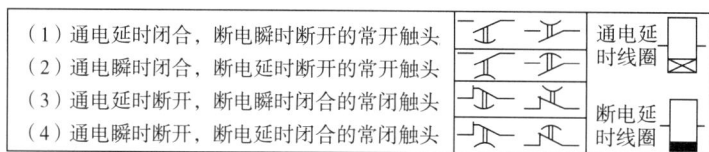

| (1) 通电延时闭合，断电瞬时断开的常开触头 | | 通电延时线圈 |
|---|---|---|
| (2) 通电瞬时闭合，断电延时断开的常开触头 | | |
| (3) 通电延时断开，断电瞬时闭合的常闭触头 | | 断电延时线圈 |
| (4) 通电瞬时断开，断电延时闭合的常闭触头 | | |

图 2-3-10 时间继电器触点的记忆方法

如何记忆其图形符号？

先看通电延时时间继电器的触点（图 2-3-11）：通电延时时间继电器的触点看圆弧，圆弧向圆心方向移动，带动触点延时动作。

再看断电延时时间继电器的触点（图 2-3-12）：断电延时时间继电器的触点也是看圆弧，通电后触点动作；断电后，圆弧向圆心方向移动，带动触点延时复位。

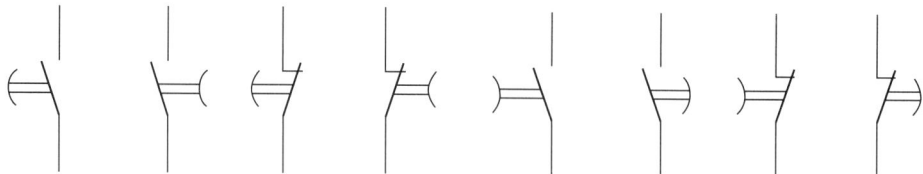

图 2-3-11 通电延时时间继电器的触点　　图 2-3-12 断电延时时间继电器的触点

## 2. 时间继电器的型号及含义

时间继电器种类较多，表示方法各不相同，以数字式时间继电器为例。数字式时间继电器型号及含义如图 2-3-13 所示。

## 3. 时间继电器接线方式

时间继电器通常通过底座与电路相连接，底座位置与时间继电器相对应时间继电器针脚及含义如图 2-3-14 所示。时间继电器针脚号及针脚含义（国内常规方式）见表 2-3-6 所示。

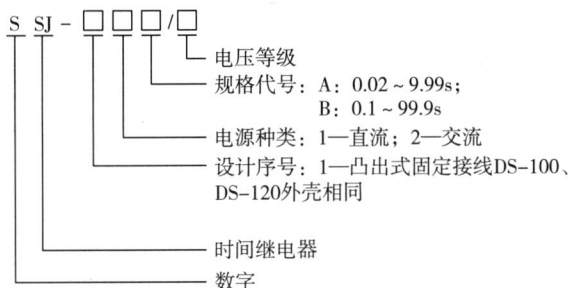

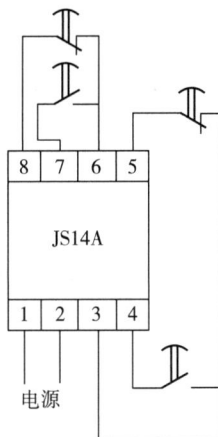

图 2-3-13　数字式时间继电器型号及含义　　　　图 2-3-14　时间继电器针脚及含义

注意：现在市场上销售的时间继电器侧面都有接线图，安装时请认真阅读。

表 2-3-6　时间继电器针脚号及针脚含义（国内常规方式）

| 针脚号 | 针脚含义 | 针脚号 | 针脚含义 |
|---|---|---|---|
| 1 | 继电器 B 公共端 | 5 | 继电器 A 常闭触点 |
| 2 | 电源中性线 N（AC 85～265V） | 6 | 继电器 A 常开触点 |
| 3 | 继电器 B 常开触点 | 7 | 电源相线 L（AC 85～265V） |
| 4 | 继电器 B 常闭触点 | 8 | 继电器 A 公共端 |

## 技能训练

### 1. 工具及仪表

（1）工具：螺钉旋具、电工刀、尖嘴钳、剥线钳等。

（2）仪表：万用表。

### 2. 训练内容

为每名学生发一个时间继电器，按表 2-3-7 进行测试，并填入表中。

表 2-3-7　时间继电器的检测

| 型号（4分） | 含义（6分） | | 触点对数及符号（10分） | | | |
|---|---|---|---|---|---|---|
| | | | 常开辅助<br>瞬动触点 | 常闭辅助<br>瞬动触点 | 常开辅助<br>延时触点 | 常闭辅助<br>延时触点 |
| 触点类型 | 触点电阻/W（6分） | | | | | |
| | 动作前 | 动作后 | | | | |
| | 线圈（8分） | | | | | |

（续表）

| 型号（4分） | 含义（6分） | 触点对数及符号（10分） | |
|---|---|---|---|
| 常开辅助触点 | | 工作电压/V | 电阻/W |
| 常闭辅助触点 | | | |

### 练一练

（1）什么是时间继电器？按动作原理分为哪几种？

（2）时间继电器有哪几种触点？请画出它们的图形符号。

（3）时间继电器（国内常规方式）8个针脚各是什么含义？

（4）请写出 JS14A 线圈电压大小。

# 活动 4    认识速度继电器

在自动控制中，有时需要根据电动机转速的高低来接通和分断某些电路。例如，笼形异步电动机的反接制动：当电动机的转速降到很低时应立即切断电流以防止电动机反向起动，这种动作就需要速度继电器来控制完成。速度继电器又称为反接制动继电器。图 2-3-15 是两种不同品牌的速度继电器。

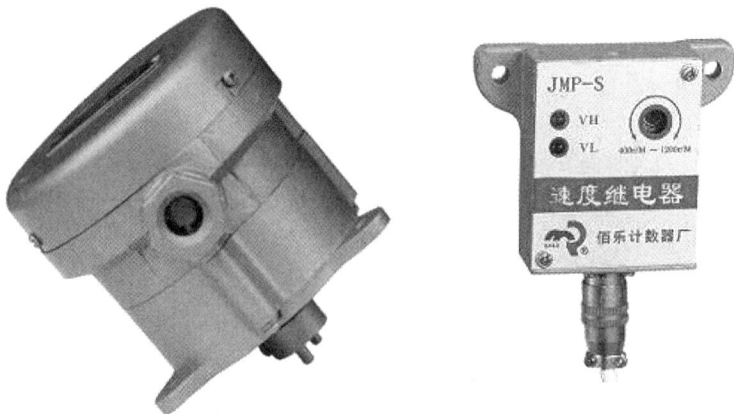

图 2-3-15    两种不同品牌的速度继电器

### 知识探究

1. 速度继电器的结构及符号

速度继电器主要由转子、定子及触点三部分组成。图 2-3-16 是速度继电器的结构及符号。

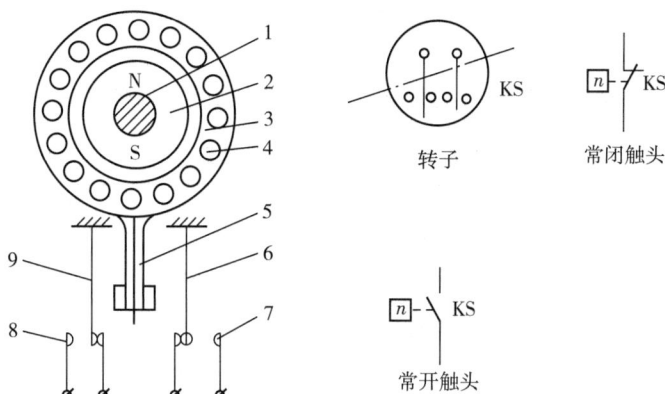

1—转轴；2—转子；3—定子；4—绕组；5—摆锤；6、9—簧片；7、8—静触点。

图2-3-16　速度继电器的结构及符号

### 2. 速度继电器的工作过程

速度继电器工作时是与电动机同轴的，不论电动机正转或反转，电器的两个常开触点中有一个闭合，准备实行电动机的制动。一旦开始制动，由控制系统的联锁触点和速度继电器备用的闭合触点形成一个电动机相序反接（俗称倒相）电路，使电动机在反接制动下停车。而当电动机的转速接近零时，速度继电器的制动常开触点分断，从而切断电源，使电动机制动状态结束。

### 3. 速度继电器型号

常用的速度继电器有JY1型和JFZ0型两种。其中，JY1型可在700～3600r/min范围内可靠地工作；JFZ0-1型适用于300～1000r/min；JFZ0-2型适用于1000～3600r/min。它们具有两个常开触点、两个常闭触点，触点额定电压为380V，额定电流为2A。一般速度继电器的转轴在130r/min左右即能动作，在100r/min时触头即能恢复到正常位置。可以通过螺钉的调节来改变速度继电器动作的转速，以适应控制电路的要求。

### 4. 速度继电器的安装

（1）速度继电器的转轴应与电动机同轴连接，使两轴的中心线重合。速度继电器的轴可用联轴器与电动机的轴连接（图2-3-17）。

（2）对速度继电器进行接线时，应注意正反向触头不能接错，否则不能实现反接制动控制。

（3）速度继电器的金属外壳应可靠接地。

**技能训练**

### 1. 工具及仪表

（1）工具：螺钉旋具、电工刀、尖嘴钳、剥线钳等。

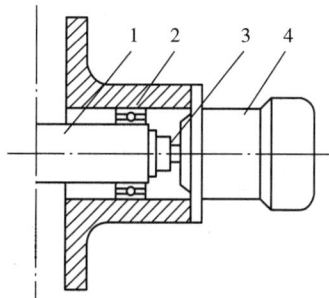

1—电动机轴；2—电动机轴承；
3—联轴器；4—速度继电器。

图2-3-17　速度继电器与电动机的连接

（2）仪表：万用表。

## 2. 训练内容

为每名学生发一个速度继电器，按表2-3-8进行测试，并填入表2-3-8中。

表2-3-8 速度继电器检测

| 型号（4分） | 含义（6分） | | 触点对数（6分） | |
|---|---|---|---|---|
| | | | 正转动作 | 反转动作 |
| 触点类型 | 触点电阻/W（6分） | | | |
| | 动作前 | 动作后 | | |
| | | | 额定工作转速（8分） | |
| 常开辅助触点 | | | 动作转速 复位转速 | 允许操作频率/（次/h） |
| 常闭辅助触点 | | | | |

**练一练**

（1）速度继电器用在哪些场所？又称为什么继电器？

（2）一般速度继电器的转轴转速为多少左右时即能动作？为多少时触头即能恢复到正常位置？

====== 任务评价 ======

认识继电器任务评价按表2-3-9进行。

表2-3-9 认识继电器任务评价

| 活动内容 | 配分/分 | 评分标准 | 得分/分 |
|---|---|---|---|
| 根据清单选取实物 | 30 | 选错或漏选，扣5分/件 | |
| 根据实物写出电器名称、型号与主要技术参数 | 70 | （1）名称漏写或写错，扣3分/件；<br>（2）型号漏写或写错，扣4分/件；<br>（3）规格漏写或写错，扣3分/件；<br>（4）主要参数漏写或写错，扣5分/件 | |
| 安全文明生产 | | 违反安全文明生产规程，扣5～40分 | |
| 成绩 | | | |

## 任务4　认识与安装低压开关

知识目标

（1）了解负荷开关、组合开关和低压断路器的作用。

（2）掌握负荷开关、组合开关和低压断路器的结构和原理，熟记各种开关的符号。

（3）会根据实际电路要求选择合适的负荷开关、组合开关和低压断路器。

技能目标

（1）会拆装开启式负荷开关。

（2）正确识别与检测负荷开关、组合开关和低压断路器。

（3）会安装负荷开关、组合开关和低压断路器。

素养目标

（1）通过低压开关相关知识的学习，培养学生自主学习的能力。

【课件】

认识与安装低压开关

（2）能够在操作过程中发现并解决问题，提高知识运用的能力。

### 任务导入

在工矿企业生产及我们的生活、学习中，都用到了大量的电气设备或产品。由于各种原因，电气设备或产品被损坏，都需要维修或更换。为了操作人员的安全，通常要断电维修或更换。因此，通常使用低压开关。低压开关主要作隔离、转换及接通和分断电路用，多数情况下用作机床电路的电源开关和局部照明电路的控制开关，有时也可直接用来控制小容量电动机的起动、停止和正反转。

低压开关一般为非自动切换电器，常用的类型有刀开关、组合开关和低压断路器。

## 活动1　认识与安装开启式负荷开关

开启式负荷开关又称为瓷底胶盖刀开关，简称闸刀开关。这种开关生产厂家较多，外形各不相同，但结构、功能相同。

下面我们通过表2-4-1来认识开启式负荷开关。

表2-4-1　开启式负荷开关

| 型　号 | 开启式负荷开关 | 型　号 | 开启式负荷开关 |
|---|---|---|---|
| 开启式负荷开关 2P3A | | 双投闸刀开关 LT.STSHK11-4P-225A | |

（续表）

| 型　号 | 开启式负荷开关 | 型　号 | 开启式负荷开关 |
|---|---|---|---|
| 开启式负荷<br>开关 HK8-63/3 | | 三相三线三极<br>单投隔离开关<br>HD11F-400/38 | |
| 双电源负荷<br>闸刀开关<br>LT.STSHK11-<br>2P-63A | | | |

**知识探究**

1. 开启式负荷开关的作用

开启式负荷开关结构简单，价格便宜，适用于交流 50Hz、额定电压单相 220V 或三相 380V、额定电流 10～100A 的照明、电热设备及小容量电动机控制电路，供手动不频繁地接通和分断电路，并起短路保护作用。

2. 开启式负荷开关的结构和符号

开启式负荷开关的结构和符号如图 2-4-1 所示。

【微课】

认识与拆分开启式
负荷开关

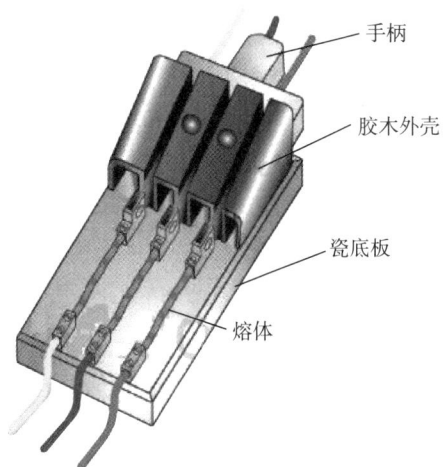

手柄

胶木外壳

瓷底板

熔体

（a）结构

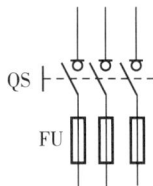

QS

FU

（b）符号

图 2-4-1　开启式负荷开关的结构和符号

### 3. 开启式负荷开关的型号及含义

开启式负荷开关的型号及含义如图2-4-2所示。

### 4. 开启式负荷开关的选用

（1）用于照明和电热负载时，选用额定电压为220V或250V、额定电流不小于电路所有负载额定电流之和的两极开关。

（2）用于控制电动机的直接起动和停止时，选用额定电压为380V或500V、额定电流不小于电动机额定电流3倍的三极开关。

提示：HK开启式负荷开关用于一般的照明电路和功率小于5.5kW的电动机控制线路中。但这种开关没有专门的灭弧装置，其刀式动触头和静夹座易被电弧灼伤引起接触不良，因此不宜用于操作频繁的电路中。

图2-4-2 开启式负荷开关的型号及含义

### 5. 安装开启式负荷开关

使用开启式负荷开关，首先应根据它在线路中的作用和在成套配电装置中的安装位置，确定其结构形式。开启式负荷开关一般应垂直安装在开关板上，并使静插座位于上方，以防止触刀等运动部件因支座松动而在自重作用下向下掉落，与插座接触，发生误合闸而造成事故。

开启式负荷开关在使用中应注意以下几点。

（1）当刀开关被用作隔离开关时，合闸顺序是先合上刀开关，再合上其他用以控制负载的开关电器。

（2）严格按照产品说明书规定的分断能力来分断负载。

（3）若是多极的刀开关，应保证各级动作的同步，并且接触良好。

（4）如果刀开关不是安装在封闭的箱内的，应防止因积尘过多而发生相间闪络现象。

### 技能训练

### 1. 工具及仪表

（1）工具：螺钉旋具、电工刀、尖嘴钳、剥线钳等。

（2）仪表：万用表。

### 2. 训练内容

（1）识别开启式负荷开关。

① 在教师指导下，仔细观察各种不同类型、规格的开启式负荷开关的外形和结构特点。

② 由教师从所给开启式负荷开关中任选5只，用胶布盖好其型号并编号；由学生根据实物写出名称、型号规格及主要技术参数，并将测量结果填入表2-4-2中。

表2-4-2 识别开启式负荷开关

| 序　号 | 1 | 2 | 3 | 4 | 5 |
|---|---|---|---|---|---|
| 名　称 | | | | | |
| 型号规格 | | | | | |
| 结　构 | | | | | |

（2）用万用表检查开启式负荷开关，并将检查结果填入表 2-4-3 中。

表 2-4-3　开启式负荷开关的基本结构与测量

| 型　号 | | | | 极　数 | | 主要零部件 | |
|---|---|---|---|---|---|---|---|
| | | | | | | 名称 | 作用 |
| 触点间接触电阻/Ω | L1 相 | | L2 相 | | L3 相 | | |
| | | | | | | | |
| 相间绝缘电阻/Ω | L1—L2 | | L2—L3 | | L1—L3 | | |
| | | | | | | | |

**练一练**

（1）开启式负荷开关的作用是什么？适用于哪些场所？

（2）开启式负荷开关由哪些部分组成？写出它的图形符号和文字符号。

（3）怎样选用开启式负荷开关？

（4）如何安装开启式负荷开关？在使用中必须注意什么？

# 活动 2　认识与安装封闭式负荷开关

封闭式负荷开关是在开启式负荷开关的基础上改进设计的一种开关，因其外壳多为铸铁或用薄钢板冲压而成，故俗称铁壳开关。相对而言，外形简单。让我们通过表 2-4-4 来认识封闭式负荷开关。

表 2-4-4　封闭式负荷开关

| 型　号 | 封闭式负荷开关 | 型　号 | 封闭式负荷开关 |
|---|---|---|---|
| 户外防水隔离开关 4P20A440V | | 正泰 HH3 系列封闭式负荷开关 | |
| HHP1 系列封闭式负荷开关 | | HH10 封闭式负荷铁壳开关防雨型 | |

（续表）

| 型　　号 | 封闭式负荷开关 | 型　　号 | 封闭式负荷开关 |
|---|---|---|---|
| HH10 封闭式<br>负荷铁壳开关<br>防雨型 |  | HH10 封闭式<br>负荷开关<br>普遍型 |  |

**知识探究**

1. 封闭式负荷开关的作用

封闭式负荷开关适用于交流频率为 50Hz、额定工作电压为 380V、额定工作电流至 400A 的电路中，用于手动不频繁地接通和分断带负载的电路及线路末端的短路保护，也可以用于控制 15kW 以下小容量交流电动机的不频繁直接起动和停止。

2. 封闭式负荷开关的结构和符号

封闭式负荷开关的结构和符号如图 2-4-3 所示。

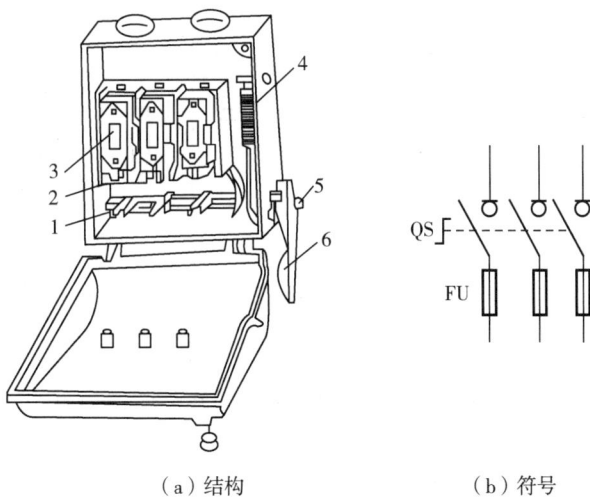

（a）结构　　　　　（b）符号

1—刀式触头；2—夹座；3—熔断器；4—速断弹簧；5—转轴；6—手柄。

图 2-4-3　封闭式负荷开关的结构和符号

3. 封闭式负荷开关的型号及含义

封闭式负荷开关的型号及含义如图 2-4-4 所示。

4. 封闭式负荷开关的接线方式

100A 以上的封闭式负荷开关，其电源进线应接在开关柱头上，电动机引线接在柱头上；100A 以下的封闭式负荷开关，其电源进线应接在开关柱头上，且电动机引

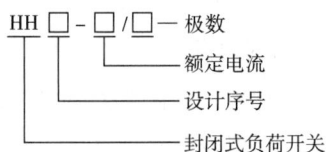

图 2-4-4　封闭式负荷
开关的型号及含义

线接在柱头上。

### 5. 封闭式负荷开关的选用

（1）额定电压应不小于工作电路的额定电压。

（2）额定电流应等于或稍大于电路的工作电流。

（3）用于控制电动机工作时，考虑到电动机的起动电流较大，应使开关的额定电流不小于电动机额定电流的 3 倍。

### 6. 安装封闭式负荷开关

使用与安装封闭式负荷开关时，外壳应可靠接地，防止发生漏电击伤人员事故。100A 及以下的铁壳开关电源进线座在下端，将电动机的引出线接上端。100A 以上的铁壳开关电源进线座在上端，电动机的引出线接下端。安装封闭式负荷开关时，电源进线和负载引出线应分别穿过封闭式负荷开关顶端和下缘的孔眼（100A 以下的封闭式负荷开关，进出线孔均设置在开关的顶端）。进出线孔均加高木制护线圈或橡皮护线圈。操作时不要面对着开关箱，以免万一发生故障而开关又分断不了短路电流时，铁壳爆炸飞出伤人。封闭式负荷开关接线图如图 2-4-5 所示。

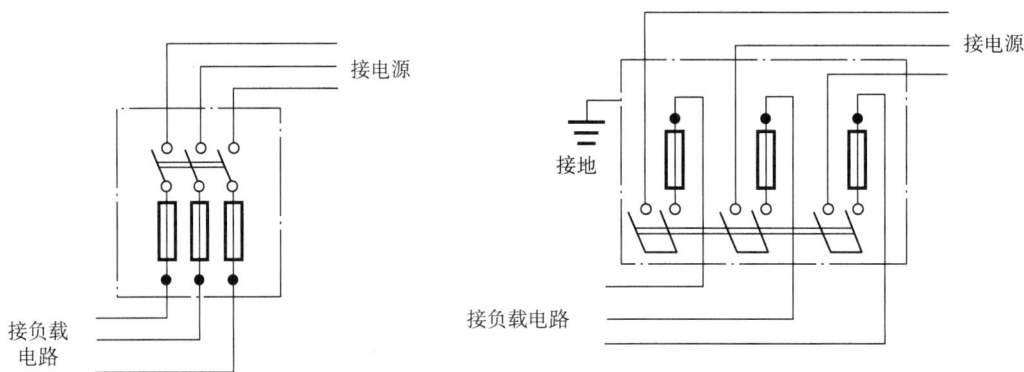

图 2-4-5　封闭式负荷开关接线图

### 技能训练

#### 1. 工具及仪表

（1）工具：螺钉旋具、电工刀、尖嘴钳、剥线钳等。

（2）仪表：万用表。

#### 2. 训练内容

打开封闭式负荷开关的盖，将内部主要零件的名称、作用记入表 2-4-5 中，然后闭合开关，用万用表电阻挡测量各触点之间的接触电阻，用万用表测量每两相触点之间的绝缘电阻，并将测量结果一并填入表 2-4-5 中。

表 2-4-5　封闭式负荷开关的基本结构与测量

| 型　号 | | | 极　数 | | 主要零部件 | |
|---|---|---|---|---|---|---|
| | | | | | 名称 | 作用 |
| 触点间接触电阻/W | L1 相 | L2 相 | L3 相 | | | |
| 相间绝缘电阻/MW | L1—L2 | L2—L3 | L1—L3 | | | |

**练一练**

（1）封闭式负荷开关的作用是什么？适用于哪些场所？

（2）封闭式负荷开关由哪些部分组成？写出它的图形符号和文字符号。

（3）怎样选用封闭式负荷开关？

（4）如何安装封闭式负荷开关？在使用中必须注意什么？

# 活动 3　认识与安装组合开关

组合开关又叫作转换开关，它体积小，结构简单，触头对数多，接线方式灵活，操作方便。下面我们通过表 2-4-6 来认识不同型号的组合开关。

表 2-4-6　不同型号的组合开关

| 型　号 | 组合开关 | 型　号 | 组合开关 |
|---|---|---|---|
| HZ12 型 组合开关 |  | LW5D-16/2 万能转换开关 |  |
| LXZ1-03Z/W 组合行程开关 |  | HZ10 系列 组合开关 1 |  |

（续表）

| 型 号 | 组合开关 | 型 号 | 组合开关 |
|---|---|---|---|
| Benlee 型 组合开关 | | HZ10 系列 组合开关 2 | |

**知识探究**

1. 组合开关的作用

组合开关常用于交流频率 50Hz、电压 380V 以下，或直流 220V 及以下的电气线路中，用于手动不频繁地接通和分断电路、换接电源和负载，或控制 5kW 以下小容量电动机不频繁地起动、停止和正反转。

2. 组合开关的结构和符号

组合开关的结构和符号如图 2-4-5 所示。

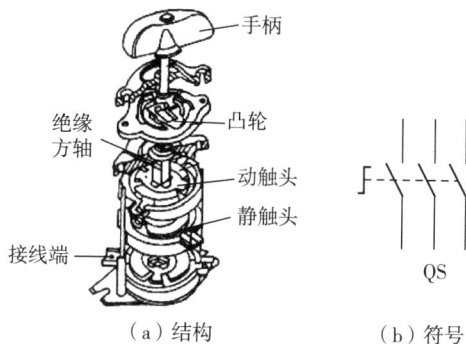

（a）结构　　　　（b）符号

图 2-4-5　组合开关的结构和符号

3. 组合开关的型号及含义

组合开关的型号及含义如图 2-4-6 所示。

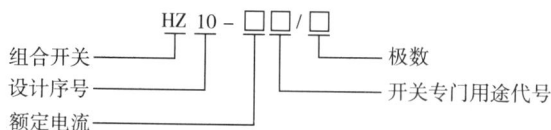

图 2-4-6　组合开关的型号及含义

4. 组合开关的选用

组合开关应根据电源种类、电压等级、所需触头数、接线方式和负载容量进行选用。用于控制小型异步电动机的运转时，开关的额定电流一般取电动机额定电流的 1.5～2.5 倍。

5. 组合开关的安装和使用

组合开关应当按照规定的条件使用，不能用它来分断故障电流。用于控制电动机可逆运转的组合开关，也必须在电动机完全停止转动以后，才允许反方向接通（即只能作为预选开关使用）。

（1）HZ0 系列组合开关应安装在箱体（或壳体）内，其操作手柄最好在控制箱的前面或侧面。开关为断开状态时应使手柄在水平旋转位置。HZ3 系列组合开关外壳上的接地螺钉应可靠接地。

（2）若需要在箱内操作，开关最好在箱内右上方，并且在它的上方不安装其他电器，否则应采取隔离措施。

**技能训练**

1. 工具、仪表及器材

（1）工具：尖嘴钳、螺钉旋具、活动扳手、镊子等。

（2）仪表：MF47 型万用表、5050 型兆欧表。

（3）器材：组合开关（HZ10-25、HZ3-132 各一只）。

2. 训练内容

为每组同学发一只组合开关，将组合开关扳到分合状态，分别测试各对触头间的电阻和各相之间的绝缘电阻，并填入表 2-4-7 中。

表 2-4-7　组合开关测试

| 型号 | 极数 | 相间绝缘电阻/MW | | |
|---|---|---|---|---|
| | | L1—L2 | L2—L3 | L1—L3 |
| | | | | |
| 手柄在水平位置时各对触头间电阻值/W | | | 手柄在垂直位置时各对触头间电阻值/W | |
| L1 | L2 | L3 | L1 | L2 | L3 |
| | | | | | |

**练一练**

（1）组合开关的作用是什么？适用于哪些场所？

（2）组合开关由哪些部分组成？写出它的图形符号和文字符号。

（3）怎样选用组合开关？

（4）如何安装组合开关？

# 活动 4　认识与安装低压断路器

低压断路器又叫空气开关或自动空气开关，可简称断路器。低压断路器具有操作安全、安装方便、工作可靠、动作值可调、分断能力较强、兼顾多种保护、动作后不需要更换元件等优点，因此得到广泛应用。下面我们通过表 2-4-8 来认识低压断路器。

表 2-4-8　低压断路器

| 型　号 | 低压断路器 | 型　号 | 低压断路器 |
|---|---|---|---|
| CDB2LE | 适用于相对小的电流波动回路供电，如住宅、小型商业场所等 | DZ47LE-32 | 适用于交流 50Hz、额定电压为 230V/400V、额定电流至 63A 的线路 |
| NB1S-80 | 适用于交流 50Hz、额定工作电压至 400V、额定电流至 80A 的线路中，可作过载和短路保护，也可以在正常情况下用于线路的不频繁转换 | DZ47-63 | 主要适用于交流 50Hz/60Hz、额定工作电压为 230V/400V 及以下、额定电流至 63A 的电路中，可作为线路过载和短路保护之用，不适用于保护电动机 |
| DZ158-125 4P 80A C 型 | 适用于交流 50Hz、额定电压为 230V 或 400V、额定电流至 125A 的线路中 | DW15 | 用于交流 50Hz、额定电流至 6300A、额定工作电压至 1140V 或 380V 的配电网络中 |

**知识探究**

1. 低压断路器的分类

低压断路器的分类见表2-4-9所列。

表2-4-9　低压断路器的分类

| 分类方法 | 类　别 |
|---|---|
| 按结构形式分 | 塑壳式（又称装置式）、万能式（又称框架式）、限流式、直流快速式、灭磁式、漏电保护式 |
| 按操作方式分 | 人力操作式、动力操作式、储能操作式 |
| 按极数分 | 单极式、二极式、三极式、四极式 |
| 按安装方式分 | 固定式、插入式、抽屉式 |
| 按用途分 | 配电用断路器、电动机保护用断路器、漏电保护式断路器、其他负载（如照明）用断路器等 |

2. 低压断路器的作用

低压断路器是低压配电网络和电力拖动系统中常用的一种配电电器。它集控制和多种保护于一体，在正常情况下可用于不频繁地接通和断开电路及控制电动机的运行。当电路中发生短路、过载和失电压等故障时，低压断路器能自动切断故障电路，保护线路和电气设备。该断路器用于交流电压为1200V、直流电压为1500V及以下电压范围的电路。

3. 低压断路器的结构及符号

低压断路器的结构及符号如图2-4-7所示。

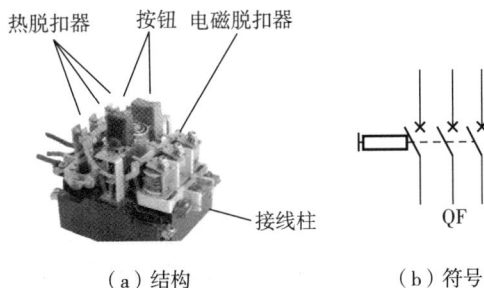

（a）结构　　　　　　　　（b）符号

图2-4-7　低压断路器的结构及符号

4. 低压断路器的工作原理

低压断路器的工作原理示意图如图2-4-8所示。

（1）短路保护。发生短路或产生很大的电流时，流过线圈的电流产生足够大的电磁力将衔铁吸合。此时，杠杆向上撞击，搭钩被顶开，主触点断开，将电源与负载分断，实现短路

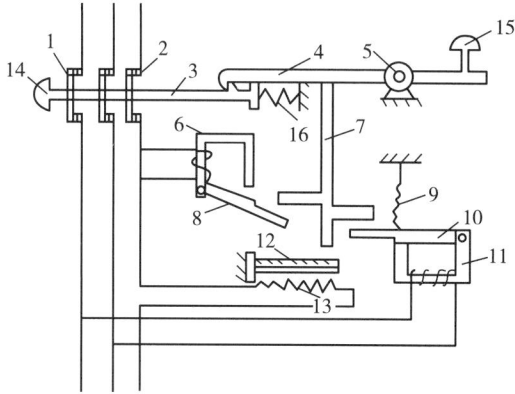

1—动触头；2—静触头；3—锁扣；4—搭钩；5—转轴座；6—电磁脱扣器；7—杠杆；

8—电磁脱扣器衔铁；9—拉力弹簧；10—欠电压脱扣器衔铁；11—欠电压脱扣器；12—双金属片；

13—热元件；14—接通按钮；15—分断按钮；16—反作用弹簧。

图 2-4-8　低压断路器的工作原理示意图

保护。

（2）过载保护。线路过载时通过发热元件的电流增大，产生热量使双金属片受热弯曲，推动杠杆顶开搭钩，使主触点断开，达到过载保护的目的。

（3）欠电压保护。当线路电压下降到一定程度时，由于电磁吸力下降到小于弹簧反力，衔铁被弹簧拉开，推动杠杆顶开搭钩，主触点断开，达到欠电压保护的目的。

5. 低压断路器的型号及含义

低压断路器的型号及含义如图 2-4-9 所示。

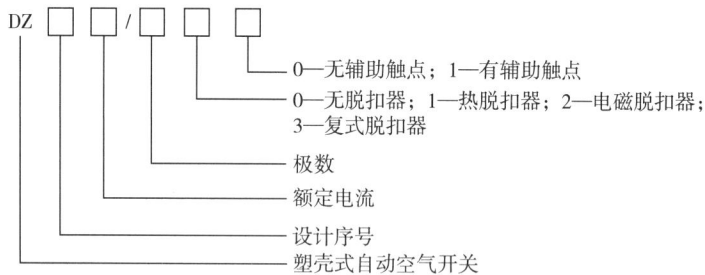

图 2-4-9　低压断路器的型号及含义

6. 低压断路器的选用

（1）低压断路器的额定电压和额定电流应不小于线路、设备的正常工作电压和工作电流。

（2）热脱扣器的整定电流应等于所控制负载的额定电流。

（3）电磁脱扣器的瞬时脱扣整定电流应大于负载电路正常工作时的峰值电流。用于控制电动机的断路器，其瞬时脱扣整定电流可按下式选取：

$$I_z \geqslant KI_{st}$$

式中，$K$ 为安全系数，可取 1.5~1.7；$I_{st}$ 为电动机的起动电流。

（4）欠电压脱扣器的额定电压应等于线路的额定电压。

（5）断路器的极限通断能力应不小于电路的最大短路电流。

### 7. 安装与维修低压断路器

1）安装低压断路器

（1）低压断路器的安装，应符合产品技术文件的规定；当无明确规定时，宜垂直安装，其倾斜度不应大于5°。

（2）低压断路器与熔断器配合使用时，熔断器应安装在电源侧。

（3）低压断路器操作机构的安装，应符合下列要求。

① 操作手柄或传动杠杆的开、合位置应正确，操作力不应大于产品的规定值。

② 电动操作机构接线应正确；在合闸过程中，开关不应跳跃；开关合闸后，限制电动机或电磁铁通电时间的联锁装置应及时动作；电动机或电磁铁通电时间不应超过产品的规定值。

③ 开关辅助接点动作应正确可靠，接触应良好。

④ 抽屉式断路器的工作、试验、隔离3个位置的定位应明显，并应符合产品技术文件的规定。

⑤ 抽屉式断路器空载时数次进行抽、拉应无卡阻，机械联锁应可靠。

2）维修低压断路器

低压断路器的常见故障及处理方法见表2-4-10所列。

表 2-4-10　低压断路器的常见故障及处理方法

| 故障现象 | 故障原因 | 处理方法 |
|---|---|---|
| 不能合闸 | （1）欠电压脱扣器无电压或线圈烧坏；<br>（2）储能弹簧变形；<br>（3）反作用弹簧力过大；<br>（4）机构不能复位再扣 | （1）检查施加电压或更换线圈；<br>（2）更换储能弹簧；<br>（3）重新调整；<br>（4）调整再扣接触面至规定值 |
| 电流达到整定值，断路器不动作 | （1）热脱扣器双金属片损坏；<br>（2）电磁脱扣器的衔铁与铁心之间的距离太大或电磁线圈损坏；<br>（3）主触点熔焊 | （1）更换双金属片；<br>（2）调整衔铁与铁心之间的距离或更换断路器；<br>（3）检查原因并更换主触点 |
| 起动电动机时断路器立即动作 | （1）电磁脱扣器瞬动整定值过小；<br>（2）电磁脱扣器某些零件损坏 | （1）调整整定值到规定值；<br>（2）更换电磁脱扣器 |
| 断路器闭合一定时间后自行分断 | 热脱扣器整定值过小 | 调整整定值到规定值 |

（续表）

| 故障现象 | 故障原因 | 处理方法 |
|---|---|---|
| 断路器温升过高 | （1）触头压力过小；<br>（2）触头表面被过分磨损或接触不良；<br>（3）两个导电零件连接螺钉松动 | （1）调整触头压力或更换弹簧；<br>（2）更换触头或修整接触面；<br>（3）重新拧紧 |

**技能训练**

1. 工具、仪表及器材

（1）工具：尖嘴钳、螺钉旋具、活动扳手、镊子等。

（2）仪表：MF47 型万用表、5050 型兆欧表。

（3）器材：低压断路器（DZ5 - 20、DW10 各一只）、组合开关（HZ10 - 25、HZ3 - 132 各一只）。

以上电器未注明规格的，可根据实际情况在规定系统内选择。

2. 训练内容

1）电器元件的识别

将所给电器元件的铭牌用胶布盖住并编好号，根据电器元件实物写出其名称与型号，并填入表 2 - 4 - 11 中。

表 2 - 4 - 11　电器元件识别

| 序号 | 1 | 2 | 3 | 4 | 5 | 6 |
|---|---|---|---|---|---|---|
| 名称 | | | | | | |
| 型号 | | | | | | |

2）低压断路器的结构

为每组同学发一只低压断路器（DZ5 - 20），将其外壳打开，认真观察其结构，将主要零件名称、作用及有关参数填入表 2 - 4 - 12 中。

表 2 - 4 - 12　低压断路器的结构

| 主要零件名称 | 作　用 | 参　数 |
|---|---|---|
| | | |
| | | |
| | | |
| | | |
| | | |

**练一练**

1. 填空题

（1）低压断路器中，电磁脱扣器的作用是_____，其线圈是_____联在电路中的。

（2）低压断路器中，热脱扣器的作用是_____，其发热元件是_____联在电路中的。

2. 问答题

（1）低压断路器有哪些优点？适用于哪些场所？

（2）怎样选择低压断路器？

（3）安装低压开关时应注意哪些事项？

━━━━━━━━━━ 任务评价 ━━━━━━━━━━

认识与安装低压开关评分标准见表2-4-13所列。

表2-4-13　认识与安装低压开关评分标准

| 活动内容 | 配分/分 | 评分标准 | 扣分/分 |
|---|---|---|---|
| 元件识别 | 25 | （1）名称漏写或写错，扣3分/件；<br>（2）型号漏写或写错，扣3分/件；<br>（3）规格漏写或写错，扣3分/件；<br>（4）主要参数漏写或写错，扣2分/件 | |
| 开启式负荷开关 | 15 | （1）仪表使用方法错误，扣3分/件；<br>（2）不会测量或测量结果错误，扣3分/件；<br>（3）主要零件作用写错，扣3分/件 | |
| 封闭式负荷开关 | 15 | （1）仪表使用方法错误，扣3分/件；<br>（2）不会测量或测量结果错误，扣3分/件；<br>（3）主要零件作用写错，扣3分/件 | |
| 低压断路器的结构 | 30 | （1）主要零件作用写错，扣4分/件；<br>（2）参数漏写或写错，扣4分/件 | |
| 组合开关的结构 | 15 | （1）仪表使用方法错误，扣3分/件；<br>（2）不会测量或测量结果错误，扣3分/件；<br>（3）主要零件作用写错，扣3分/件 | |
| 安全文明生产 | | 违反安全文明生产规程，扣5~40分 | |
| 成绩 | | | |

## 任务5　认识与安装主令电器

知识目标

（1）了解主令电器的作用。

（2）掌握主令电器的结构和原理，熟记主令电器的符号。

（3）会根据实际电路要求选择合适的主令电器。

技能目标

（1）会维修主令电器。

（2）会正确识别、检测主令电器。

（3）会安装主令电器。

素养目标

（1）在实践操作过程中，培养学生认真细致的工作态度。

（2）能够在工作过程中树牢安全意识，杜绝安全隐患。

【课件】

认识与安装主令电器

### 任务导入

主令电器是用于接通和断开控制电路，以发出指令或进行顺序控制的开关电器。常用的主令电器有按钮、位置开关、万能转换开关、主令控制器和凸轮控制器。本任务主要介绍按钮、行程开关和凸轮控制器。

## 活动1　认识与安装按钮

按钮是一种人工控制的主令电器，主要用来发布操作命令，接通或断开控制电路，控制机械与电气设备的运行。按钮生产厂家较多，外形各不相同，但结构、功能相同。

下面我们通过表2-5-1来认识按钮。

【微课】

认识与安装按钮

表2-5-1　按钮

| 型　号 | 按　钮 | 型　号 | 按　钮 |
|---|---|---|---|
| 19mm金属按钮开关 |  | 无锁、小型按钮开关 |  |

（续表）

| 型　号 | 按　钮 | 型　号 | 按　钮 |
|---|---|---|---|
| LA19 - 11<br>自复位按钮 |  | BS216B<br>控制按钮 |  |
| HLA38 -<br>11ZS 按钮 |  | LA10 - 3H<br>按钮 |  |
| KD2 - 21<br>按钮 |  | LAY7<br>（PBCY090）<br>LAY37<br>圆形按钮 |  |
| LA4 - 2H<br>按钮 |  | LA4 - 3H<br>三联按钮盒 |  |
| LA5821 - 3<br>防爆按钮 |  | | |

**知识探究**

### 1. 按钮的功能和特点

一般情况下按钮不直接控制主电路的通断，主要利用按钮开关远距离发出手动指令或信号去控制接触器、继电器等电磁装置，实现主电路的分合、功能转换或电气联锁。

## 2. 按钮的结构和符号

按静态时触头分合状况，按钮可分为常开按钮（起动按钮）、常闭按钮（停止按钮）、复合按钮（常开、常闭组合为一体的按钮）。按钮的结构和符号见表 2-5-2 所列。

表 2-5-2  按钮的结构和符号

| 名　称 | 常闭按钮（停止按钮） | 常开按钮（起动按钮） | 复合按钮 | 特殊用途按钮 | |
| --- | --- | --- | --- | --- | --- |
| | | | | 急停按钮 | 钥匙操作按钮 |
| 结　构 | | | | 除帽大外，同停止按钮 | 上加锁，开锁后与其他按钮相同 |
| 符　号 | E-7 SB | E-\ SB | E-\---\ SB | ⊝-7 SB | ⊗-\ SB |

## 3. 按钮颜色的含义

按钮颜色的含义见表 2-5-3 所列。

表 2-5-3  按钮颜色的含义

| 颜　色 | 含　义 | 说　明 | 应用举例 |
| --- | --- | --- | --- |
| 红 | 紧急 | 危险或紧急情况时操作 | 急停 |
| 黄 | 异常 | 异常情况时操作 | 干预、制止异常情况，干预、重新起动中断了的自动循环 |
| 绿 | 安全 | 安全情况或为正常情况准备时操作 | 起动/接通 |
| 蓝 | 强制性的 | 要求强制动作情况下的操作 | 复位功能 |
| 白 | 未赋予特定含义 | 除急停以外的一般功能的起动 | 起动/接通（优先）停止/断开 |
| 灰 | | | 起动/接通 停止/断开 |
| 黑 | | | 起动/接通 停止/断开（优先） |

## 4. 按钮的型号及含义

在不同场所，按钮的选用是有差异的。为了更方便地选用按钮，通常用图 2-5-1 所示的形式表示按钮的型号及含义。

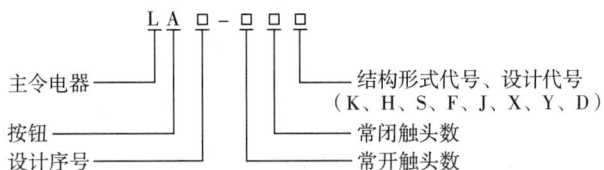

图 2-5-1 按钮的型号及含义

### 5. 按钮的选用

(1) 根据使用场合和具体用途选择按钮的种类。

(2) 根据工作状态指示和工作情况要求，选择按钮或指示灯的颜色。

(3) 根据控制回路的需要选择按钮的数量。

### 6. 按钮的安装、使用与常见故障及处理方法

1) 按钮的安装、使用

(1) 按钮安装在面板上时，应布置整齐、排列合理，如根据电动机起动的先后顺序，从上到下或从左到右排列。

(2) 同一机床运动部件有几种不同的工作状态时（如上、下，前、后，松、紧等），应将每一对状态相反的按钮安装在一起。

(3) 按钮安装应牢固，安装按钮的金属板或金属按钮盒必须可靠接地。

(4) 光标按钮一般不宜用于长期通电显示状态处，以免塑料外壳受热而变形，使更换灯泡困难。

(5) 由于按钮的触头间距离较小，如有油污等易发生短路，因此应保持触头间的清洁。

2) 按钮常见故障及处理方法

按钮常见故障及处理方法如表 2-5-4 所示。

表 2-5-4 按钮常见故障及处理方法

| 故障现象 | 可能的原因 | 处理方法 |
|---|---|---|
| 触头接触不良 | (1) 触头烧坏；<br>(2) 触头表面有灰尘；<br>(3) 触头弹簧失效 | (1) 修整触头或更换产品；<br>(2) 清洁触头表面；<br>(3) 重绕弹簧或更换产品 |
| 触头间短路 | (1) 塑料受热变形，导致接线螺钉相间短路；<br>(2) 杂物或油污在触头间形成通路 | (1) 更换产品，并查明发热原因，若故障因灯泡发热所致，可降低电压；<br>(2) 清洁接触内部 |

**技能训练**

### 1. 工具、仪表及器材

(1) 工具：螺钉旋具、电工刀、尖嘴钳、剥线钳等。

（2）仪表：万用表。

（3）器材：按钮开关 LA10 - 3H、LA10 - 1、LA10 - 3K、LA18 - 22Y、LA19 - 11 各一只。

**2. 训练内容**

1）识别按钮开关

（1）在教师指导下，仔细观察各种不同类型、规格的按钮开关的外形和结构特点。

（2）教师从所给按钮开关中任选 5 只，用胶布盖好其型号并编号；学生根据实物写出名称、型号规格及主要技术参数，并将结果填入表 2 - 5 - 5 中。

表 2 - 5 - 5　识别按钮开关

| 序　号 | 1 | 2 | 3 | 4 | 5 |
|---|---|---|---|---|---|
| 名　称 | | | | | |
| 型号规格 | | | | | |
| 结　构 | | | | | |

2）检查按钮开关

为每一小组学生发一只三联按钮 LA10 - 3K 或 LA10 - 3H，用万用表检查并将检查结果填入表 2 - 5 - 6 中。

表 2 - 5 - 6　三联按钮的基本结构与测量

| 型　号 | 含　义 | | 按钮个数 | | 主要零部件 | |
|---|---|---|---|---|---|---|
| | | | | | 名称 | 作用 |
| | 红 | | 黑 | | 绿 | |
| 未按下触点间接触电阻/W | 常开 | 常闭 | 常开 | 常闭 | 常开 | 常闭 |
| | | | | | | |
| 按下触点间接触电阻/W | | | | | | |

**练一练**

（1）主令电器的作用是什么？

（2）按钮的作用是什么？

（3）写出按钮的图形符号和文字符号。

（4）在不同的使用场所如何选用按钮颜色？

（5）怎样安装、使用按钮？

（6）按钮有哪些常见故障？应怎样处理？

## 活动2 认识与安装行程开关

位置开关是一种将机器信号转换为电气信号，以控制运动部件位置或行程的自动控制电器。行程开关是位置开关中的一种。

下面我们通过表2-5-7来认识行程开关。

表2-5-7 行程开关

| 型 号 | 行程开关 | 型 号 | 行程开关 |
|---|---|---|---|
| XCKN2145 P20C 行程开关 |  | TZ-8108 行程开关 | 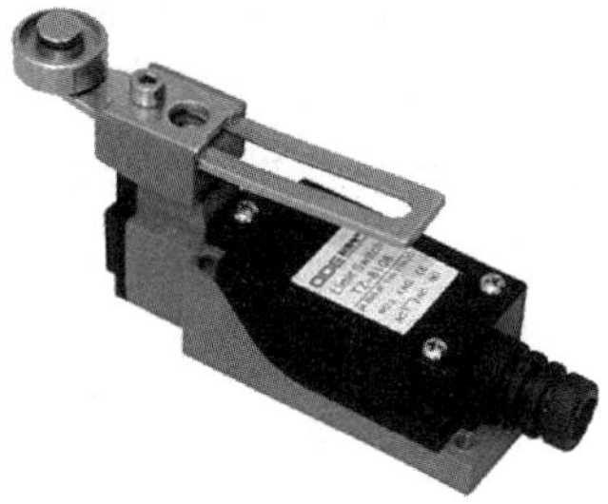 |
| 行程开关 ME-8104 |  | LX-028 行程开关 |  |
| LX19-111 211 行程开关 |  | LX19K-B 行程开关芯 |  |

### 知识探究

1. 行程开关的作用

行程开关利用生产机械某些运动部件的碰撞来发出控制指令，主要用于控制生产机械的运动方向、速度、行程大小或位置，是一种自动控制电器。

2. 行程开关的结构和符号

行程开关的结构和符号如图2-5-2所示。

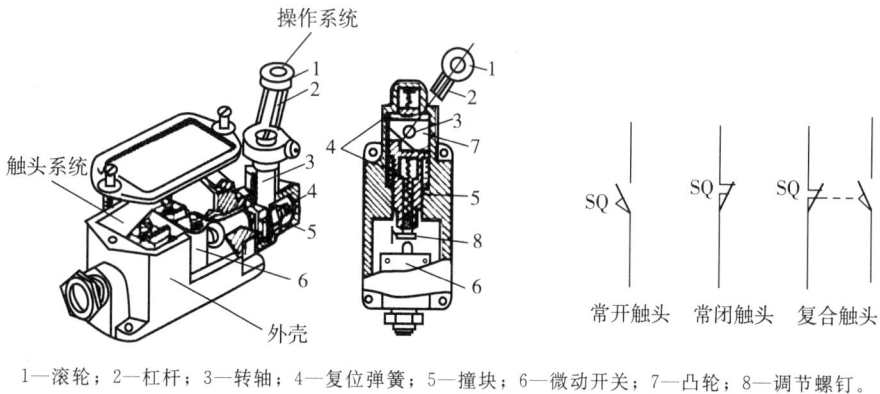

1—滚轮；2—杠杆；3—转轴；4—复位弹簧；5—撞块；6—微动开关；7—凸轮；8—调节螺钉。

图 2-5-2 行程开关的结构和符号

当运动机械的挡铁撞到行程开关的滚轮上时，传动杠杆便同转轴一起转动，使轮撞动撞块；撞块被压到一定位置时，推动微动开关快速动作，使其常闭触头断开，常开触头闭合；滚轮上的挡铁移开后，复位弹簧就使行程开关各部分复位。

3. 行程开关的型号及含义

为了更好地选用行程开关，了解其型号及含义是必不可少的。图 2-5-3 是 LX19 系列行程开关的型号及含义。

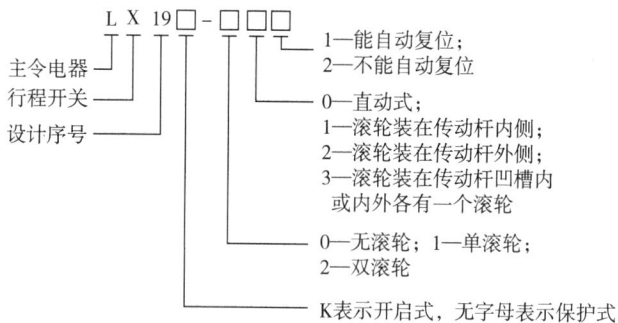

图 2-5-3 LX19 系列行程开关的型号及含义

图 2-5-4 是 JLXK1 系列行程开关的型号及含义。

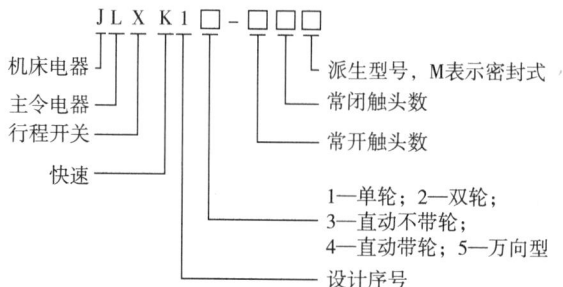

图 2-5-4 JLXK1 系列行程开关的型号及含义

### 4. 行程开关的选用

行程开关的主要参数有形式、工作行程、额定电压及触头的电流容量,在产品说明书中都有详细说明。行程开关主要根据动作要求、安装位置及触头数量选择。

**技能训练**

#### 1. 工具、仪表及器材

(1) 工具:螺钉旋具、电工刀、尖嘴钳、剥线钳等。

(2) 仪表:万用表。

(3) 器材:行程开关 JLK1 - 311、行程开关 JXLK1 - 111、行程开关 JXLK1 - 211 各一只。

#### 2. 训练内容

1) 识别行程开关

(1) 在教师指导下,仔细观察各种不同类型、规格的行程开关的外形和结构特点。

(2) 教师从所给行程开关中任选 5 只,用胶布盖好其型号并编号;学生根据实物写出名称、型号规格及主要技术参数,并将结果填入表 2-5-8 中。

表 2-5-8 识别行程开关

| 序 号 | 1 | 2 | 3 | 4 | 5 |
|---|---|---|---|---|---|
| 名 称 | | | | | |
| 型号规格 | | | | | |
| 结 构 | | | | | |

2) 检查行程开关

为每一小组学生发一只行程开关,用万用表检查行程开关,并将检查结果填入表 2-5-9 中。

表 2-5-9 行程开关的基本结构与测量

| 型 号 | 含 义 | | 主要零部件 | |
|---|---|---|---|---|
| | | | 名称 | 作用 |
| | 常开 | 常闭 | | |
| 未碰撞触点间接触电阻/W | | | | |
| 碰撞后触点间接触电阻/W | | | | |

3) 行程开关的安装使用与维修

行程开关的安装使用的注意事项如下。

(1) 行程开关安装时,安装位置要准确,安装要牢固;滚轮的方向不能接反,挡铁与其碰撞的位置应符合控制线路的要求,并确保其能可靠地与挡铁碰撞。

(2) 行程开关在使用中,要定期检查和保养,除去油垢及粉尘,清理触头,经常检查其动作是否灵活、可靠,及时排除故障。防止因行程触头接触不良或接线松脱产生误动作而导致设备和人身安全事故。

行程开关的常见故障及处理方法见表 2-5-10 所列。

表 2-5-10　行程开关的常见故障及处理方法

| 故障现象 | 可能的原因 | 处理方法 |
|---|---|---|
| 挡铁碰撞行程开关后，触头不动作 | （1）安装位置不准确；<br>（2）触头接触不良；<br>（3）触头弹簧失效 | （1）调整安装位置；<br>（2）清刷触头或紧固接线；<br>（3）更换弹簧 |
| 杠杆已经偏转或无外界机械力作用，但触头不复位 | （1）复位弹簧失效；<br>（2）内部撞块卡阻；<br>（3）调节螺钉太长，顶住开关按钮 | （1）更换弹簧；<br>（2）清扫内部杂物；<br>（3）检查调节螺钉 |

**练一练**

（1）行程开关的作用是什么？

（2）写出行程开关的图形符号和文字符号。

（3）怎样安装、使用行程开关？

（4）行程开关有哪些常见故障？应怎样处理？

# 活动 3　认识与安装凸轮控制器

凸轮控制器，亦称接触器式控制器，是一种大型的、多挡位、多触点，利用手动操作，转动凸轮去接通电路的控制电器。它的动、静触头的动作原理与接触器极其类似。至于二者的不同之处在于：凸轮控制器是凭借人工操纵的，并且能换接较多数目的电器；而接触器是利用电磁吸引力实现驱动的远距离操作方式，触头数目较少。

目前使用的凸轮控制器主要有 KT10 系列、KT12 系列、KT14 系列和 KT15 系列。下面我们通过表 2-5-11 来认识它们。

表 2-5-11　凸轮控制器

| 型　号 | 凸轮控制器 |
|---|---|
| KT10 系列 | |

（续表）

| 型　号 | 凸轮控制器 |
|---|---|
| KT12 系列 |  |
| KT14 系列 |  |
| KT15 系列 |  |

**知识探究**

1. 凸轮控制器的作用

凸轮控制器是利用凸轮来操作动触头动作的控制器，主要用于控制容量不大于 30kW 的中小型绕线转子异步电动机的起动、调速和换向。具体地讲，凸轮控制器应用于钢铁、冶金、机械、轻工、矿山等自动化设备及各种自动流水线上，最典型的运用就是在桥式起重机拖动系统中作控制器。

2. 凸轮控制器的结构、型号、含义及符号

它主要由手轮（或手柄）、触头系统、转轴、凸轮和外壳等部分组成。

以 KTJ1 型凸轮控制器为例，图 2-5-5 为凸轮控制器的外形、结构。

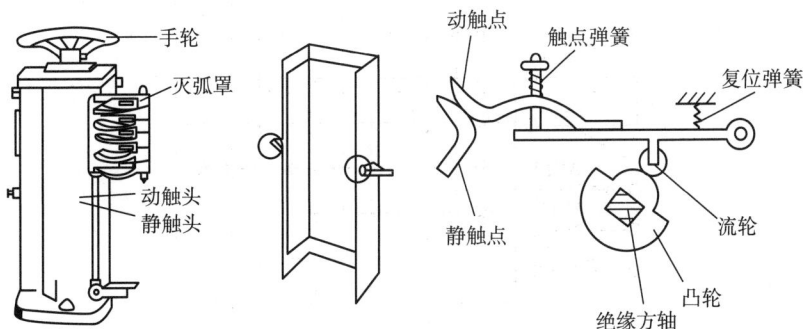

图 2-5-5　凸轮控制器的外形、结构

图 2-5-6 为凸轮控制器的型号及含义。

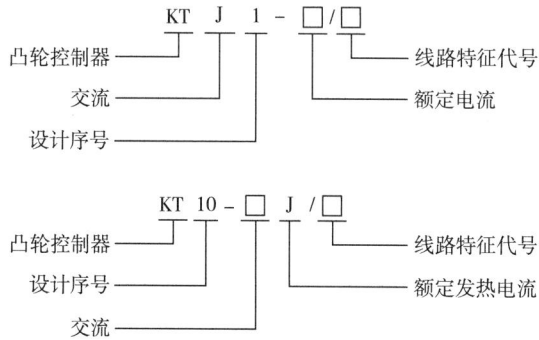

图 2-5-6 凸轮控制器的型号及含义

### 3. 凸轮控制器的符号

凸轮控制器的触头分合情况通常用触头分合表来表示。图 2-5-7 为 KTJ1-50/1 凸轮控制器的触头分合表。

### 4. 凸轮控制器的选用

主要根据所控制电动机的容量、额定电压、额定电流、工作制和控制位置数目等来选用凸轮控制器。

图 2-5-7 KTJ1-50/1 凸轮控制器的触头分合表

## 技能训练

### 1. 工具、仪表及器材

（1）工具：螺钉旋具、电工刀、尖嘴钳、剥线钳等。

（2）仪表：万用表。

（3）器材：凸轮控制器一只。

### 2. 训练内容

1）安装凸轮控制器

安装凸轮控制器的步骤如下。

（1）安装前应清除凸轮控制器内的灰尘。

（2）按使用说明书中的规定数据检查触头参数，并转动凸轮控制器的手轮（或手柄），检查其运动系统是否灵活，触头分合顺序是否与接线图相符，有无缺件等。

（3）安装凸轮控制器时可根据控制室的情况，牢靠地将其固定在墙壁或支架上；引入导线，经凸轮控制器下基座的出线孔穿入。机壳上有专用的接地螺钉，其手轮通过凸轮环接地。

（4）按接线图，将凸轮控制器与电动机、电阻器和保护屏上的电器进行连接，然后使金属部分可靠接地。所有的螺栓连接处须紧固，特别要注意触头和连接导线部分不要因螺钉松动而产生过热现象。

（5）凸轮控制器安装结束后，应进行空载试验。起动时若凸轮控制器转到第2挡位置后，仍未使电动机起动，则应停止起动，检查线路。

2）使用凸轮控制器

（1）凸轮控制器安装完成后，应进行试车，运转正常后方可投入使用。否则应查明原因，排除故障再行试车。

（2）凸轮控制器应定期检查维护，经常用锉刀消除触头上的熔斑。在保证触头接触压力和触头超行程条件下，触头厚度经修理后不得小于4mm（触头压力为1.8~2.5kg，折算到触头处超行程为3~5mm，开距为8~13mm）。

（3）切除装有灭弧罩的接触元件，在使用中如电弧不大，可以将灭弧罩用作电源触头的备件。

（4）经常保持转动部分的润滑，及时更换损坏零件，保持连接紧固。

（5）电连接处必须保持足够压力，以防温度过高伤害绝缘，特别要注意软连接在绝缘基座上连接点处的压力。

3）检修凸轮控制器

凸轮控制器的常见故障及处理方法见表2-5-12所列。

表 2-5-12  凸轮控制器的常见故障及处理方法

| 故障现象 | 可能原因 | 处理方法 |
| --- | --- | --- |
| 操作不灵活或有噪声 | （1）滚动轴承损坏或卡死；<br>（2）凸轮鼓或触头嵌入异物 | （1）更换或修理轴承；<br>（2）取出异物，修复并更换产品 |

（续表）

| 故障现象 | 可能原因 | 处理方法 |
|---|---|---|
| 触头过热或烧坏 | （1）控制器容量过小；<br>（2）触头压力过小；<br>（3）触头表面烧毛或有油污 | （1）选取较大容量的凸轮控制器；<br>（2）调整或更换触点弹簧；<br>（3）修理或清洗触头 |
| 定位不准或分合顺序不对 | 凸轮片碎裂脱落，凸轮角度磨损变化 | 更换凸轮片 |

### 练一练

（1）根据图 2-5-7，挡位为反转 3 挡时，AC1～AC12 中哪些层是接通的？

（2）识别给出的主令电器，并完成表 2-5-13。

【习题】

项目 2

表 2-5-13  识别主令电器

| 序　号 | 1 | 2 | 3 | 4 | 5 |
|---|---|---|---|---|---|
| 名　称 | | | | | |
| 型　号 | | | | | |
| 结构形式 | | | | | |
| 动作原理 | | | | | |
| 主要零件名称 | | | | | |

### 任务评价

认识与安装主令电器评分标准见表 2-5-14 所列。

表 2-5-14  认识与安装主令电器评分标准

| 活动内容 | 配分/分 | 评分标准 | 得分/分 |
|---|---|---|---|
| 主令电器识别 | 40 | （1）名称漏写或写错，扣 5 分/件；<br>（2）型号漏写或写错，扣 5 分/件；<br>（3）规格漏写或写错，扣 5 分/件；<br>（4）主要参数漏写或写错，扣 5 分/件 | |
| 主令电器的动作原理 | 20 | 动作原理漏写或写错，扣 5 分/件 | |
| 主令电器的测量 | 40 | （1）仪表使用方法错误，扣 3 分/件；<br>（2）不会测量或测量结果错误，扣 3 分/件；<br>（3）主要零件作用写错，扣 3 分/件 | |
| 安全文明生产 | | 违反安全文明生产规程，扣 5～40 分 | |
| 成绩 | | | |

# 项目3
## 三相异步电动机基本控制电路

**项目描述**

由于各种生产机械的工作性质和加工工艺不同，因此它们对电动机的控制要求不同。要使电动机按照生产机械的要求正常运转，必须配备一定的电器，组成一定的控制电路，才能达到目的。在生产实践中，有的生产机械控制电路比较简单，有的生产机械控制电路比较复杂，但任何复杂的控制电路都是由一些基本控制电路有机地组合起来的。三相异步电动机常见的基本控制电路有以下几种：点动控制电路、自锁控制电路、正反转控制电路、位置控制电路、顺序控制电路及多地控制电路等。

那么，我们就通过本项目来学习三相异步电动机基本控制电路吧。

## 任务 1　三相异步电动机点动控制电路与自锁控制电路

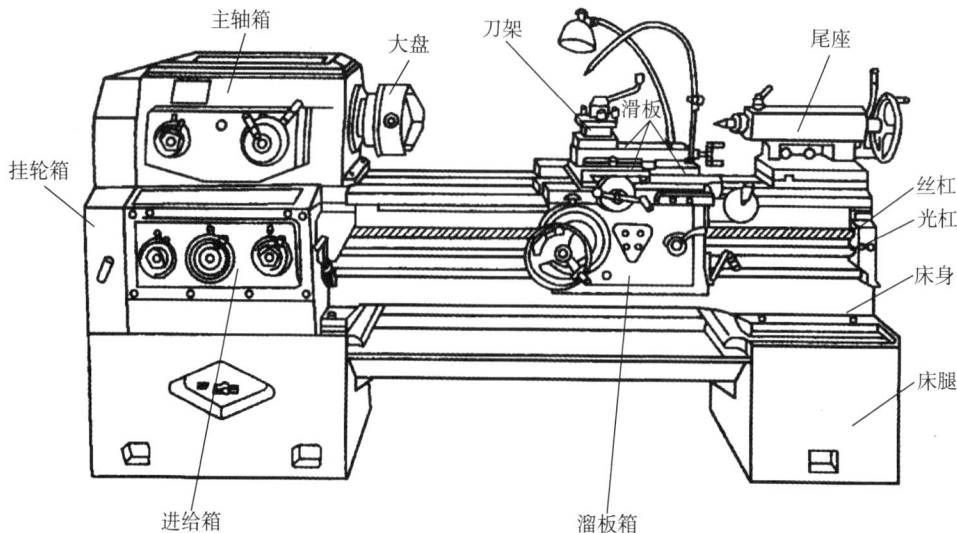

知识目标

（1）了解电气原理图的作用及制图原则。

（2）了解三相异步电动机点动控制电路与自锁控制电路在工矿企业中的作用。

（3）掌握三相异步电动机点动控制电路与自锁控制电路的工作原理。

（4）能根据具体电路要求选择合适的电器元件。

技能目标

（1）会安装、调试三相异步电动机点动控制电路与自锁控制电路。

（2）会维修三相异步电动机点动控制电路与自锁控制电路。

素养目标

（1）能够在工作过程中规范操作，养成良好的工作习惯。

（2）能够在检修过程中养成追本溯源、勇于探究的精神。

### 任务导入

如图 3-1-1 所示是一台 CA6140 普通车床，它的刀架快速移动控制要求三相异步电动机点动运行，主轴电动机又要求带自锁（连续）运行。其实，在工业生产中，有这样要求的场所还有很多，它又是学好其他基本环节的基础。本任务将介绍三相异步电动机的点动控制电路与自锁控制电路。

【课件】

三相异步电动机点动控制电路与自锁控制电路

图 3-1-1　CA6140 普通车床

# 活动1 认识电气原理图

**知识探究** ◥◥◥

【微课】
认识电气原理图

1. 电气原理图概念

所谓电气原理图，就是使用电气元器件的电气图形符号和文字符号及绘制电气原理图所需的导线等表明电气设备的工作原理、各电器元件的作用及相互之间的关系的一种图形。电气原理图一般由主电路、控制电路、保护电路、配电电路等几部分组成。

运用电气原理图的方法和技巧，对分析电气线路、排除机床电路故障是十分有益的。图3-1-2为笼形异步电动机控制电气原理图。

2. 识读电气原理图的基本要求

识读电气原理图要做到以下"五个结合"。

（1）结合电工基础知识图。为了正确而迅速地识图，具备良好的电工基础知识是十分重要的。例如，电力拖动中常用的笼形异步电动机的正、反转控制，根据三相电源相序决定电动机旋转方向的原理从而实现电动机正、反转，而"丫"形-"△"形降压起动利用的是电压的变化引起电流及转矩变化的原理实现电动机降压起动。

（2）结合电器元件的结构和工作原理识图。电路由各种元器件、设备、装置组成，只有掌握了它们的用途、主要结构、工作原理及与其他器件的相互关系，才能看懂电路图。例如，某电路

图3-1-2 笼形异步电动机控制电气原理图

图中有QS、FU、FR、KM、SB、M，分别为闸刀开关、熔断器、热继电器、接触器、按钮、电动机（结合图3-1-2），要看懂图，必须把它们的功能、主要结构、工作原理及相互关系搞清楚，才能识图。

（3）结合典型电路识图。一张复杂的电路图，总是由典型电路派生而成的，或者由若干典型电路组合而成的。在识读电气原理图时，抓住典型电路、分清主次环节及其与其他部分的相互关系，对于识图来说是很重要的。

（4）结合绘制电路图特点识图。掌握电气原理图的主要特点及绘制电路的一般规则，如电气图主、副电路的位置，电气触点的画法等，对识图大有帮助。

（5）结合其他专业技术识图。电气原理图是不可能独立于生产设备的。例如，掌握车床

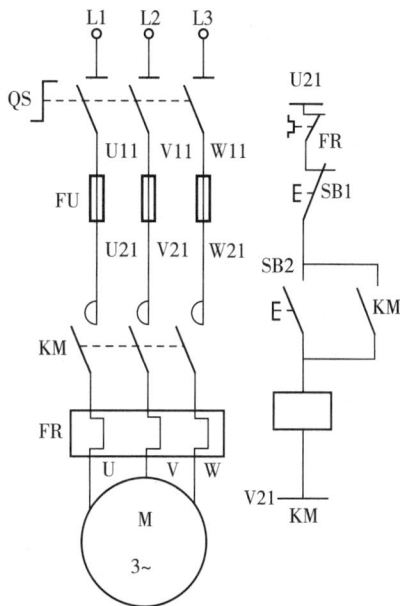

的操作对识读车床电气原理图大有帮助。

### 3. 绘制、识读电气原理图的规则及注意事项

在阅读和绘制电气原理图时应注意以下几点。

（1）电气原理图应按功能来组合，同一功能的电气相关元件应画在一起。电路应按动作顺序和信号流程自上而下或从左往右排列。

（2）电气控制原理图分为主电路和控制电路。

（3）电气符号和文字符号必须按标准绘制和标注，同一电器的所有元件必须用同一文字符号标注。

（4）电器应该是未通电或未动作的状态，二进制逻辑元件应处于置零的状态，机械开关应处于循环开始的状态，即按电路"常态"画出。

### 4. 识读电气控制原理图一般方法

看电气控制原理图时，一般方法是先看主电路，再看辅助电路，并用辅助电路的回路去研究主电路的控制程序。

#### 1）看主电路的步骤

第1步：看清主电路中的用电设备。用电设备指消耗电能的用电器具或电气设备，看图时首先要看清楚有几个用电器，包括它们的类别、用途、接线方式及一些不同要求等。

第2步：要弄清楚用电设备是用什么电器元件控制的。控制电气设备的方法很多，有的直接用开关控制，有的用各种启动器控制，有的用接触器控制。

第3步：了解主电路中所用的控制电器及保护电器。前者是指除常规接触器以外的其他控制元件，如电源开关（转换开关及空气断路器）、万能转换开关；后者是指短路保护器件及过载保护器件，如空气断路器中电磁脱扣器及热过载脱扣器的规格，熔断器、热继电器及过电流继电器等元件的用途及规格。一般来说，对主电路做如上内容的分析以后，即可分析辅助电路。

第4步：看电源。要了解电源电压等级，是380V还是220V，是母线汇流排供电还是配电屏供电，还是从发电机组接出来的。

#### 2）看辅助电路的步骤

辅助电路包含控制电路、信号电路和照明电路。

分析控制电路。根据主电路中各电动机和执行电器的控制要求，逐一找出控制电路中的其他控制环节，将控制线路"化整为零"，按功能不同将其划分成若干个局部控制线路来进行分析。若控制电路较复杂，则可先排除照明、显示等与控制关系不密切的电路，以便集中精力进行分析。

第1步：看电源。首先，看清电源的种类是交流还是直流。其次，要看清辅助电路的电源是从什么地方接来的，以及电压等级。电源一般是从主电路的两条相线上接来的，其电压为380V；也有从主电路的一条相线和一条中性线上接来的，电压为单相220V；此外，也可以从专用隔离电源变压器接来，电压有140V、127V、36V、6.3V等；辅助电路为直流时，

直流电源可从整流器、发电机组或放大器上接来，其电压一般为24V、12V、6V、4.5V、3V等。辅助电路中的一切电器元件的线圈额定电压必须与辅助电路电源电压一致。否则，电压低时电路元件不动作；电压过高则会把电器元件线圈烧坏。

第2步：了解控制电路中所采用的各种继电器、接触器的用途，如采用了一些特殊结构的继电器，还应了解它们的动作原理。

第3步：根据辅助电路来研究主电路的动作情况。

分析了上面这些内容再结合主电路中的要求，就可以分析辅助电路的动作过程了。

控制电路总是按动作顺序画在两条水平电源线或两条垂直电源线之间。因此，也就可以从左到右或从上到下来进行分析。对复杂的辅助电路，在电路中整个辅助电路构成一条大回路，这条大回路又被分成几条独立的小回路，每条小回路控制一个用电器或一个动作。当某条小回路形成闭合回路有电流流过时，回路中的电器元件（接触器或继电器）动作，把用电设备接入或切除电源。在辅助电路中，一般是靠按钮或转换开关把电路接通的。对于控制电路的分析，必须随时结合主电路的动作要求来进行。只有全面了解主电路对控制电路的要求以后，才能真正掌握控制电路的动作原理，不可孤立地看待各部分的动作原理，而应注意各个动作之间是否有互相制约的关系，如电动机正、反转之间应设有联锁等。

第4步：研究电器元件之间的相互关系。电路中的一切电器元件都不是孤立存在的，而是相互联系、相互制约的。这种互相控制的关系有时表现在一条回路中，有时表现在几条回路中。

第5步：研究其他电气设备和电器元件，如整流设备、照明灯等。

### 技能训练

以"电气原理图"为关键字，上网搜集相关信息，并识读搜索到的电气原理图。

### 练一练

1. 填空题

（1）电气原理图就是使用电气元器件的电气_____、_____及绘制电气原理图所需的导线等表明电气设备的_____及_____相互之间关系的一种图形。电气原理图一般由_____、_____、_____、_____等几部分组成。

（2）电气符号和文字符号必须按标准绘制和标注，同一电器的所有元件必须用同一_____标注。

（3）电器应该是_____的状态，二进制逻辑元件应是_____的状态，机械开关应是_____的状态，即按电路_____画出。

（4）看电气控制电路图时，一般方法是先看_____，再看_____，并用辅助电路的回路去研究主电路的控制程序。

（5）辅助电路包含_____、_____和_____。

**2. 简答题**

（1）在阅读和绘制电气原理图时应注意什么？

（2）看主电路的步骤有哪些？

（3）看辅助电路的步骤有哪些？

# 活动2　安装三相异步电动机点动控制电路

## 知识探究

三相异步电动机点动控制电路原理图如图3-1-3所示。

点动控制电路的工作原理：合上刀开关QF后，因没有按下点动按钮SB，接触器KM线圈没有得电，KM的主触点断开，电动机M不得电所以没有起动；按下点动按钮SB后，控制电路中接触器KM线圈得电，其回路中的动合触点闭合，电动机得电运行；松开按钮SB，按钮在复位弹簧的作用下自动复位，断开控制电路KM线圈，主电路中KM触点恢复原来的断开状态，电动机停止转动。

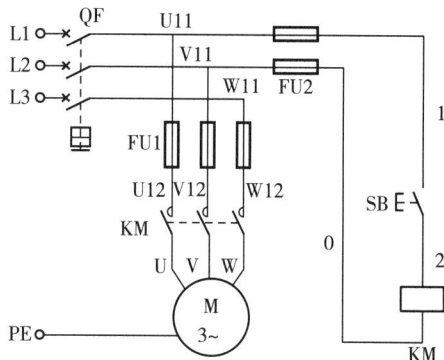

图3-1-3　三相异步电动机点动控制电路原理图

起动过程：SB→KM→M（起动）。

停止过程：SB→KM→M（停止）。

## 技能训练

### 1. 工具、仪表及器材

（1）工具：螺钉旋具、电工刀、低压试电笔、尖嘴钳、剥线钳等。

（2）仪表：万用表、500V兆欧表、钳形表。

（3）器材：安装点动控制电路元器件及材料（表3-1-1）。

表3-1-1　点动控制电路元器件及材料

| 代　号 | 名　称 | 型　号 | 规　格 | 数　量 |
|---|---|---|---|---|
| M | 三相异步电动机 | Y112-4 | 4kW、380V、"丫"形接法、8.8A、1440r/min | 1 |
| QF | 低压断路器 | DZ5-25/3 | 三极、额定电流25A | 1 |
| FU1 | 螺旋式熔断器 | RL1-60/25 | 500V、60A、配熔体25A | 3 |

（续表）

| 代 号 | 名 称 | 型 号 | 规 格 | 数 量 |
|---|---|---|---|---|
| FU2 | 螺旋式熔断器 | RL1-15/2 | 500V、10A、配熔体2A | 2 |
| KM | 交流接触器 | CJX2-2510 | 10A，线圈电压380V | 1 |
| SB | 按钮 | LA10-3 | 保护式、按钮数3 | 1 |
| XT | 端子板 | JX2-1050 | 10A、15节、380V | 2 |
| | 主电路导线 | BVR-1.5 | 1.5mm²（7×0.25mm） | 若干 |
| | 控制电路导线 | BVR-1.0 | 1mm²（7×0.43mm） | 若干 |

**2. 安装步骤及工艺**

（1）检查所有元器件的好坏。

（2）安装电路。

① 根据电气原理图，设计并布置各元器件的位置和线路走向。可参考图3-1-4布置好元器件。

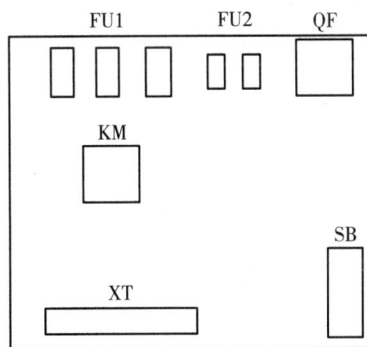

图3-1-4 三相异步电动机点动控制电路元器件位置图

② 再按相关配线工艺进行配线。布线原则及要求：横平竖直，分布均匀；以接触器为中心由里向外，由低向高；先控制电路，后主电路。位置与布线可参考图3-1-5。

③ 配线完成后，对照电气原理图自检。

④ 交给指导教师检查无误后，在端子板下方接好电动机（按图3-1-5接线），使电动机通电试车。

合上QF，按下SB，观察电动机运行情况。如电动机不转，查找故障，并排除故障，重新运行，直到成功。

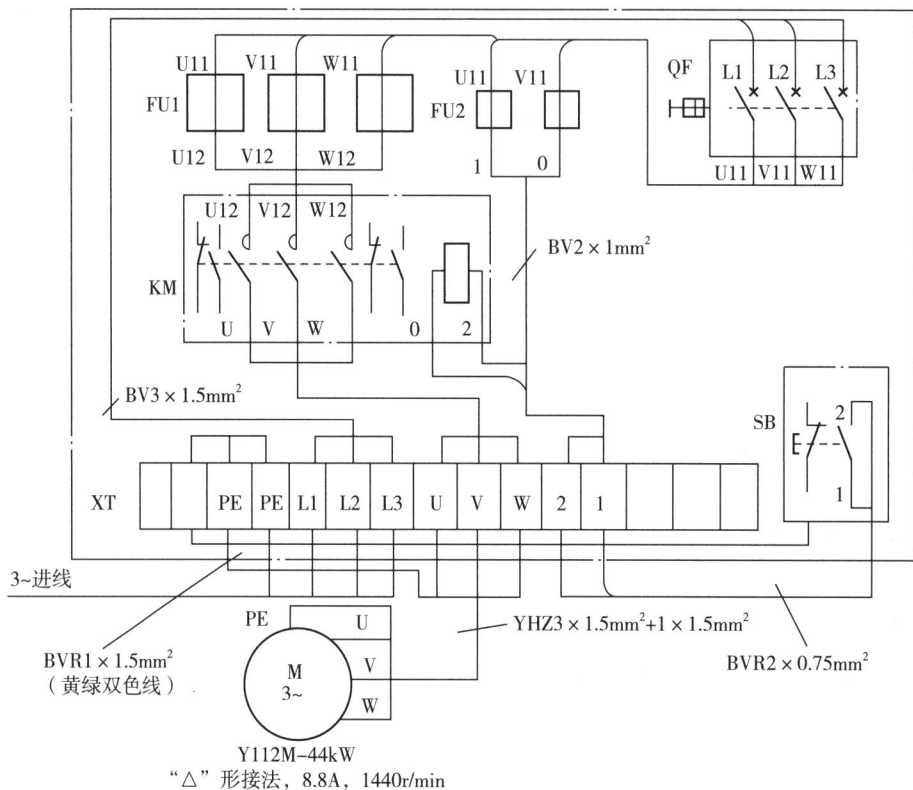

图 3-1-5　三相异步电动机点动控制电路位置图

**练一练**

（1）在三相异步电动机点动控制电路中，低压断路器 QF 能不能用组合开关 QS 代替？

（2）在三相异步电动机点动控制电路中，如果不用 FU2，电路应如何连接？

（3）试叙述三相异步电动机点动控制电路的操作过程。

# 活动 3　安装具有自锁控制的单向控制电路

**知识探究**

## 1. 三相异步电动机具有自锁控制的单向控制电路原理

图 3-1-6 所示是三相异步电动机具有自锁控制的单向控制电路原理图。

合上刀开关 QF，起动过程为 $SB1^\pm \rightarrow KM \rightarrow M^+$（起动）；

停止过程为 $SB2^\pm \rightarrow KM^- \rightarrow M^-$（停止）。

其中，$SB^\pm$ 表示先按下，后松开；KM 表示自锁。

具有接触器自锁的控制电路，电动机还具有失电压和欠电压保护的功能。

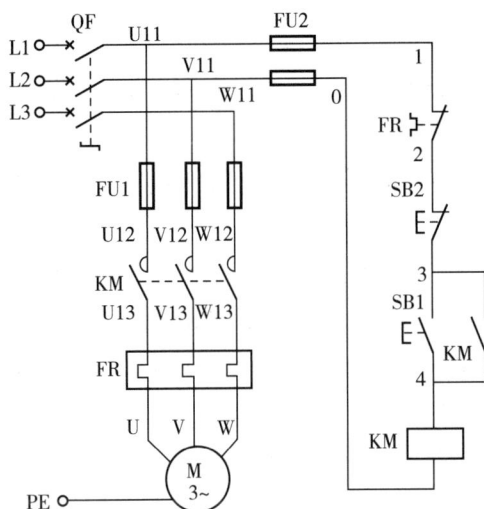

图 3-1-6 三相异步电动机具有自锁控制的单向控制电路原理图

1) 失电压保护（零压保护）

失电压保护也称为零压保护。在具有接触器自锁的控制电路中，一旦发生断电，自锁触点就会断开，接触器 KM 线圈就会断电，不重新按下起动按钮 SB1，电动机将无法自动起动。

2) 欠电压保护

在具有接触器自锁的控制电路中，控制电路接通后，电源电压下降到一定值（一般降低到额定值的 85% 以下）时，会因接触器线圈产生的磁通减弱，电磁吸力减弱，动铁心在反作用弹簧作用下释放，自锁触点断开，而失去自锁作用；同时主触点断开，电动机停转，达到欠电压保护的目的。

图 3-1-6 所示电路中串入的热继电器 FR，其作用是过载保护。

电动机过载时，过载电流将使热继电器中的双金属片弯曲动作，使串联在控制电路中的动断触点断开，从而切断接触器 KM 线圈的电路，主触点断开，电动机脱离电源停转。

2. 接触器自锁控制电路的故障检修

接触器自锁控制电路的故障分析可按表 3-1-2 进行。

表 3-1-2 接触器自锁控制电路的故障分析

| 故障现象 | 可能原因 | 处理方法 |
|---|---|---|
| 按下按钮 SB1，接触器 KM 不吸合 | （1）电源电路故障，可能故障点：电源开关 QF 接触不良或损坏。<br>（2）控制电路故障，可能故障点：<br>① 熔断器 FU2 熔断；<br>② 热继电器 FR 触点接触不良或动作后未复位；<br>③ 停止按钮 SB2 常闭触头、起动按钮 SB1 常开触头接触不良；<br>④ 接触器线圈断线或损坏 | 电源电路检查：参照点动电路。<br>控制电路检查：参照点动电路。<br>热继电器故障时应检查电动机是否过载 |

**3. 布线原则**

电源线：应选用高质量的铜芯线，并且采用裸铜端子和插针插座方式进行连接，以便更换或检修。

线缆铺设：确保线缆安装在合适的位置，避免横向交叉，采用层级结构铺设，同时留有一定的间隙以利于散热和维修。

导线保护：使用合适规格的压接线头工具，控制压接量，确保端子长度符合规定，并在连接线头和柜桥时将铜鼻子套在线头上，以防断裂和短路。

线缆标识：为了便于使用和后期的维修调试，应对线缆进行编号并在设备控制板上进行标识，以便快速找到对应的线路。

绝缘保护：对于需要绝缘保护的部件，应使用质量良好的绝缘材料，以防止漏电或触电事故的发生。

室内电缆配线：应采用额定电压不低于 0.6/1.0kv 的电力电缆，且每个分支路的绝缘导线相线间及相线对地的绝缘电阻值不应小于 $0.5M\Omega$。

配线截面：在低压配电盘、柜、箱内，主配线应采用与引入线截面相同的绝缘线，而二次配电线则需横平竖直，整齐美观，截面积不小于 $1.5mm^2$。

导线穿线处理：在盘面上垂直安装的开关上方应为电源端，下方为负荷端，相序保持一致。横装的开关左侧接电源，右侧接负荷，各分路需标明线路名称。

母线颜色编码：进出配电盘、柜、箱的电缆需标明电缆编号及用途，以及盘、柜内的二次小线号。低压电器应垂直安装，并用螺栓固定在支持物上，不得采用焊接方式，且安装位置正确。

**4. 元器件的布置原则**

1）紧凑布置

低压电气元器件的布置应该尽可能地紧凑，以节省空间和降低成本。在保证安全和便于操作的前提下，应当将各个元器件紧密排列在一起，减少不必要的空隙和距离。这样既能够最大程度地利用空间，又可以方便维护和检修。

2）安全可靠

低压电气元器件的布置必须符合相关安全规定和标准，保障人身安全。应当采用可靠的电气连接方式，确保电气系统的运行不受干扰。在布置时，应当考虑到可能遇到的各种异常情况，并采取相应的预防措施，保证电气设备的安全运行。

3）易于操作与维护

低压电气元器件的布置应该便于操作与维护。操作人员在使用电气设备时应当方便获取各个元器件的信息，快速判断出故障部位。布置时应当考虑到维修和检修的需要，不能给维修人员带来不必要的困难。同时，还应当保证设备的清洁和通风条件，以保证长期运行效率。

4）其他

除了以上原则，还应当考虑到低压电气元器件布置的美观度和可维护性。布置时应当遵循几何比例、对称美学等原则，使得整个电气系统在外观上更加美观。同时，也应当考虑到维修、保养等方面，以便日后的运行维护。

总之，低压电气元器件的布置应当紧凑、安全可靠、易于操作与维护，并符合相关标准要求。在操作和维修过程中，也应当始终遵循安全纪律和操作规范，以保证电气设备的长期稳定运行。

## 技能训练

### 1. 工具、仪表及器材

（1）工具：螺钉旋具、电工刀、低压试电笔、尖嘴钳、剥线钳等。

（2）仪表：万用表、500V兆欧表、钳形表。

（3）器材：三相异步电动机具有自锁控制电路的元器件及材料见表3-1-3所列。

表3-1-3　三相异步电动机具有自锁控制电路的元器件及材料

| 代　号 | 名　称 | 型　号 | 规　格 | 数　量 |
|---|---|---|---|---|
| M | 三相异步电动机 | Y112-4 | 4kW、380V、丫形接法、8.8A、1440r/min | 1 |
| QF | 低压断路器 | DZ5-25/3 | 三极、额定电流25A | 1 |
| FU1 | 螺旋式熔断器 | RL1-60/25 | 500V、60A、配熔体25A | 3 |
| FU2 | 螺旋式熔断器 | RL1-15/2 | 500V、10A、配熔体2A | 2 |
| KM | 交流接触器 | CJX2-2510 | 10A，线圈电压380V | 1 |
| SB | 按钮 | LA10-3 | 保护式、按钮数3 | 1 |
| FR | 热继电器 | JR16-20/4 | 三极、20A、热元件11A | 1 |
| XT | 端子板 | JX2-1050 | 10A、15节、380V | 2 |
|  | 主电路导线 | BVR-1.5 | 1.5mm²（7×0.25mm） | 若干 |
|  | 控制电路导线 | BVR-1.0 | 1mm²（7×0.43mm） | 若干 |

### 2. 安装步骤及工艺

（1）检查所有元器件的好坏。

（2）安装电路。

① 根据电气原理图，设计布置各元器件的位置和线路走向。可参考图3-1-7布置好元器件。

② 再按相关配线工艺进行配线。布线原则及要求：横平竖直，分布均匀；以接触器为中心由里向外，从低到高；先控制电路，后主电路。

图3-1-8是三相异步电动机具有自锁控制的电路位置图。

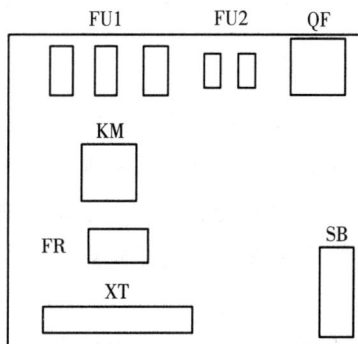

图3-1-7　三相异步电动机具有自锁控制的电路位置图

③ 配线完成后，对照电气原理图自检。

④ 交给指导教师检查无误后，在端子板下方接好电动机，使电动机通电试车。

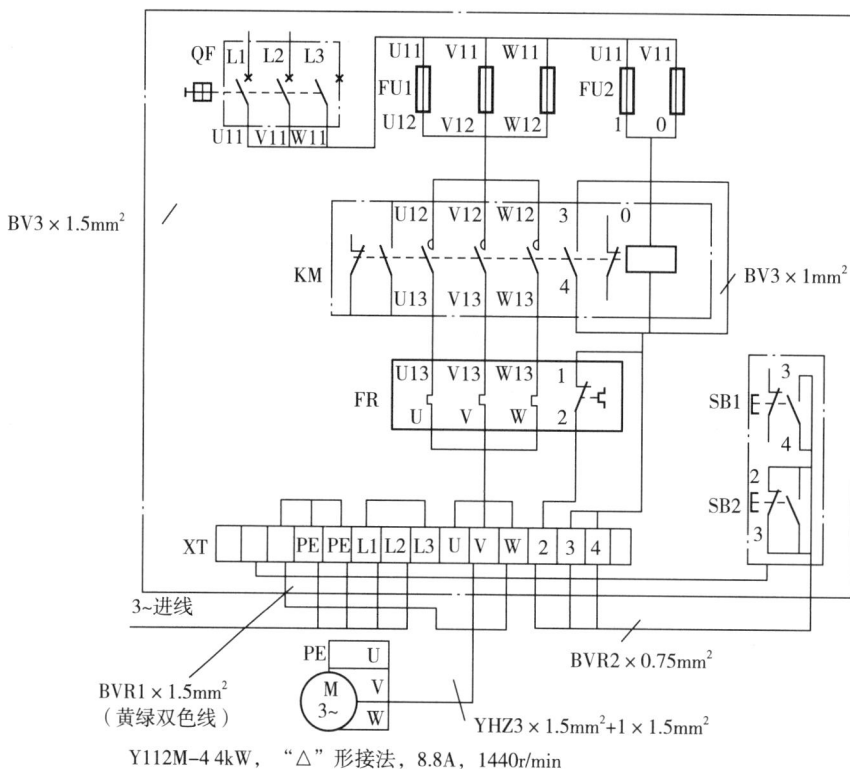

图 3-1-8   三相异步电动机具有自锁控制的电路接线图

## 3. 安装注意事项

（1）电源进线应接在螺旋式熔断器的下接线座上，出线则应接在上接线座上。

（2）对按钮内部接线时，用力不可过猛，以防螺钉打滑。

（3）电动机及按钮的金属外壳必须可靠接地。接至电动机的导线，必须穿在导线通道内加以保护，或采用坚韧的四芯橡皮线或塑料护套线进行临时通电校验。

### 知识拓展

电动机基本控制电路故障检修的一般步骤和方法如下：

（1）用试验法观察故障现象，初步判定故障范围；

（2）用逻辑分析法缩小故障范围；

（3）用测量法确定故障点。

## 1. 电压测量法

测量检查时，首先把万用表的转换开关置于交流电压 500V 的挡位上。

先用万用表测量如图 3-1-9 所示的 0、1 两点间电压，若为 380V，则说明电源电压正

【微课】

电阻、电压测量法

常。然后一人按下 SB2，若接触器不吸合，则说明电路有故障。这时另一人可用万用表的红、黑两根表笔按图测量各点之间的电压，根据测量结果找出故障点。

采用电压测量法分析故障电压测量法分析故障可结合表 3-1-4 实施。

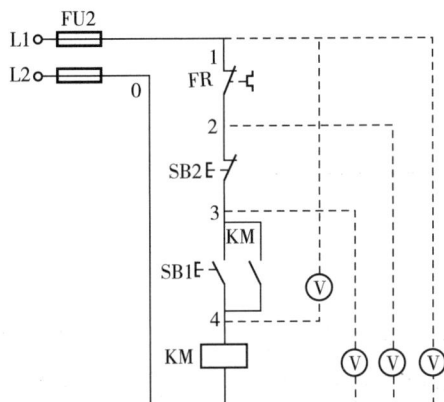

图 3-1-9　电压测量法

表 3-1-4　采用电压测量法分析故障

| 故障现象 | 0—2 | 0—3 | 1—4 | 故障点 |
|---|---|---|---|---|
| 按下 SB1 时，KM 不吸合 | 0 | × | × | FR 常闭触头接触不良 |
| | 380V | 0 | × | SB2 常闭触头接触不良 |
| | 380V | 380V | 0 | KM 线圈断路 |
| | 380V | 380V | 380V | SB1 接触不良 |

## 2. 电阻测量法

测量检查时，首先把万用表的转换开关置于倍率适当的电阻挡位上（一般选 R×100 以上的挡位），按图 3-1-10 进行测试，并根据测试结果判断故障。

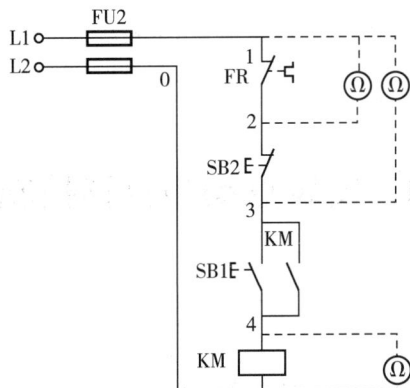

图 3-1-10　电阻测量法

采用电阻测量法分析故障可结合表 3-1-5 实施。

表 3-1-5 采用电阻测量法分析故障

| 故障现象 | 1—2 | 1—3 | 0—4 | 故障点 |
|---|---|---|---|---|
| 按下 SB1 时，KM 不吸合 | ∞ | × | × | FR 常闭触头接触不良 |
| | 0 | ∞ | × | SB2 常闭触头接触不良 |
| | 0 | 0 | ∞ | KM 线圈断路 |
| | 0 | 0 | R | SB1 接触不良 |

**练一练**

1. 填空题

（1）三相异步电动机自锁电路是利用_____触点与起动按钮_____联完成的。

（2）任意一个三相异步电动机必须具有_____保护，是利用_____不定期完成的。

（3）三相异步电动机自锁电路不仅具有自锁功能，还能完成的保护功能有_____、_____保护；实现其保护的元件是_____。

2. 分析题

如图 3-1-11 所示的自锁正转控制电路中，试指出有关错误及分析出现的现象，并加以改正。

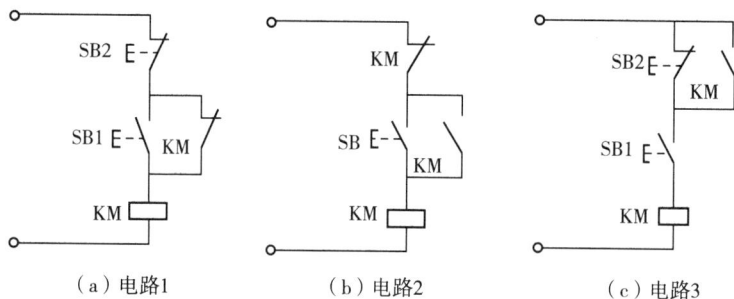

（a）电路1　　　　　（b）电路2　　　　　（c）电路3

图 3-1-11　自锁正转控制电路

# 活动 4　安装点动与自锁控制电路

**知识探究**

三相异步电动机点动与自锁控制电路原理如下。

（1）手动开关控制的连续与点动混合正转控制电路原理如图 3-1-12 所示。

工作过程及原理分析如下。

合上 QF，为电动机起动做好准备。

SA 打开：控制电路中的自锁回路断路，KM 自锁触头的开合不改变自锁回路的工作状态，电路控制表现为点动控制状态。SA 闭合：控制电路中的自锁回路恢复正常功能，控制电路表现为接触器自锁控制，电路表现为连续正转控制。

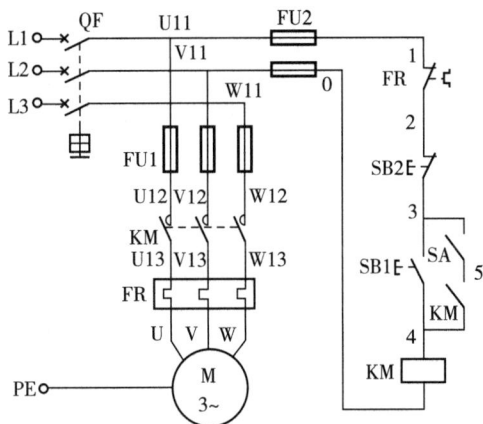

图 3-1-12 手动开关控制的连续与点动混合正转控制电路原理

（2）复合按钮控制的连续与点动混合正转控制电路工作原理如图 3-1-13 所示。

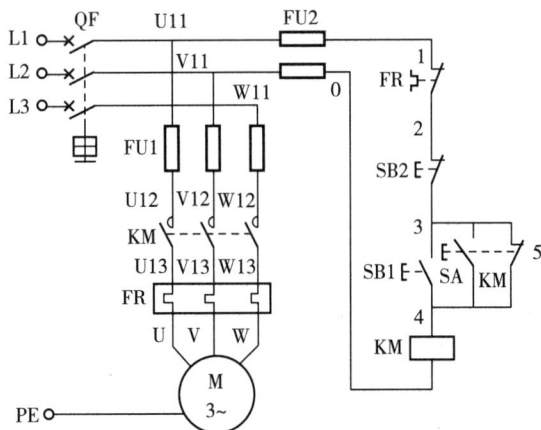

图 3-1-13 复合按钮控制的连续与点动混合正转控制电路原理

工作过程及原理分析如下。

合上 QF，为电动机起动做好准备。

连续控制：按下 SB1 起动电动机，KM 自锁触头闭合，自锁回路功能正常，电动机连续运转。点动控制：按下 SA 起动电动机时，SA 复合按钮的常闭触头断开，自锁回路功能丧失，控制电路表现为点动控制状态。

**技能训练**

## 1. 工具、仪表及器材

（1）工具：螺钉旋具、电工刀、低压试电笔、尖嘴钳、剥线钳等。

（2）仪表：万用表、500V兆欧表、钳形表。

（3）器材：三相异步电动机点动与自锁控制电路元器件及材料见表3－1－6所列。

表3－1－6　三相异步电动机点动与自锁控制电路元器件及材料

| 代　号 | 名　　称 | 型　号 | 规　　格 | 数　量 |
|---|---|---|---|---|
| M | 三相异步电动机 | Y112－4 | 4kW、380V、"丫"形接法、8.8A、1440r/min | 1 |
| QF | 低压断路器 | DZ5－25/3 | 三极、额定电流25A | 1 |
| FU1 | 螺旋式熔断器 | RL1－60/25 | 500V、60A、配熔体25A | 3 |
| FU2 | 螺旋式熔断器 | RL1－15/2 | 500V、10A、配熔体2A | 2 |
| KM | 交流接触器 | CJX2－2510 | 10A，线圈电压380V | 1 |
| SB | 按钮 | LA10－3 | 保护式、按钮数3 | 1 |
| SA | 旋转开关 | LAY39－11X/2 | | 1 |
| FR | 热继电器 | JR16－20/4 | 三极、20A、热元件11A | 1 |
| XT | 端子板 | JX2－1050 | 10A、15节、380V | 2 |
| | 主电路导线 | BVR－1.5 | 1.5mm² (7×0.25mm) | 若干 |
| | 控制电路导线 | BVR－1.0 | 1mm² (7×0.43mm) | 若干 |

## 2. 安装步骤及工艺

（1）检查所有元器件的好坏。

（2）安装电路。

① 根据电气原理图，设计布置各元器件的位置和线路走向。元器件布置可参考图3－1－14，确定电路走向时，尽量遵循横平竖直、导线不架空的原则。

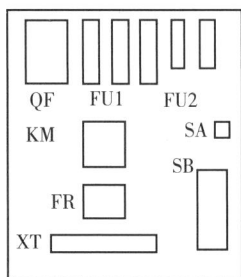

（a）手动开关控制连续与
点动混合正转控制电路布置图

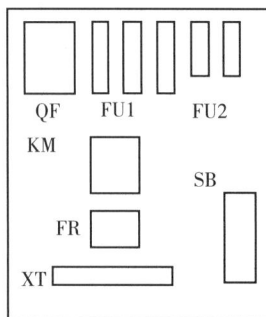

（b）复合按钮控制连续与
点动混合正转控制电路布置图

图3－1－14　元器件布置

② 再按相关配线工艺进行配线。布线原则及要求：横平竖直，分布均匀；以接触器为中心由里向外，从低到高；先控制电路，后主电路。

学生可参考图3-1-15，利用复合按钮实现三相异步电动机具有点动与自锁控制电路接线图进行接线；学生可根据所学知识自行设计手动开关控制的接线图。

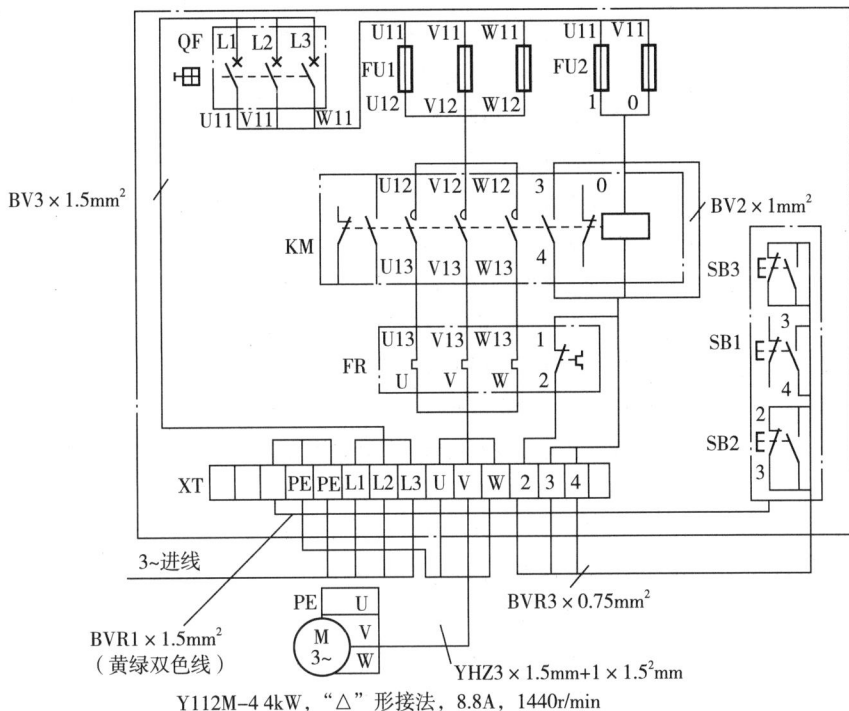

图3-1-15 利用复合按钮实现三相异步电动机具有点动与自锁控制电路接线图

③ 配线完成后，学生对照电气原理图自检。

④ 交给指导教师检查无误后，学生在端子板下方接好电动机，使电动机通电试车。

**练一练**

有人为某生产机械设计出既能点动又能连续运行，并具有短路和过载保护的电气控制电路，如图3-1-16所示。试分析并说明该电路能否正常工作。

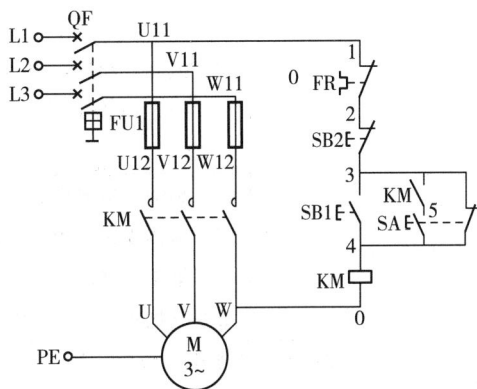

图3-1-16 电气控制电路

**任务评价**

安装三相异步电动机点动与自锁控制电路的任务评价可参考表3-1-7进行。

表3-1-7 安装三相异步电动机点动与自锁控制电路的任务评价

| 活动内容 | 配分/分 | 评分标准 | 得分/分 |
|---|---|---|---|
| 识别电路元器件 | 15分 | (1) 工具、仪表少选或错选，每个扣2分；<br>(2) 电器元器件选错型号和规格，每个扣4分；<br>(3) 选错元器件数量或型号规格没有写全，每个扣2分 | |
| 安装布线 | 35分 | (1) 电器布置不合理，扣5分；<br>(2) 元器件安装不牢固，每个扣4分；<br>(3) 元器件安装不整齐、不匀称、不合理，每个扣5分；<br>(4) 损害元器件，扣15分；<br>(5) 不按电路图接线，扣15分；<br>(6) 布线不符合要求，每根扣3分；<br>(7) 接点松动、露铜过长、反圈等，每个扣1分；<br>(8) 损伤导线绝缘层或线芯，每根扣5分；<br>(9) 编码套管套装不正确，每处扣1分；<br>(10) 漏接接地线，扣10分 | |
| 故障分析 | 10分 | (1) 故障分析、排除故障的思路不正确，每个扣5分；<br>(2) 标错电路故障，每个扣5分 | |
| 排除故障 | 20分 | (1) 停电不验电，扣5分。<br>(2) 工具及仪表使用不当，每次扣4分。<br>(3) 排除故障的顺序不对，扣5～10分。<br>(4) 不能查出故障点，每个扣10分。<br>(5) 查出故障点，但不能排除，每个故障扣5分。<br>(6) 产生新的故障：<br>若不能排除，每个扣20分；<br>若已经排除，每个扣10分。<br>(7) 损坏电动机，扣20分。<br>(8) 损害电器元器件或排除故障方法不当，每个（次）扣5～20分 | |
| 通电试车 | 20分 | (1) 热继电器未整定或整定错误，扣15分。<br>(2) 熔体规格选用不当，扣10分。<br>(3) 第1次试车不成功，扣10分；第2次试车不成功，扣15分；第3次试车不成功，扣20分 | |
| 安全文明生产 | | 违反安全文明生产规程，扣5～40分 | |
| 时间 | | 60min，每超过5min扣总分1分 | |
| 成绩 | | | |

## 任务2 三相异步电动机正反转控制电路

知识目标

（1）熟悉三相异步电动机正反转控制电路在工业生产中的应用场所。

（2）掌握三相异步电动机正反转控制电路的工作原理。

（3）根据三相异步电动机正反转控制电路工作情况，选择电路中的元器件。

技能目标

（1）会安装和调试三相异步电动机正反转控制电路。

（2）会维修三相异步电动机正反转控制电路。

素养目标

（1）能够在安装与调试的过程中养成团结互助的工作习惯。

（2）增强核心意识，优化管理效能。

（3）养成自主学习的习惯。

【课件】

三相异步电动机

正反转控制电路

### 任务导入

三相异步电动机正反转在工矿企业中应用非常广泛。例如，图3-2-1是移动式起重机，它的卷扬的上升和下降就是利用电动机的正反转实现的。

图3-2-1 移动式起重机

## 活动 1  安装三相异步电动机电气互锁正反转控制电路

1. 三相异步电动机电气互锁正反转控制电路原理

三相异步电动机电气互锁正反转控制电路原理图如图 3-2-2 所示。

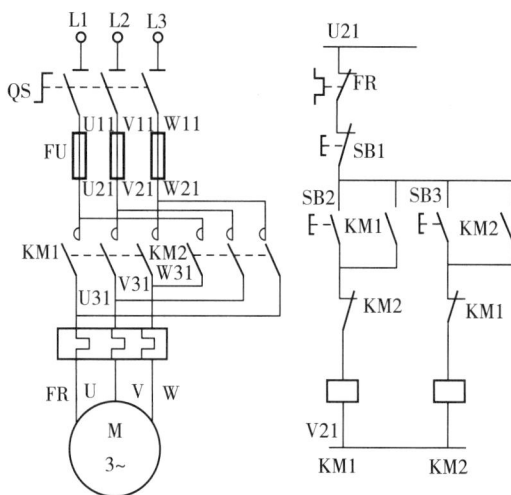

图 3-2-2  三相异步电动机电气互锁正反转控制电路原理图

工作过程及原理分析如下。

合上 QS，为电动机起动做好准备。

按下 SB2，KM1 线圈得电，KM1 触点闭合，主触点接通，电动机正转；辅助触点接通，松开 SB2，电动机保持正转。

按下 SB1，KM1 线圈失电，触点断开，电动机停止正转。

按下 SB3，KM3 线圈得电，KM3 触点闭合，主触点接通，电动机反转；辅助触点接通，松开 SB3，电动机保持反转。

按下 SB1，KM2 线圈失电，触点断开，电动机停止反转。

特别强调：接触器 KM1 和 KM2 的主触头绝不允许同时闭合，否则将造成两相电源（L1 相和 L3 相）短路事故。为了避免两个接触器 KM1 和 KM2 同时得电动作，在正反转控制电路中分别串接了对方接触器的一对辅助常闭触头。

当一个接触器得电动作时，通过其辅助常闭触头使另一个接触器不能得电动作，接触器之间的这种相互制约的作用叫作接触器联锁（或互锁）。实现联锁作用的辅助常闭触头称为联锁触头（或互锁触头），联锁符号用"▽"表示。

## 2. 检修三相异步电动机电气互锁正反转控制电路

故障检修步骤和方法如下：

（1）用试验法来观察故障现象，主要注意观察电动机的运行情况、接触器的动作情况和线路的工作情况等，如发现有异常情况，应马上断电检查；

（2）用逻辑分析法缩小故障范围，并在电路图上用虚线标出故障部位的最小范围；

【微课】
检修三相异步电动机
电气互锁正反转控制电路

（3）用测量法准确、迅速地找出故障点；

（4）根据故障点的不同情况，采取正确的修复方法，迅速排除故障；

（5）排除故障后通电试车。

接触器联锁正反转控制电路的故障检修可按表3-2-1实施。

表3-2-1 接触器联锁正反转控制电路的故障检修

| 故障现象 | 原因分析 | 检查方法 |
|---|---|---|
| 按SB1与SB2实现正反转，接触器KM1、KM2动作，但电动机都不起动 | 按SB1与SB2正反转，接触器KM1、KM2动作，说明控制电路正常，故障在主电路上，可能故障如下：<br>（1）熔断器FU1熔体熔断；<br>（2）热继电器的热元件损坏；<br>（3）电动机故障；<br>（4）连接导线故障 | <br>测试U11、V11、W11、U12、V12、W12、U13、V13、W13、U、V、W之间电压，正常情况下电压应为380V。哪一段电压为0，则说明故障点就在该测量点上方相应部位，应更换或维修相应元器件或线路 |
| 正转正常，反转接触器不动作，电动机不起动 | 正转正常，说明FU1正常，热继电器正常，电动机正常，电源电路正常，FU2、热继电器的常闭触头、SB3正常 | 可能故障路径如图：<br><br>用电阻分段测量法或电压分段测量法确定具体的点 |

（续表）

| 故障现象 | 原因分析 | 检查方法 |
|---|---|---|
| 正转正常，反转缺相 | 正转正常，反转缺相，说明控制电路正常，电源电路正常，FU1正常，热继电器的热元件正常，电动机正常，可能故障如下：<br>（1）接触器主触头的某一相接触不良；<br>（2）连接 KM2 主触头某一相的连接导线松脱或断路 | 用测电笔检查 KM2 主触头的上端头是否有电，若某点没电，则该相连接导线断路；若都有电，断开电源，按下触头架，用万用表的电阻挡分别测量 KM2 主触头的上、下端头，检查导通情况。不通的，则为故障点；若全部导通，检查 KM2 主触头的下端头的连接导线导通情况。用万用表的两表笔，分别在 KM2 主触头的下端头处测量两相间导通情况，与其他两相都不通的，则为故障相 |
| 按 SB1 与 SB2 实现正反转，接触器 KM1、KM2 都不动作，电动机都不起动 | 接触器 KM1、KM2 都不动作，可能故障如下：<br>（1）电源电路故障；<br>（2）熔断器 FU2 熔体熔断；<br>（3）热继电器的常闭触头接触不良；<br>（4）0 号线断路 | 用电阻分段测量法或电压分段测量法确定具体的点 |
| 按 SB1 电动机正常转动，松开按钮后，电动机停转 | 松开按钮后，电动机停转，说明控制电路没有形成自锁，可能故障在右图中虚线部分：<br>（1）接触器的自锁触头接触不良；<br>（2）自锁线路断路 | 用电阻分段测量法或电压分段测量法确定具体的点<br><br>3 —— KM1 —— 4 |

## 技能训练

### 1. 工具、仪表及器材

（1）工具：螺钉旋具、电工刀、低压试电笔、尖嘴钳、剥线钳等。

（2）仪表：万用表、500V 兆欧表、钳形表。

（3）器材：安装三相异步电动机电气互锁正反转控制电路元器件及材料见表 3 - 2 - 2 所列。

表 3 - 2 - 2　三相异步电动机电气互锁正反转控制电路元器件及材料

| 代 号 | 名 称 | 型 号 | 规 格 | 数 量 |
|---|---|---|---|---|
| M | 三相异步电动机 | Y112 - 4 | 4kW、380V、"丫"形接法、8.8A、1440r/min | 1 |
| QF | 低压断路器 | DZ5 - 25/3 | 三极、额定电流 25A | 1 |
| FU1 | 螺旋式熔断器 | RL1 - 60/25 | 500V、60A、配熔体 25A | 3 |
| FU2 | 螺旋式熔断器 | RL1 - 15/2 | 500V、10A、配熔体 2A | 2 |
| KM | 交流接触器 | CJX2 - 2510 | 10A，线圈电压 380V | 2 |

（续表）

| 代　号 | 名　　称 | 型　号 | 规　　格 | 数　量 |
|---|---|---|---|---|
| SB | 按钮 | LA10-3 | 保护式、按钮数3 | 1 |
| FR | 热继电器 | JR16-20/4 | 三极、20A、热元件11A | 1 |
| XT | 端子板 | JX2-1050 | 10A、15节、380V | 2 |
| | 主电路导线 | BVR-1.5 | 1.5mm²（7×0.25mm） | 若干 |
| | 控制电路导线 | BVR-1.0 | 1mm²（7×0.43mm） | 若干 |

### 2. 安装步骤及工艺

（1）检查所有元器件的好坏。

（2）安装电路。根据电气原理图，设计布置各元器件的位置和线路走向。

可参考图3-2-3所示的三相异步电动机电气互锁正反转控制布置图和图3-2-4。

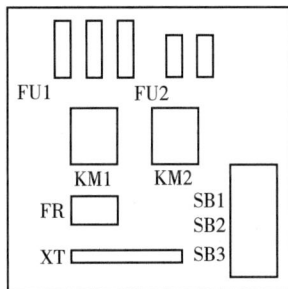

图3-2-3　三相异步电动机
电气互锁正反转控制布置图

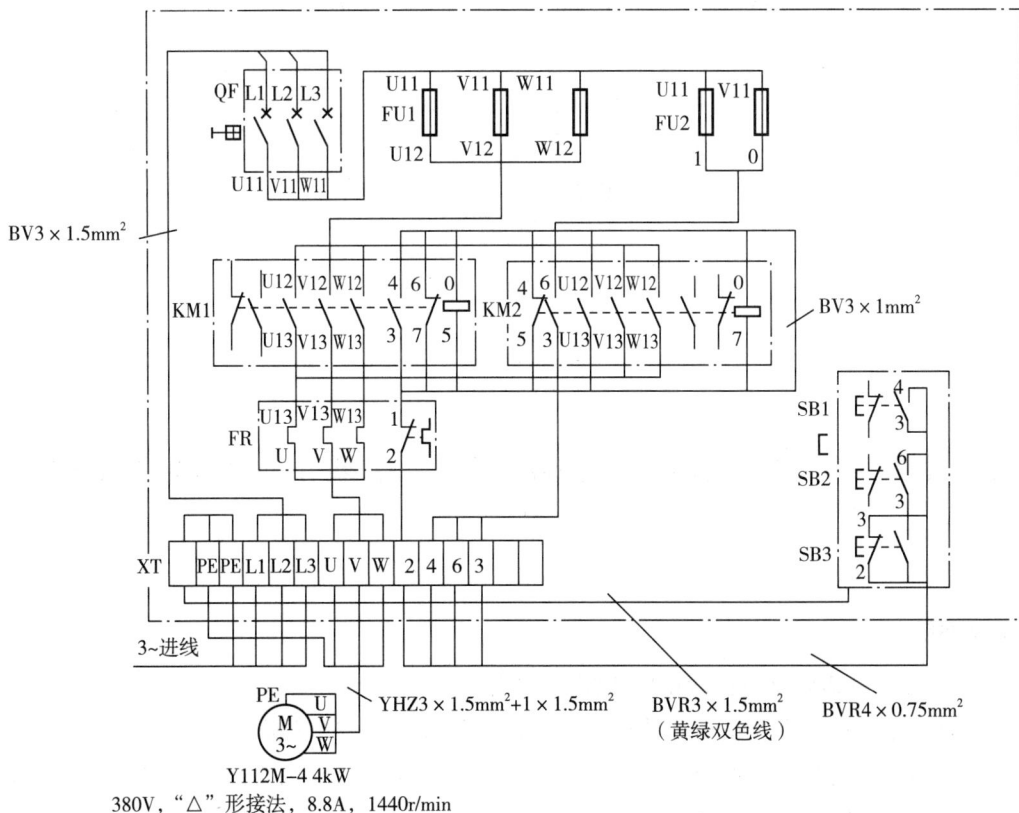

图3-2-4　三相异步电动机电气互锁正反转控制接线图

3. 安装注意事项

（1）接触器联锁触头接线必须正确，否则将造成主电路中两相电源短路事故。

（2）通电试车时，应先合上 QF，再按下 SB1（或 SB2）及 SB3，看控制是否正常，并在按下 SB1 后再按下 SB2，观察有无联锁作用。

（3）连接等电位点时，考虑工矿企业实际情况，按钮一般在操作台上，与控制柜有一定距离。接触器中的自锁和互锁触点连线时，尽量在接触器上取点，减少长导线的使用。

（4）训练应在规定的定额时间内完成，同时要做到安全操作和文明生产。训练结束后，安装的控制板留用。

**练一练**

（1）什么叫互锁控制？如何实现互锁控制？

（2）叙述三相异步电动机互锁正反转控制电路的操作过程。

（3）是否能用图 3-2-5 所示电路实现电动机正反转控制？为什么？

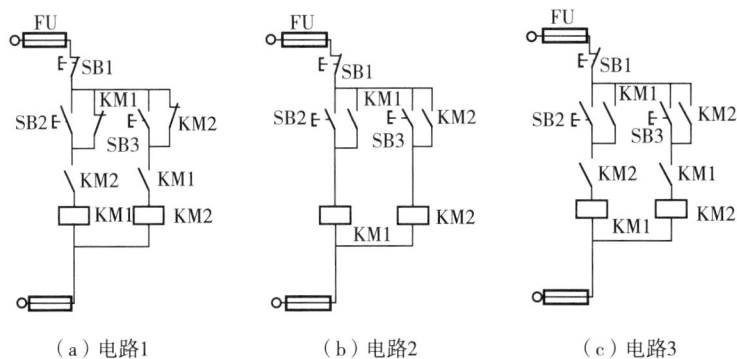

（a）电路1　　　（b）电路2　　　（c）电路3

图 3-2-5　第（3）题图

# 活动 2　安装三相异步电动机双重互锁正反转控制电路

**知识探究**

1. 三相异步电动机双重互锁正反转控制电路原理

三相异步电动机双重互锁正反转控制电路原理图如图 3-2-6 所示。

操作过程与电气互锁基本相同。动作差异：按下 SB1 时，它的常闭触点要先断开 KM2，常开触点才接通 KM1；按下 SB2 时，它的常闭触点要先断开 KM2，常开触点才接通 KM2。这样，在正反转过程转换时可以不按停止按钮 SB3。

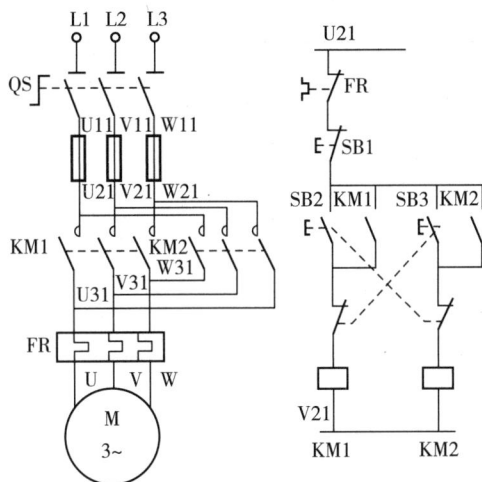

图 3-2-6　三相异步电动机双重互锁正反转控制电路原理图

## 2. 检修三相异步电动机双重互锁正反转控制电路

该电路故障与前自锁电路、电气互锁正反转电路所述的常见故障基本相同。三相异步电动机双重互锁正反转控制电路故障见表 3-2-3 所列。

表 3-2-3　三相异步电动机双重互锁正反转控制电路故障

| 故障现象 | 原因分析 | 检查方法 |
|---|---|---|
| 正转正常，按反向按钮 SB2，KM1 能释放，但 KM2 不吸合，电动机不能反转 | 可能故障如下：<br>(1) 接触器 KM1 辅助常闭触头接触不良或断线<br>(2) 反向按钮 SB2 常开触头接触不良<br>(3) 正向按钮 SB1 常闭触头接触不良<br>(4) 接触器 KM2 线圈断路<br>(5) 接触器 KM2 触头卡阻 | 按下 SB2，用测电笔依次测量 SB2 常开的上、下端头，SB1 常闭的上、下端头，KM1 常闭的上、下端头故障点在有电和无电之间。<br>若上述正常，断开电源，用万用表的电阻挡测量接触器 KM2 线圈的上、下端头，检查其通断情况。<br>若线圈也正常，则故障是接触器触头卡阻 |

**技能训练**

### 1. 工具、仪表及器材

(1) 工具：螺钉旋具、电工刀、低压试电笔、尖嘴钳、剥线钳等。

(2) 仪表：万用表、500V 兆欧表、钳形表。

(3) 器材：安装三相异步电动机双重互锁正反转控制电路元器件及材料见表 3-2-4 所列。

表 3-2-4　三相异步电动机双重互锁正反转控制电路元器件及材料

| 代　号 | 名　　称 | 型　号 | 规　格 | 数　量 |
|---|---|---|---|---|
| M | 三相异步电动机 | Y112-4 | 4kW、380V、"丫"形接法、8.8A、1440r/min | 1 |
| QF | 低压断路器 | DZ5-25/3 | 三极、额定电流 25A | 1 |
| FU1 | 螺旋式熔断器 | RL1-60/25 | 500V、60A、配熔体 25A | 3 |

（续表）

| 代　号 | 名　称 | 型　号 | 规　格 | 数　量 |
|---|---|---|---|---|
| FU2 | 螺旋式熔断器 | RL1-15/2 | 500V、10A、配熔体2A | 2 |
| KM | 交流接触器 | CJX2-2510 | 10A、线圈电压380V | 2 |
| SB | 按钮 | LA10-3 | 保护式、按钮数3 | 1 |
| FR | 热继电器 | JR16-20/4 | 三极、20A、热元件11A | 1 |
| XT | 端子板 | JX2-1050 | 10A、15节、380V | 2 |
|  | 主电路导线 | BVR-1.5 | 1.5mm²（7×0.25mm） | 若干 |
|  | 控制电路导线 | BVR-1.0 | 1mm²（7×0.43mm） | 若干 |

### 2. 安装步骤及工艺

（1）检查所有元器件的好坏。

（2）安装电路。

① 根据电气原理图，设计并布置各元器件的位置和线路走向。可参考图3-2-7所示的三相异步电动机双重互锁正反转控制电路位置图，布局好元器件。

② 学生根据前面所学知识自行画出接线图，并接好线路。

③ 配线完成后，对照电气原理图自检。

④ 交给指导教师检查无误后，在端子板下方接好电动机（按图3-2-6接线），使电动机通电试车。

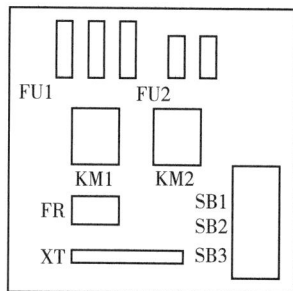

图3-2-7　三相异步电动机双重互锁正反转控制电路布置图

### 练一练

（1）什么叫双重互锁控制？如何实现互锁控制？

（2）叙述三相异步电动机双重互锁正反转控制电路的操作过程。

（3）能否用图3-2-8所示电路实现电动机正反转控制？为什么？

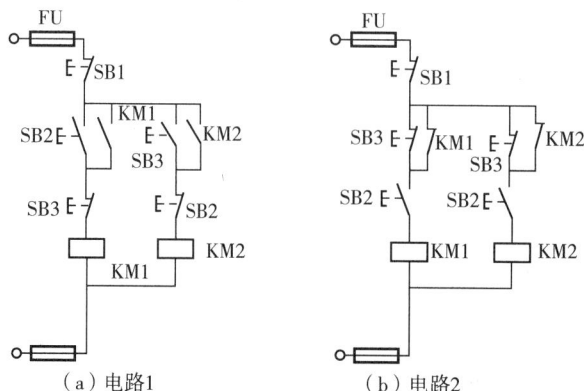

（a）电路1　　　　　　　（b）电路2

图3-2-8　第（3）题图

## 任务评价

安装三相异步电动机正反转控制电路可参考表3-2-5对学生进行评价。

表3-2-5 安装三相异步电动机正反转控制电路任务评价

| 活动内容 | 配分/分 | 评分标准 | 得分/分 |
|---|---|---|---|
| 识别接触器 | 10分 | (1) 工具、仪表少选或错选,每个扣2分;<br>(2) 电器元器件选错型号和规格,每个扣4分;<br>(3) 选错元器件数量或型号规格没有写全,每个扣2分 | |
| 装前检查 | 10分 | (1) 电动机质量检查,每漏一处扣5分;<br>(2) 电器元器件漏检或错检,每漏一处或每错一处扣2分 | |
| 安装布线 | 30分 | (1) 电器布置不合理,扣5分;<br>(2) 元器件安装不牢固,每个扣4分;<br>(3) 元器件安装不整齐、不匀称、不合理,每个扣5分;<br>(4) 损害元器件,扣15分;<br>(5) 不按电路图接线,扣15分;<br>(6) 布线不符合要求,每根扣3分;<br>(7) 接点松动、露铜过长、反圈等,每个扣1分;<br>(8) 损伤导线绝缘层或线芯,每根扣5分;<br>(9) 编码套管套装不正确,每处扣1分;<br>(10) 漏接接地线,扣10分;<br>(11) 不结合工矿企业实际,取点不合理,扣5分 | |
| 故障分析 | 10分 | (1) 故障分析、排除故障的思路不正确,每个扣5分;<br>(2) 标错电路故障,每个扣5分 | |
| 排除故障 | 20分 | (1) 停电不验电,扣5分。<br>(2) 工具及仪表使用不当,每次扣4分。<br>(3) 排除故障的顺序不对,扣5~10分。<br>(4) 不能查出故障点,每个扣10分。<br>(5) 查出故障点,但不能排除,每个故障扣5分。<br>(6) 产生新的故障:<br>若不能排除,每个扣20分;<br>若已经排除,每个扣10分。<br>(7) 损坏电动机,扣20分。<br>(8) 损害电器元器件或排除故障方法不当,每个(次)扣5~20分 | |
| 通电试车 | 20分 | (1) 热继电器未整定或整定错误,扣15分。<br>(2) 熔体规格选用不当,扣10分。<br>(3) 第1次试车不成功,扣10分;第2次试车不成功,扣15分;第3次试车不成功,扣15分 | |
| 安全文明生产 | 违反安全文明生产规程,扣5~40分 | | |
| 时间 | 120min,每超过5min扣总分1分 | | |
| 成绩 | | | |

## 任务3　三相异步电动机顺序控制和多地控制电路

知识目标

（1）了解三相异步电动机顺序控制和多地控制在工矿企业中的应用。

（2）掌握三相异步电动机顺序控制和多地控制电路的工作原理。

（3）会根据实际电路要求选择合适的元器件及材料。

技能目标

（1）会安装、调试三相异步电动机顺序控制和多地控制电路。

（2）会维修三相异步电动机顺序控制和多地控制电路。

素养目标

（1）通过对控制电路原理的学习，培养学生自主学习的能力。

（2）能够在操作过程中发现并解决问题，提高知识运用的能力。

【课件】

三相异步电动机

顺序控制和

多地控制电路

### 任务导入

在机床电路中，通常要求冷却泵电动机起动后，主轴电动机才能起动。这样可防止金属工件和刀具在高速运转切削运动时，因产生大量的热量而毁坏工件或刀具。铣床的运行要求是主轴旋转后，工作台才可移动。以上所说的工作要求就是顺序控制。

在电工电子实验室中，指导老师随便在哪一张实验桌前都可实现停电控制，以确保实验的用电安全；在大型机床上，为便于操作，在不同的位置可以安装起动、停机按钮。这就是多地控制。

# 活动1　安装三相异步电动机顺序控制电路

【微课】

三相异步电动机

顺序控制和

多地控制电路

### 知识探究

1. 三相异步电动机顺序起动控制电路原理

三相异步电动机顺序起动控制电路原理图如图 3-3-1 所示。

工作过程及原理分析如下。

合上 QF，为起动电动机做好准备。

按下 SB1→线圈 KM1 得电→主触点闭合，电动机 M1 运转；辅助触点闭合，自锁。

再按下 SB2→线圈 KM2 得电→主触点闭合，电动机 M2 运转；辅助触点闭合，自锁。

按下 SB3，线圈 KM1、KM2 均失电，电动机 M1、M2 均停止。

如果操作时，先按下 SB2，由于 KM1 没有得电，辅助触点是断开的，线圈 KM2 不能得电，从而实现顺序起动。

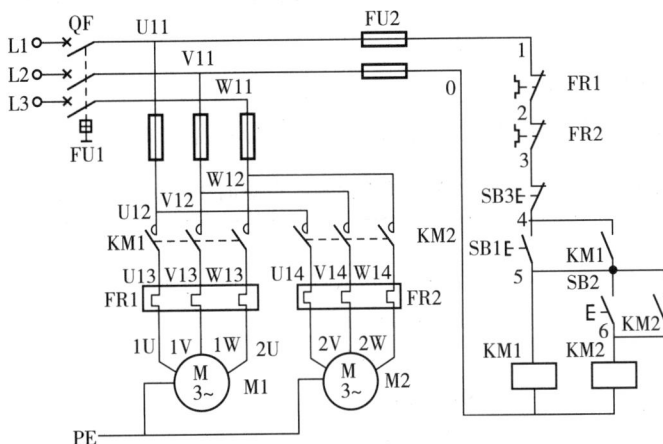

图 3-3-1　三相异步电动机顺序起动控制电路原理图

### 2. 三相异步电动机顺序控制电路原理

三相异步电动机顺序控制电路原理图如图 3-3-2 所示。

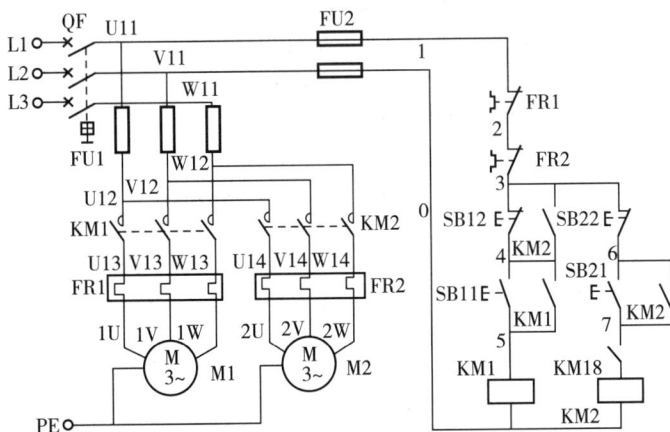

图 3-3-2　三相异步电动机顺序控制电路原理图

工作过程及原理分析如下。

合上 QF，为起动电动机做好准备。

按下 SB11→线圈 KM1 得电→主触点闭合，电动机 M1 运转；辅助触点闭合，自锁；另一个辅助触点闭合，为起动 M2 做好准备。

再按下 SB21→线圈 KM2 得电→主触点闭合，电动机 M2 运转；辅助触点闭合，自锁。

如果操作时，先按下 SB21，由于 KM1 没有得电，辅助触点是断开的，线圈 KM2 不能得电，从而实现顺序起动。

制动过程：

按下 SB22→线圈 KM2 失电→主触点断开，电动机 M2 停止运转；辅助触点断开，为制动 M1 做好准备；再按下 SB12→线圈 KM1 失电→主触点断开，电动机 M1 停止运转。

如果操作时，先按下 SB12，由于 KM2 辅助触点是闭合的，不能断开线圈 KM1，从而实现顺序制动。

### 3. 排除顺序控制电路故障

三相异步电动机顺序控制电路的故障现象及原因分析见表 3-3-1 所列。

表 3-3-1　三相异步电动机顺序控制电路的故障现象及原因分析

| 故障现象 | 原因分析 |
| --- | --- |
| 在 M1 顺利起动后，M2 不能起动 | （1）按 SB21 后 KM2 不动作。可能故障：<br>① SB22 接触不良；<br>② 6 号线断路；<br>③ SB21 接触不良；<br>④ 7 号线断路；<br>⑤ KM1 常开触头接触不良；<br>⑥ 8 号线断路；<br>⑦ KM2 线圈断路。<br>（2）按 SB21 后 KM2 动作，但电动机不能起动。可能故障：<br>① KM2 主触头发生故障；<br>② KH2 热元件发生故障；<br>③ 连接导线断路发生故障；<br>④ M2 电动机发生故障 |
| 在 M1 没有起动的情况下，按 SB22，M2 起动 | 可能故障是：<br>如图所示，虚线框中的 KM1 常开触头短接<br> 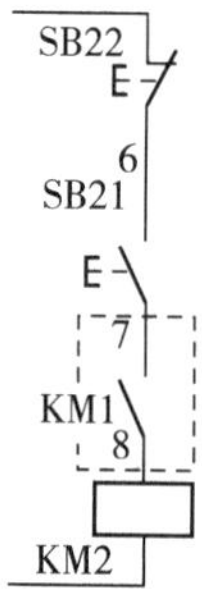 |
| 在 M1、M2 两台电动机起动后，按 SB12，两台电动机同时停止，即没有逆向停止控制 | 可能故障：<br>如图所示，虚线框中的 KM2 常开辅助触头接触不良<br> 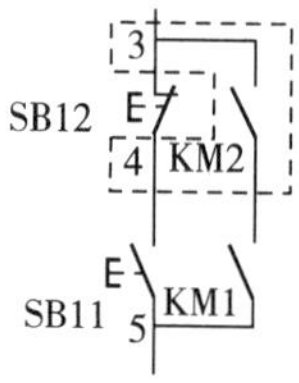 |

**技能训练**

### 1. 工具、仪表及器材

（1）工具：螺钉旋具、电工刀、低压试电笔、尖嘴钳、剥线钳等。

（2）仪表：万用表、500V兆欧表、钳形表。

（3）器材：安装三相异步电动机顺序控制电路的元器件及材料见表3-3-2所列。

表3-3-2 安装三相异步电动机顺序控制电路的元器件及材料

| 代 号 | 名 称 | 型 号 | 规 格 | 数 量 |
|---|---|---|---|---|
| M | 三相异步电动机 | Y112-4 | 4kW、380V、"丫"形接法、8.8A、1440r/min | 2 |
| QS | 组合开关 | HZ10-25/3 | 三极、额定电流25A | 1 |
| FU1 | 螺旋式熔断器 | RL1-60/25 | 500V、60A、配熔体25A | 3 |
| FU2 | 螺旋式熔断器 | RL1-15/2 | 500V、10A、配熔体2A | 2 |
| KM | 交流接触器 | CJX2-2510 | 10A、线圈电压380V | 2 |
| SB | 按钮 | LA10-3H | 保护式 | 2 |
| XT | 端子板 | JX2-1050 | 10A、15节、380V | 2 |
|  | 主电路导线 | BVR-1.5 | 1.5mm² (7×0.25mm) | 若干 |
|  | 控制电路导线 | BVR-1.0 | 1mm² (7×0.43mm) | 若干 |

### 2. 安装步骤及工艺

（1）检查所有元器件的好坏。

（2）安装电路。

① 根据电气原理图，设计并布置各元器件的位置和线路走向。可参照图3-3-3所示的三相异步电动机顺序控制电路位置图，布局好元器件。

② 学生根据前面所学知识自行画出接线图，并接好线路。

③ 配线完成后，对照电气原理图自检。

④ 交给指导教师检查无误后，在端子板下方接好电动机（按图3-3-2接线），使电动机通电试车。

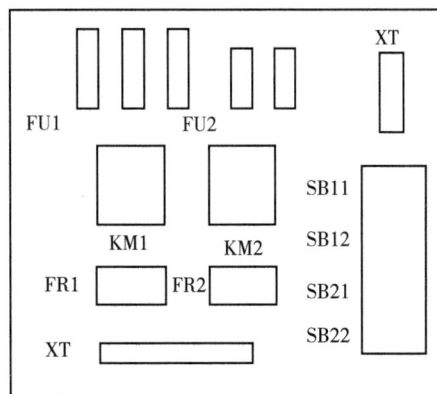

图3-3-3 三相异步电动机顺序控制电路位置图

**练一练**

### 1. 填空题

（1）顺序控制指_____。

（2）想要 KM1 接通后 KM2 才能接通，则在 KM2 的＿＿＿＿回路中＿＿＿＿联 KM1 的＿＿＿＿触点；想要 KM2 停止后 KM1 才能停止，则在 KM1 的＿＿＿＿回路中＿＿＿＿联 KM2 的＿＿＿＿触点。

2. 简答题

（1）分析图 3-3-1 中三相异步电动机顺序起动控制电路的工作过程及原理。

（2）分析图 3-3-2 中三相异步电动机顺序控制电路的工作过程及原理。

（3）图 3-3-2 三相异步电动机顺序控制电路原理图中，在 M1 顺利起动后，M2 不能起动的原因是什么？

（4）图 3-3-2 三相异步电动机顺序控制电路原理图中，在 M1 没有起动的情况下，按 SB22，M2 起动的原因是什么？

（5）图 3-3-2 三相异步电动机顺序控制电路原理图中，在 M1、M2 两台电动机起动后，按 SB12，两台电动机同时停止，即没有逆向停止控制的原因是什么？

# 活动 2　安装三相异步电动机多地控制电路

**知识探究**

1. 三相异步电动机多地控制电路

三相异步电动机多地控制电路原理图如图 3-3-4 所示。

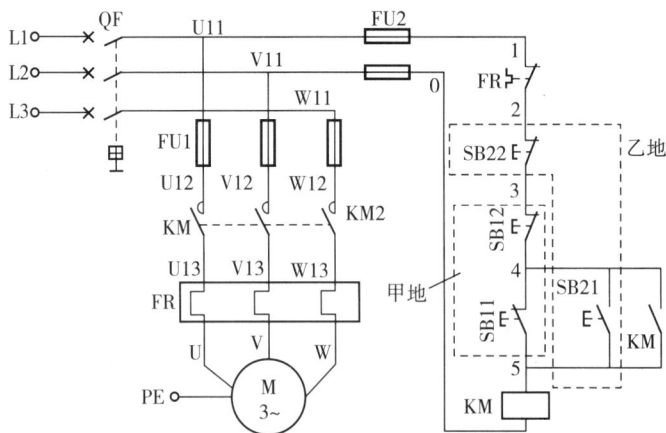

图 3-3-4　三相异步电动机多地控制电路原理图

工作过程及原理分析如下。

合上 QF，为起动电动机做好准备。

按下 SB11 或 SB21→线圈 KM 得电→主触点闭合→电动机运行。同时，辅助触点闭合自锁，保持连续运行。

按下 SB12 或 SB22→线圈 KM 失电→触点断开→电动机停止运行。

### 2. 排除三相异步电动机多地控制电路故障

三相异步电动机多地控制电路故障的现象、原因及处理方法见表 3-3-3 所列。

表 3-3-3　三相异步电动机多地控制电路故障的现象、原因及处理方法

| 故障现象 | 原因分析 | 处理方法 |
|---|---|---|
| 按 SB11 能正常起动，按 SB21 不能正常起动 | 下图虚线所圈的部分就是故障部分。<br>可能故障点：<br>(1) 4 号或 5 号线松脱或断线；<br>(2) SB21 接触不良<br><br>SB11　SB21<br>4　5 | 用电阻法或电压法测试到具体的点，重新接好线或更换导线 |
| 按 SB12 能正常停止，按 SB22 不能正常停止 | 下图虚线所圈的部分就是故障部分。<br>可能故障：按钮 SB22 内短路<br><br>SB22<br>SB12 | 更换按钮 SB22 触头或更换按钮 SB22 |

### 技能训练

#### 1. 工具、仪表及器材

(1) 工具：螺钉旋具、电工刀、低压试电笔、尖嘴钳、剥线钳等。

(2) 仪表：万用表、500V 兆欧表、钳形表。

(3) 器材：安装三相异步电动机多地控制电路所需元器件及材料见表 3-3-4 所列。

表 3-3-4　安装三相异步电动机多地控制电路所需元器件及材料

| 代号 | 名称 | 型号 | 规格 | 数量 |
|---|---|---|---|---|
| M | 三相异步电动机 | Y112-4 | 4kW、380V、"丫"形接法、8.8A、1440r/min | 1 |
| QF | 低压断路器 | DZ5-25/3 | 三极、额定电流 25A | 1 |
| FU1 | 螺旋式熔断器 | RL1-60/25 | 500V、60A、配熔体 25A | 3 |
| FU2 | 螺旋式熔断器 | RL1-15/2 | 500V、10A、配熔体 2A | 2 |
| KM | 交流接触器 | CJX2-2510 | 10A、线圈电压 380V | 1 |
| SB | 按钮 | LA10-1H | 保护式 | 4（红、绿各 2 个） |

（续表）

| 代　号 | 名　称 | 型　号 | 规　格 | 数　量 |
|---|---|---|---|---|
| XT | 端子板 | JX2-1050 | 10A、15节、380V | 2 |
| | 主电路导线 | BVR-1.5 | 1.5mm² (7×0.25mm) | 若干 |
| | 控制电路导线 | BVR-1.0 | 1mm² (7×0.43mm) | 若干 |

### 2. 安装步骤及工艺

（1）检查所有元器件的好坏。

（2）安装电路及工艺。

① 根据电气原理图，设计并布置各元器件的位置和线路走向。

学生安装时可参考三相异步电动机多地控制电路位置（图3-3-5）进行布局。

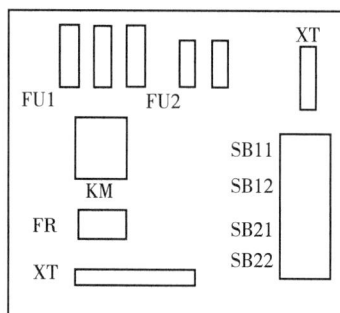

图3-3-5　三相异步电动机多地控制电路位置

【习题】

项目3

② 学生根据前面所学知识自行画出接线图，并接好线路。

③ 配线完成后，学生对照电气原理图自检。

④ 学生交给指导教师检查无误后，在端子板下方接好电动机，使电动机通电试车。

### 练一练

（1）设计三相异步电动机三地控制电路。

（2）说出三相异步电动机两地控制时，按SB21能正常起动，按SB11不能正常起动的可能原因。

（3）如图3-3-6所示是控制两台电动机的控制电路，试分析电路特点。

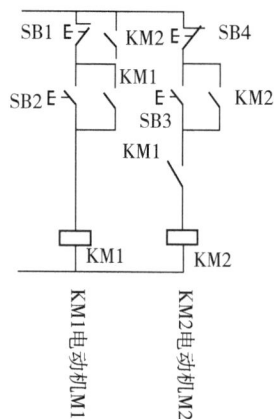

图3-3-6　第（3）题图

### 任务评价

安装三相异步电动机顺序控制和多地控制电路任务评价按表3-3-5所列进行。

表 3-3-5　安装三相异步电动机顺序控制和多地控制电路任务评价表

| 活动内容 | 配分/分 | 评分标准 | 得分/分 |
|---|---|---|---|
| 识别电路中所用元器件 | 10分 | （1）工具、仪表少选或错选，每个扣2分；<br>（2）电器元器件选错型号和规格，每个扣4分；<br>（3）选错元器件数量或型号规格没有写全，每个扣2分 | |
| 装前检查 | 10分 | （1）三相异步电动机质量检查，每漏1处扣5分；<br>（2）电器元器件漏检或错检，每处扣5分 | |
| 安装布线 | 30分 | （1）电器布置不合理，扣5分；<br>（2）元器件安装不牢固，每个扣4分；<br>（3）元器件安装不整齐、不匀称、不合理，每个扣5分；<br>（4）损害元器件，扣15分；<br>（5）不按电路图接线，扣15分；<br>（6）布线不符合要求，每根扣3分；<br>（7）接点松动、露铜过长、反圈等，每个扣1分；<br>（8）损伤导线绝缘层或线芯，每根扣5分；<br>（9）编码套管套装不正确，每处扣1分；<br>（10）漏接接地线，扣10分 | |
| 故障分析 | 10分 | （1）故障分析、排除故障的思路不正确，每个扣5分；<br>（2）标错电路故障，每个扣5分 | |
| 排除故障 | 20分 | （1）停电不验电，扣5分。<br>（2）工具及仪表使用不当，每次扣4分。<br>（3）排除故障的顺序不对，扣5～10分。<br>（4）不能查出故障点，每个扣10分。<br>（5）查出故障点，但不能排除，每个故障扣5分。<br>（6）产生新的故障：<br>若不能排除，每个扣20分；<br>若已经排除，每个扣10分。<br>（7）损坏电动机，扣20分。<br>（8）损害电器元器件或排除故障方法不当，每个（次）扣5～20分 | |
| 通电试车 | 20分 | （1）热继电器未整定或整定错误，扣15分；<br>（2）熔体规格选用不当，扣10分；<br>（3）第1次试车不成功，扣10分；第2次试车不成功，扣15分；第3次试车不成功，扣20分 | |
| 安全文明生产 | 违反安全文明生产规程，扣5～40分 | | |
| 时间 | 180min，每超过5min扣总分1分 | | |
| 成绩 | | | |

# 项目4
## 三相异步电动机降压起动控制电路

**项目描述**

　　交流异步电动机直接起动控制电路简单、经济、操作方便，但受电源容量的限制，仅适用于功率在 10kW 以下或起动要求不高的场所。当电动机容量较大（大于 10kW）时，起动时会产生较大的起动电流，导致电网电压下降。因此，必须采用降压起动的方法，限制起动电流。

　　笼形异步电动机和绕线转子异步电动机结构不同，限制起动电流的措施也不相同。本项目主要介绍它们的起动方法。

## 任务 1　三相异步电动机丫-△降压起动控制电路

知识目标

（1）理解降压起动的主要目的及主要方法。

（2）了解三相异步电动机丫-△降压起动控制电路在工矿企业中的应用场所。

（3）理解三相异步电动机丫-△降压起动控制电路的构成和工作原理。

（4）会根据三相异步电动机丫-△降压起动控制电路的具体应用选择合适的元件及材料等。

技能目标

（1）能正确安装时间继电器自动控制三相异步电动机丫-△降压起动控制电路。

（2）能正确排除时间继电器自动控制三相异步电动机丫-△降压起动控制电路故障。

素养目标

（1）通过控制电路的安装，增强学生的动手能力及创新意识。

（2）通过实践培养学生精益求精的工匠精神。

### 任务导入

三相异步电动机有全压起动和降压起动两种方式。起动时，其定子绕组上的电压为电源额定电压，属于全压起动，也称为直接起动。容量较大的电动机，一般采用降压起动。

全压起动控制电路简单，电气设备少，是一类包装简单、经济的起动方法。只要电网的容量允许，应尽量采用此方法。但全压起动电流较大，可达电动机额定电流的4～7倍，会使电网电压显著降低，降低供电质量，影响在同一电网中工作的其他设备的稳定运行，甚至使其他设备停转或无法起动。

降压起动的主要目的是减小起动电流，避免起动过程中电网电压显著降低。

主要根据下式来确定一台电动机是否采用降压起动方式：

$$\frac{I_{ST}}{I_N} \leqslant \frac{3}{4} + \frac{S}{4P_N}$$

式中，$I_{ST}$——电动机起动电流（A）；

$I_N$——电动机额定电流（A）；

$S$——电源容量（kV·A）；

$P_N$——电动机额定功率（kW）。

【课件】
三相异步电动机丫-△
降压起动控制电路

降压起动时，降低加在电动机定子绕组上的电压，待电动机起动结束后，再将电压恢复到额定值，使电动机在额定电压下运行。常用的降压起动方式有串电阻（或电抗器）降压起动、丫-△降压起动、串自耦变压器降压起动和延边三角形降压起动等。

# 活动 1　分析与安装三相异步电动机丫-△降压起动控制电路

三相异步电动机有"丫"接法与"△"接法。其中，"丫"接法就是将三相绕组的尾端连接在一起，再从首端引入电源的接线方法；"△"接法就是将每一相的首端与另一相的尾端相连，再从首尾端的连接处引入电源的接线方法。

**知识探究**

1. 认识手动控制丫-△降压起动控制电路

丫-△降压起动是指电动机起动时，把定子绕组接成"丫"形，以降低起动电压，限制起动电流。待电动机起动后，再将定子绕组改成△连接，使电动机全压运行。手动丫-△降压起动控制电路如图 4-1-1 所示。

图 4-1-1 中，手动控制开关 QS2 有两个位置，分别是电动机定子绕组"丫"形和"△"形连接。电路动作原理：起动时，将开关置于"起动"（A）位置，电动机定子绕组被接成"丫"形降压起动；当电动机转速上升到一定值后，再将开关置于"运行"（B）位置，使电动机定子绕组接成"△"形，电动机全压运行。

"丫"形连接电路图如图 4-1-2 所示，其特点是转速较慢。

"△"形连接电路图如图 4-1-3 所示，其主要特点是转速较快。

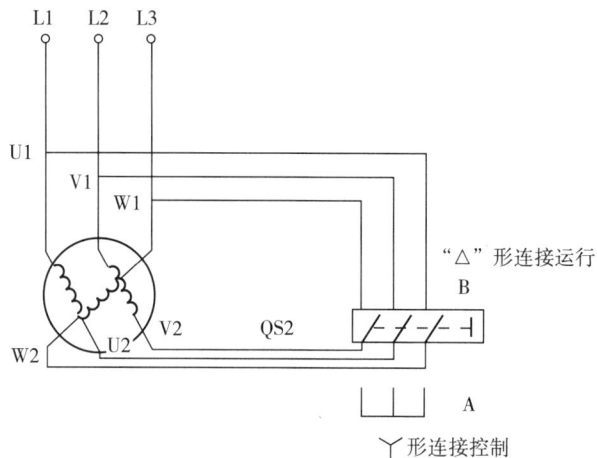

图 4-1-1　手动丫-△降压起动控制电路

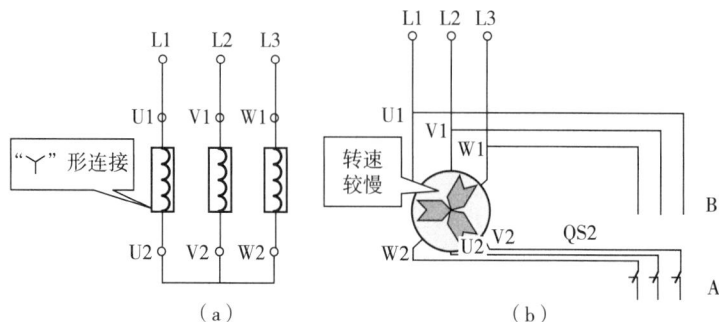

图 4-1-2　"丫"形连接电路图

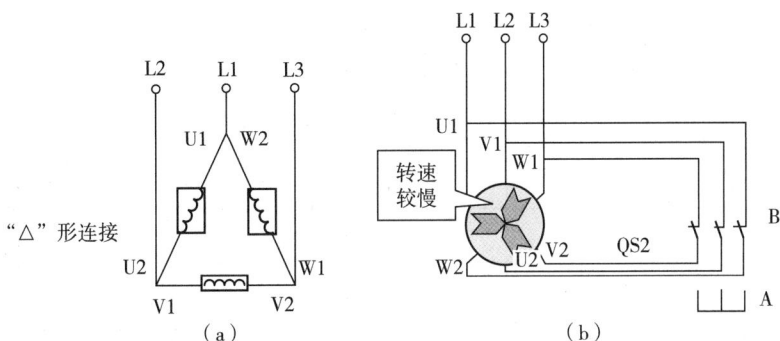

图4-1-3　"△"形连接电路图

电动机起动时，定子绕组接成"丫"形，加在每相定子绕组上的起动电压只有"△"形接法的 $\frac{1}{\sqrt{3}}$ ，起动电流为"△"形接法的 $\frac{1}{3}$ ，起动转矩也只有"△"形接法的 $\frac{1}{3}$ 。所以这种降压起动方法只适用于轻载或空载下起动。凡是在正常运行时定子绕组做"△"形连接的异步电动机，均可采用这种降压起动方法，并且起动时采用"丫"形接法就能减小起动电流。也就是说，采用"△"形接法时线电流是采用"丫"形接法时线电流的3倍。手动丫-△起动器实物如图4-1-4所示，手动丫-△起动器电路图如图4-1-5所示。

手动丫-△起动器外部有起动（丫）、停止（O）、运行（△）3个位置，内部有8对触头。将起动器手柄扳至停止（O）位时，8对触头都分断，电动机脱离电源停转。

当手柄扳至起动（丫）位时，1、2、5、6、8触头闭合，3、4、7触头分断。定子绕组末端 W2、U2、V2 通过触头5、6接成"丫"形，始端 U1、V1、W1 则分别通过触头1、8、2接入电源，电动机丫接降压起动。

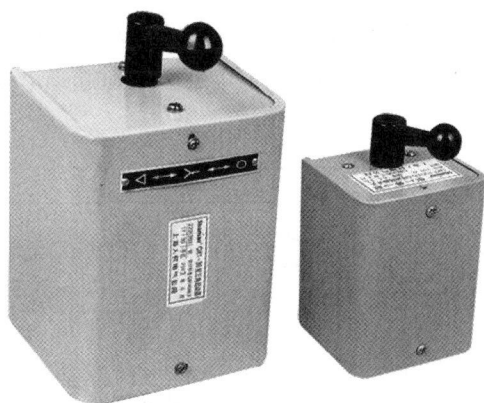

图4-1-4　手动丫-△起动器实物

将手柄扳至运行（△）位时，1、2、3、4、7、8触头闭合，5、6触头分断。定子绕组按 U1→触头1→触头3→W2、W1→触头2→触头4→V2、V1→触头8→触头7→U2接成"△"形，电动机全压运行。

提示：不是所有电动机都适合丫-△起动，一定要注意以下两点：

（1）只有正常运行时定子绕组做"△"形连接的异步电动机，才能采用丫-△降压起动方式。

（2）手动丫-△起动器的操作频率不能超过30次/h，若异步电动机的起动较频繁，则不能采用手动丫-△起动器。

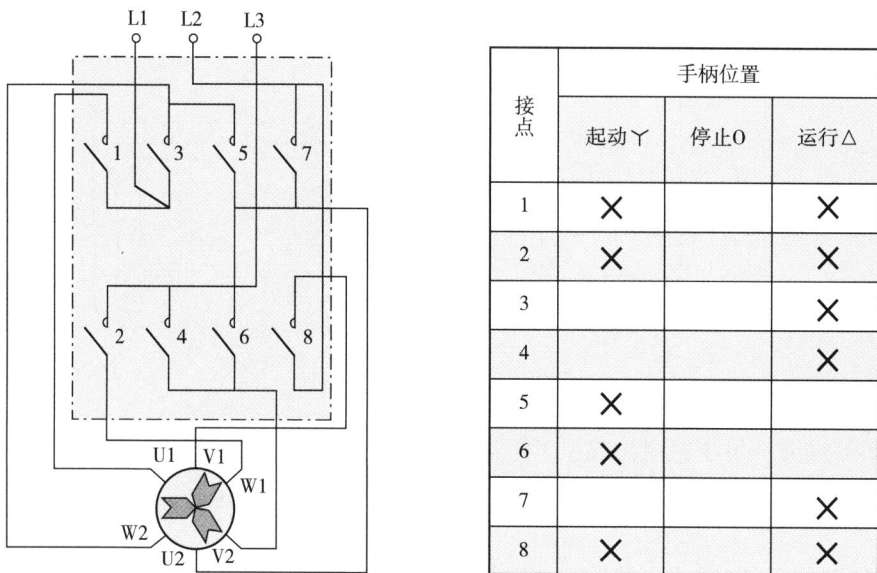

| 接点 | 手柄位置 | | |
|---|---|---|---|
| | 起动丫 | 停止O | 运行△ |
| 1 | ✕ | | ✕ |
| 2 | ✕ | | ✕ |
| 3 | | | ✕ |
| 4 | | | ✕ |
| 5 | ✕ | | |
| 6 | ✕ | | |
| 7 | | | ✕ |
| 8 | ✕ | | ✕ |

图 4-1-5 手动丫-△起动器电路图

## 2. 认识自动控制丫-△降压起动电路

### 1）识读电路图

不是所有电动机都适合丫-△起动，若遇到需要频繁起动的异步电动机，则采用接触器控制丫-△降压起动。自动控制丫-△降压起动电路图如图 4-1-6 所示。

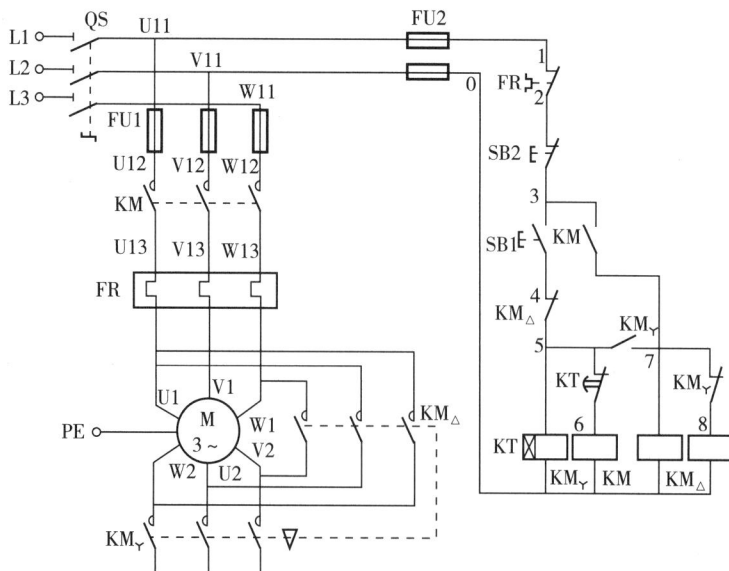

图 4-1-6 自动控制丫-△降压起动电路图

2）分析控制原理

自动控制丫-△降压起动电路控制原理如图4-1-7所示。

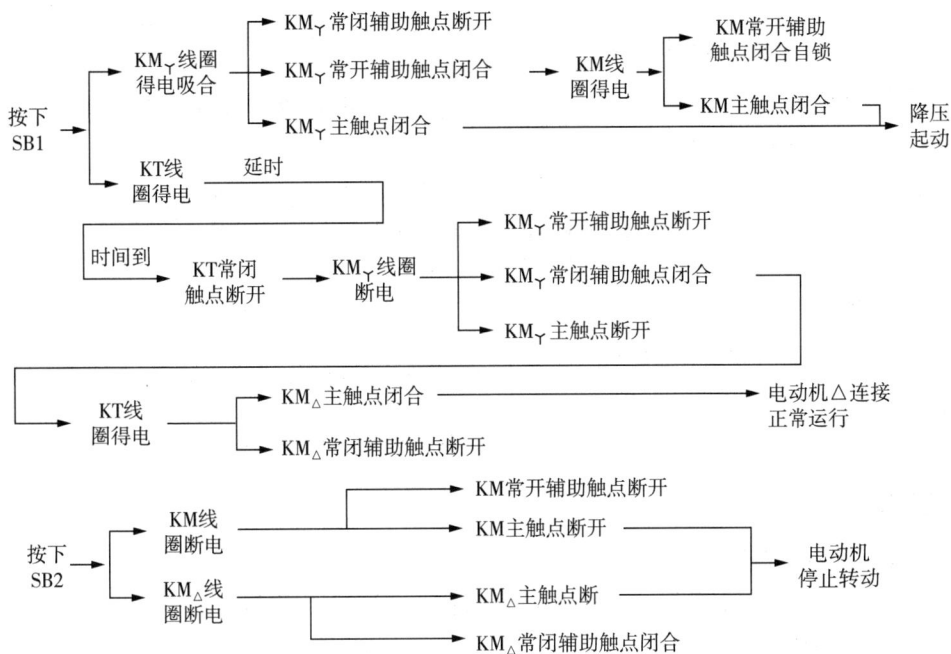

图4-1-7 自动控制丫-△降压起动电路控制原理

## 3. 认识手动控制丫-△降压起动电路

1）识读电路图

手动控制丫-△降压起动电路图如图4-1-8所示。

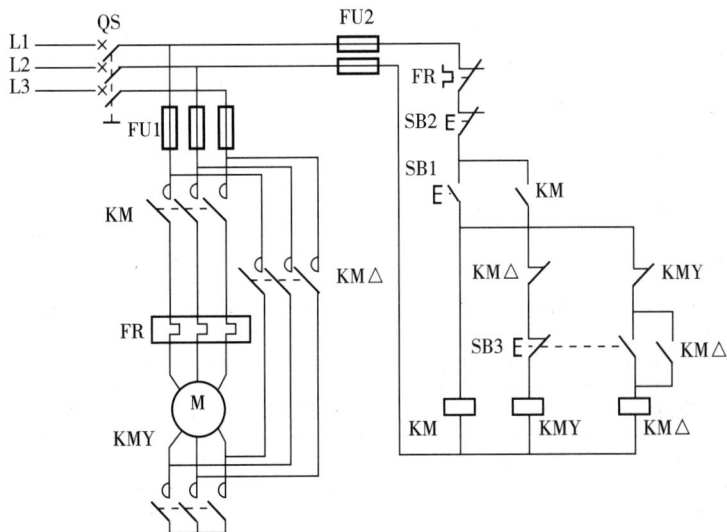

图4-1-8 手动控制丫-△降压起动电路图

2）分析控制原理

根据电路图，手动控制丫-△降压起动电路控制原理如图4-1-9所示（先合上断路器 QS）。

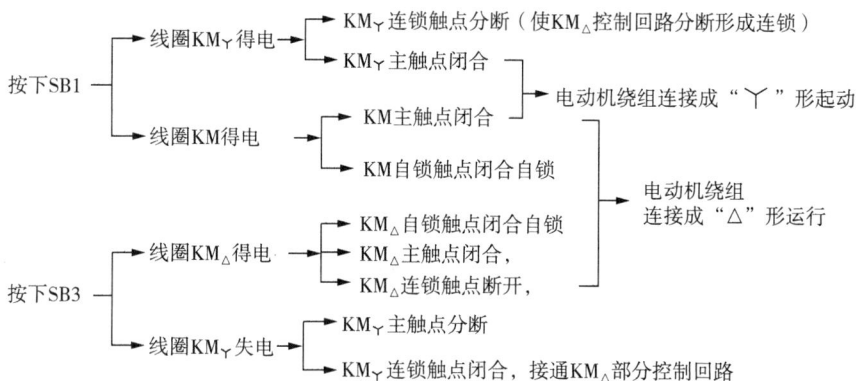

图4-1-9　手动控制丫-△降压起动电路控制原理

## 技能训练

### 1. 工具、仪表及器材

（1）工具：试电笔、尖嘴钳、扁嘴钳、剥线钳、一字和十字螺钉旋具、电工刀、校验灯等。

（2）仪表：万用表、兆欧表等。

（3）器材：控制板、走线槽、各种规格软线和紧固件、针形和叉形轧头、金属软管、编线号套管等。

元件明细见表4-1-1所列。

表4-1-1　元件明细

| 代　号 | 名　　称 | 型　号 | 规　　格 | 数量 |
|---|---|---|---|---|
| M | 三相异步电动机 | Y-132M-4 | 7.5kW、380V、15.4A、"△"形接法、1440r/min | 1 |
| QS | 组合开关 | HZ10-25/3 | 三极、25A | 1 |
| FU1 | 熔断器 | RL1-60/35 | 500V、60A、配熔体35A | 3 |
| FU2 | 熔断器 | RL1-15/2 | 500V、15A、配熔体2A | 2 |
| KM1～KM3 | 交流接触器 | CJ10-20 | 20A、线圈电压380V | 3 |
| FR | 热继电器 | JR16-20/3 | 三极、20A、额定电流15.4A | 1 |
| KT | 时间继电器 | JSZ3 A-B | 线圈电压380V | 1 |
| SB1、SB2 | 按钮 | LA10-3H | 保护式、380V、5A、按钮数3 | 1 |
| XT | 端子板 | JD0-1020 | 380V、10A、20节 | 1 |
| | 走线槽 | | 18mm×25mm | 若干 |
| | 控制板 | | 500mm×400mm×20mm | 1 |

## 2. 安装步骤及工艺

按图4-1-6装接控制电路。实训步骤如下：

（1）按照元件明细表将所需器材配齐并检验元件质量，选用规格合适的导线；

（2）在控制板上按图进行划线并安装走线槽和所有电路元件；

（3）进行控制板正面的线槽内配线，并在线头上套编码套管和冷压接线头；

（4）检验控制板内部布线的正确性；

（5）进行控制板外部配线；

（6）经教师检查后，通电校验；

（7）拆去控制板外部接线并评分。

## 3. 安装注意事项

### 1）导线的选择

当导线的横截面积不小于$0.5mm^2$时，所有导线必须采用软线，考虑到机械强度，所用导线的最小横截面积在控制箱外为$1mm^2$，在控制箱内为$0.75mm^2$。但对控制箱内电流很小的电路连线，如低电平（信号电路），可用横截面积为$0.2mm^2$的导线，并且可以采用硬线，但是必须使用在不能移动又无振动的场合。

### 2）走线的要求

（1）走线槽内的导线要尽可能避免交叉，装线不要超过其容量的70％，以便装配和维修。

（2）各电器元件与走线槽之间的外露导线，要尽可能做到横平竖直，变换走向要垂直。从同一元件位置一致的端子和相同型号电器元件中位置一致的端子上引出或引入的导线，要敷设在同一平面上，并应做到高低一致或前后一致，不得交叉。

### 3）电器元件的摆放

从各电器元件接线端子引出导线的走向，以元件的水平中心为界限，从水平中心线以上接线端子引出的导线，必须进入元件上面的走线槽；从水平中心线以下接线端子引出的导线，必须进入元件下面的走线槽。

### 4）通电校验

（1）检验控制板内部布线的正确性，一般应在不通电的情况下进行。

（2）为了确保安全，部件上电气设备的配线，可以采用多芯橡皮线或塑料护套软线来进行绝缘保护。

（3）通电校验必须在指导老师监护下进行，学生应根据电气原理图的控制要求独立进行校验，若出现故障也应自行排除。同时，学生要做好考核记录。

**练一练**

（1）绘制自动控制丫-△降压起动电路图，并分别分析丫联结的控制原理和△联结的控制原理。

（2）按照图4-1-6的要求，安装三相异步电动机自动控制丫-△降压起动电路板。

# 活动 2 检修三相异步电动机 $\curlyvee$ -$\triangle$ 降压起动控制电路

**知识探究**

1. 三相异步电动机 $\curlyvee$ -$\triangle$ 降压起动控制电路故障现象及原因分析

三相异步电动机 $\curlyvee$ -$\triangle$ 降压起动控制电路故障现象及原因分析见表 4-1-2 所列。

表 4-1-2 三相异步电动机 $\curlyvee$ -$\triangle$ 降压起动控制电路故障现象及原因分析

| 故障现象 | 原因分析 |
| --- | --- |
| 电动机不能起动 | 这意味着电动机 M 不能接成 "$\curlyvee$" 形起动。<br>（1）从主电路来分析，故障原因有熔断器 FU1 断路，接触器 KM、KM$_\curlyvee$ 主触点接触不良，热继电器 KT 主通路有断点，电动机 M 绕组有故障；<br>（2）从控制电路来分析，故障原因有 1 号导线至 2 号导线热继电器 KT 常闭触点接触不良、2 号导线与 3 号导线间的按钮 SB2 常闭触点接触不良、4 号导线至 5 号导线接触器 KM$_\triangle$ 的常闭触点接触不良、5 号导线与 6 号导线间的时间继电器 KT 延时断开瞬时闭合触点接触不良、接触器 KM 及接触器 KM$_\curlyvee$ 线圈损坏等 |
| 电动机能 "$\curlyvee$" 形起动但不能转换为 "$\triangle$" 形运行 | （1）从主电路分析，故障原因有接触器 KM$_\triangle$ 主触点闭合接触不良；<br>（2）从控制电路来分析，故障原因有 4 号导线与 5 号导线间接触器 KM$_\triangle$ 常闭触点接触不良、时间继电器 KT 线圈损坏、7 号导线与 8 号导线间接触器 KM$_\curlyvee$ 常闭触点接触不良、接触器 KM$_\triangle$ 线圈损坏等 |

2. 排除故障的步骤及工艺要求

（1）先用通电试验法来发现故障现象。

（2）根据故障现象进行分析，并在原理图上用虚线标出故障电路的最小范围。

（3）用逻辑分析及测量等检查方法迅速缩小故障范围，准确地找出故障点。

【微课】
检修三相异步电动机
$\curlyvee$ -$\triangle$ 降压起动控制电路

（4）采用正确方法迅速排除故障。

（5）通电校验。

3. 注意事项

（1）要掌握电气原理图中各个控制环节的作用和原理，并熟悉电动机的接线方法。

（2）在检修过程中严禁扩大和产生新的故障。否则，要立即停止检修。

（3）检修必须在定额时间内完成。

（4）在带电检查、故障检修时，必须有指导老师在现场监护，并确保安全。

**技能训练**

请学生自行排除电动机不能起动的故障。

**练一练**

对图4-1-6所接的三相异步电动机丫-△降压起动控制电路板，进行故障排除练习。

=== 任务评价 ===

三相异步电动机丫-△降压起动控制电路任务评价表见表4-1-3所列。

表4-1-3　三相异步电动机丫-△降压起动控制电路任务评价表

| 活动内容 | 配分/分 | 评分标准 | 得分/分 |
|---|---|---|---|
| 安装元件 | 15 | （1）元件布置不整齐、不匀称、不合理，每只扣3分；<br>（2）元件安装不牢固，每只扣4分；<br>（3）安装元件时漏装螺钉，每只扣2分；<br>（4）损坏元件，每只扣5分 | |
| 布线 | 25 | （1）不按电气原理图接线，扣25分；<br>（2）布线不符合要求：主电路每根扣2分，控制电路每根扣1分；<br>（3）接点松动、露铜过长、反圈、压绝缘层，每个扣1分；<br>（4）损伤导线绝缘层或线芯，每根扣4分；<br>（5）漏接接地线扣10分 | |
| 故障分析 | 15 | （1）标错故障电路，每个扣15分；<br>（2）不能标出最小的故障范围，每个故障扣10分；<br>（3）在实际排除故障中无思路，每个故障扣5～10分 | |
| 排除故障 | 25 | （1）不能查出故障，每个扣25分。<br>（2）查出故障点，但不能排除，每个故障扣10分。<br>（3）产生新的故障：<br>若不能排除，每个扣20分；<br>若已经排除，每个扣15分。<br>（4）损坏电动机，扣25分。<br>（5）损坏电气元件或排除故障方法不正确，每只（次）扣5～25分 | |
| 通电试车 | 20 | （1）整定值整定错误，每只扣5分；<br>（2）配错熔体及主、控电路，每个扣4分；<br>（3）第1次试车不成功扣10分，第2次试车不成功扣15分，第3次试车不成功扣20分 | |
| 安全文明生产 | | 违反安全文明生产规程，扣5～40分 | |
| 时间 | | 4h，不允许超时检查，只有在修复故障时才允许超时。检查时，每超1min扣5分 | |
| 备注 | | 除定额时间外，各项内容的最高扣分不得超过配分数 | |
| 成绩 | | | |

## 任务 2 三相异步电动机串电阻降压起动控制电路

知识目标

（1）了解三相异步电动机串电阻降压起动控制在工矿企业中的应用。

（2）掌握三相异步电动机串电阻降压起动控制电路的工作原理。

（3）会根据实际电路要求，选择合适的元器件及材料。

技能目标

（1）会安装、调试三相异步电动机串电阻降压起动控制电路。

（2）会维修三相异步电动机串电阻降压起动控制电路故障。

素养目标

（1）在实训操作的过程中，培养学生分析问题、解决问题的能力。

（2）通过规范的作业流程，培养学生规范作业的工作习惯。

【课件】
三相异步电动机
串电阻降压起动
控制电路

### 任务导入

在本项目任务 1 中，我们学习了三相异步电动机丫-△降压起动方式。这种起动方式仅适用于在三角形状态下运行的三相异步电动机。在实际生产中，有时需将三相异步电动机的定子绕组接成星形，但又需要通过降压起动来降低起动电流。此时，可采用串电阻降压起动和串自耦变压器降压起动等方法实现。本任务就来实现三相异步电动机的串电阻降压起动。

# 活动 1 分析与安装三相异步电动机串电阻降压起动控制电路

### 知识探究

1. 三相异步电动机串电阻降压起动控制电路原理

三相异步电动机串电阻降压起动控制电路工作原理图如图 4-2-1 所示。

工作过程及原理分析如下。

合上 QS，为起动做好准备。

按下 SB2→线圈 KM1 得电→主触点闭合，电动机 M 串接电阻降压运转；辅助触点闭合，自锁。

当转速达到一定值后再按下 SB3→线圈 KM2 得电→主触点闭合，短接电阻 R→电动机 M 得全压正常运转；辅助触点闭合，自锁。

按下 SB1→线圈 KM1、KM2 均失电→电动机 M 停止。

如果操作时，先按下 SB3，由于 SB2 触头、KM1 辅助触点是断开的，线圈 KM2 不能得电，无法起动。若先按下 SB2，KM1 得电闭合，主触点闭合，电动机串接电阻降压起动，此时电流小；当转速稳定后再按下 SB3，KM2 得电闭合，电动机才得全压正常运行。如果过早按下 SB3 运行按钮，电动机还没有达到额定转速附近就加全压，会引起较大的起动电流。并且起动过程要分两次按下 SB2 和 SB3，也显得很不方便。

**2. 用时间继电器控制三相异步电动机串电阻降压起动控制电路**

用时间继电器控制三相异步电动机串电阻降压起动控制电路工作原理图如图 4-2-2 所示。

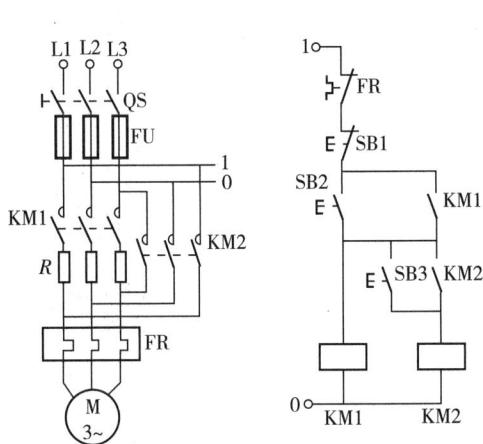

图 4-2-1 三相异步电动机串电阻
降压起动控制电路工作原理图

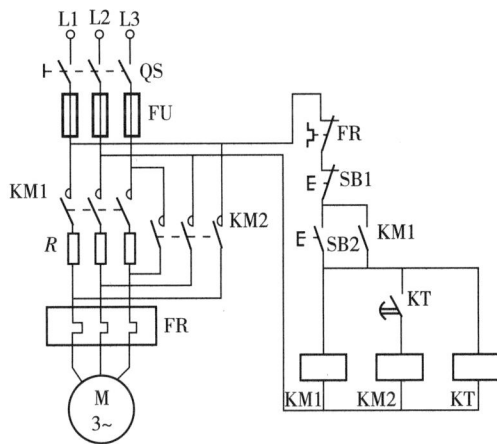

图 4-2-2 用时间继电器控制三相异步电动机
串电阻降压起动控制电路工作原理图

工作过程及原理分析如下。

合上 QS，为起动做好准备。

按下 SB2→线圈 KM1 得电→主触点闭合→电动机 M 串接电阻降压运转，时间继电器 KT 线圈得电开时计时，为全压运行做好准备→KM1 辅助触点闭合，自锁。

当转速达到一定值，KT 定时时间到后，KT 的辅助触点（延时）闭合→线圈 KM2 得电→主触点闭合→短接电阻 $R$→电动机 M 全压运转。

制动过程：

按下 SB1→线圈 KM1、KM2 失电→主触点断开，电动机停止运转。

**技能训练**

**1. 工具、仪表及器材**

（1）工具：螺钉旋具、电工刀、低压试电笔、尖嘴钳、剥线钳等。

（2）仪表：万用表、500V 兆欧表、钳形表。

（3）器材：三相异步电动机串电阻降压起动控制电路器材元件明细见表 4-2-1 所列。

表 4-2-1 三相异步电动机串电阻降压起动控制电路器材元件明细

| 代 号 | 名 称 | 型 号 | 规 格 | 数 量 |
|---|---|---|---|---|
| M | 三相异步电动机 | Y112-4 | 4kW、380V、"丫"形接法、8.8A、1440r/min | 1 |
| QS | 组合开关 | HZ10-25/3 | 三极、额定电流25A | 1 |
| R | 电阻器 | ZX2-2/0.7 | 22.3A、7W、每片电阻0.7W | 3 |
| FU | 螺旋式熔断器 | RL1-60/25 | 500V、60A、配熔体25A | 3 |
| KT | 时间继电器 | JS20-2/01 | 线圈电压380V | 1 |
| KM | 交流接触器 | CJX2-2510 | 10A,线圈电压380V | 2 |
| SB | 按钮 | LA10-1H | 保护式 | 3（红、绿、黑各1个） |
| XT | 端子板 | JX2-1050 | 10A、15节、380V | 2 |
|  | 主电路导线 | BVR-1.5 | 1.5mm²（7×0.25mm） | 若干 |
|  | 控制电路导线 | BVR-1.0 | 1mm²（7×0.43mm） | 若干 |

**2. 安装步骤及工艺**

（1）检查所有元器件的好坏。

（2）安装电路。

① 根据电气原理图，设计并布置各元器件的位置和线路走向。可参考如图4-2-3所示的三相异步电动机串电阻降压起动控制电路位置图布置好元器件。

② 再按相关配线工艺进行配线。布线原则及要求：横平竖直，分布均匀；以接触器为中心由里向外，从低到高；先控制电路，后主电路。

③ 配线完成后，对照电气原理图自检。

④ 交给指导教师检查无误后，在端子板下方接好电动机，使电动机通电试车。

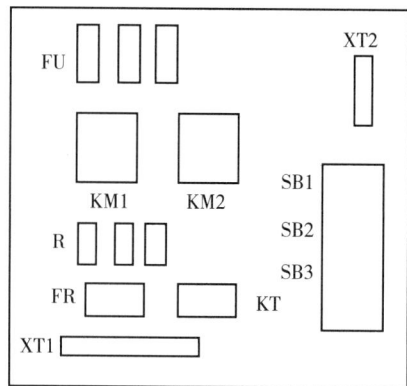

图 4-2-3 三相异步电动机串电阻降压起动控制电路位置图

**练一练**

（1）分析图4-2-1所示三相异步电动机串电阻降压起动控制电路工作原理。

（2）分析图4-2-2所示用时间继电器控制三相异步电动机串电阻降压起动控制电路工作原理。

（3）表4-2-1中，组合开关QS可以用哪些器件来代替？

（4）在安装和调试三相异步电动机串电阻降压起动控制电路过程中，应注意什么？

# 活动 2 检修三相异步电动机串电阻降压起动控制电路

**知识探究**

三相异步电动机串电阻降压起动控制电路故障现象、原因分析及检查方法见表 4-2-2 所列。

表 4-2-2 三相异步电动机串电阻降压起动控制电路故障现象、原因分析及检查方法

| 故障现象 | 原因分析 | 处理方法 |
|---|---|---|
| 按 SB2 电动机能起动，松开后停止转动 | KM1 辅助触头部分就是故障部分。<br>可能故障点：KM1 辅助触头机械故障或者接触不良 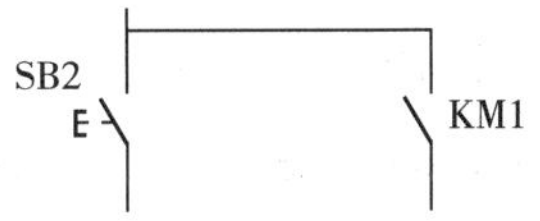<br><br>SB2 —E— —\— KM1 | 用万用表测试 KM1 辅助触头是否有机械卡阻，如果有，调整或更换触点弹簧；如果 KM1 辅助触头被氧化，用水砂纸或小锉刀打磨；如果有油污或其他污物，用清洗油清洗或砂布擦净。如果线路接触不好，重新接线 |
| KT 延时不起作用 | 可能故障是：按钮 KT 线圈、辅助触头接触不良 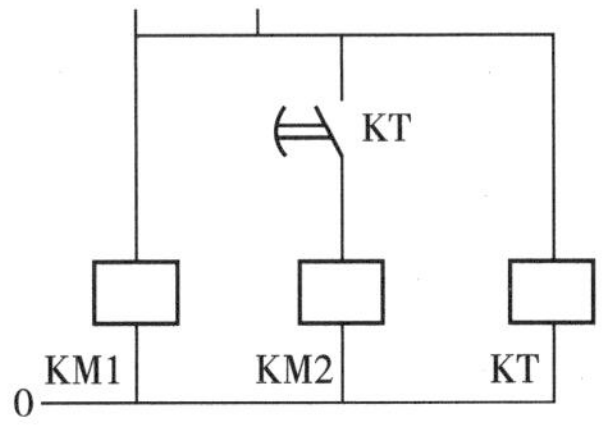<br><br>KT<br>KM1 KM2 KT<br>0 | 用万用表测试具体原因，如果是时间继电器损坏，则更换。如果是 KT 线圈、辅助触头接触不良，重新接线 |

**技能训练**

三相异步电动机串电阻降压起动控制电路有 KT 延时不起作用故障，请学生分析其原因，并进行故障排除。

**练一练**

（1）什么叫三相异步电动机串电阻降压起动控制电路，降压起动适用于哪些场合？

（2）三相异步电动机串电阻降压起动按钮控制有何不足？

（3）说出三相异步电动机的时间继电器降压起动控制时，按 SB2 能正常降压起动，但不

能正常全压运行的可能原因。

（4）如图4-2-4所示是另一种定子串电阻降压起动控制电路，试分析电路特点。

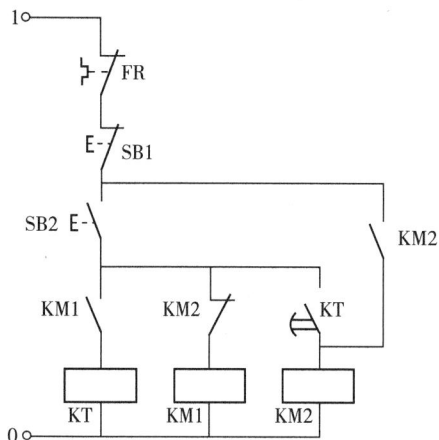

图4-2-4 第4题图

【微课】

检修三相异步电动机串电阻降压起动控制电路

======== 任务评价 ========

三相异步电动机串电阻降压起动控制电路任务评价表见表4-2-3所列。

表4-2-3 三相异步电动机串电阻降压起动控制电路任务评价表

| 活动内容 | 配分/分 | 评分标准 | 得分/分 |
|---|---|---|---|
| 识别接触器 | 15分 | （1）工具、仪表少选或错选，每个扣2分；<br>（2）电器元件选错型号和规格，每个扣4分；<br>（3）选错元件数量或型号规格没有写全，每个扣2分 | |
| 安装布线 | 35分 | （1）电器布置不合理，扣5分；<br>（2）元件安装不牢固，每个扣4分；<br>（3）元件安装不整齐、不匀称、不合理，每个扣5分；<br>（4）损害元件，扣15分；<br>（5）不按电路图接线，扣15分；<br>（6）布线不符合要求，每根扣3分；<br>（7）接点松动、露铜过长、反圈等，每个扣1分；<br>（8）损伤导线绝缘层或线芯，每根扣5分；<br>（9）编码套管套装不正确，每处扣1分；<br>（10）漏接接地线，扣10分 | |
| 故障分析 | 10分 | （1）故障分析、排除故障的思路不正确，每个扣5分；<br>（2）标错电路故障，每个扣5分 | |

（续表）

| 活动内容 | 配分/分 | 评分标准 | 得分/分 |
|---|---|---|---|
| 排除故障 | 20分 | （1）停电不验电，扣5分。<br>（2）工具及仪表使用不当，每次扣4分。<br>（3）排除故障的顺序不对，扣5～10分。<br>（4）不能查出故障点，每个扣10分。<br>（5）查出故障点，但不能排除，每个故障扣5分。<br>（6）产生新的故障：<br>若不能排除，每个扣20分；<br>若已经排除，每个扣10分。<br>（7）损坏电动机，扣20分。<br>（8）损害电器元件或排除故障方法不当，每个（次）扣5～20分 | |
| 通电试车 | 20分 | （1）热继电器未整定或整定错误，扣15分；<br>（2）熔体规格选用不当，扣10分；<br>（3）第1次试车不成功，扣10分；第2次试车不成功，扣15分；<br>第3次试车不成功，扣20分 | |
| 安全文明生产 | | 违反安全文明生产规程，扣5～40分 | |
| 时间 | | 120min，每超过5min扣总分1分 | |
| 成绩 | | | |

## 任务3 三相异步电动机串自耦变压器降压起动控制电路

知识目标

(1) 了解三相异步电动机串自耦变压器降压起动在工矿企业中的应用。

(2) 掌握三相异步电动机串自耦变压器降压起动工作原理。

(3) 会根据实际电路要求，选择合适的元器件及材料。

技能目标

(1) 会安装、调试三相异步电动机串自耦变压器降压起动控制电路。

(2) 会维修三相异步电动机串自耦变压器降压起动控制电路。

素养目标

(1) 树立安全为了生产、安全重于泰山、安全第一的观念。

(2) 养成安全生产、文明生产习惯。

### 任务导入

自耦变压器的降压起动方法常用来起动较大容量的三相交流笼形异步电动机。尽管这是一种比较传统的起动方法，但由于它是利用自耦变压器的多抽头减压的，既能满足不同负载起动的需要，又能得到比"丫"形起动时更大的起动转矩。所以，它至今仍被广泛应用。

## 活动1 分析与安装三相异步电动机串自耦
## 变压器降压起动控制电路

### 知识探究

1. 自耦变压器降压起动原理分析

在自耦变压器降压起动控制电路中，限制电动机起动电流是依靠自耦变压器的降压作用来实现的。自耦变压器的初级和电源相接，自耦变压器的次级与电动机相连。自耦变压器的次级一般有3个抽头，可得到3种数值不等的电压。使用时，可根据起动电流和起动转矩的要求灵活选择。电动机起动时，定子绕组得到的电压是自耦变压器的二次电压。一旦起动完毕，自耦变压器便

【课件】

三相异步电动机串自耦
变压器降压起动控制电路

被切除，电动机被直接接至电源，即得到自耦变压器的一次电压，电动机进入全电压运行状态。通常称这种自耦变压器为起动补偿器。这一电路的设计思想和串电阻起动电路基本相同，都是按时间原则来完成电动机起动过程的。

图 4-3-1 是自耦变压器降压起动原理图。

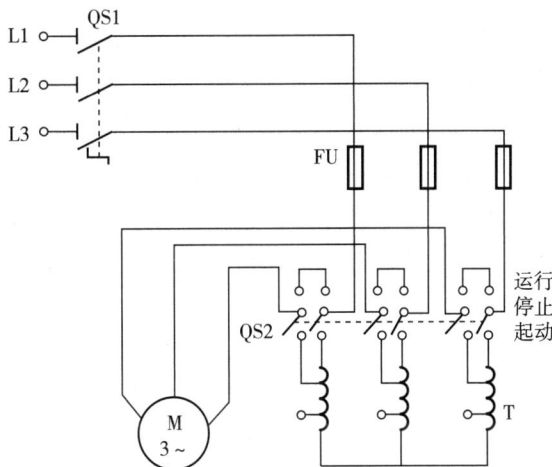

图 4-3-1 自耦变压器降压起动原理图

工作过程及原理分析如下。

合上 QS1，为三相异步电动机降压起动做好准备。

当 QS2 在停止位置时，电动机处于停止状态。

当起动开始时，将 QS2 扳动到起动位置。此时，自耦变压器串联在电路中，电动机加上部分电压，即电动机降压起动。起动结束后，将 QS2 扳动到运行位置，电动机全压运行。

2. 三相异步电动机串自耦变压器降压起动原理分析

三相异步电动机串自耦变压器降压起动原理图如图 4-3-2 所示。

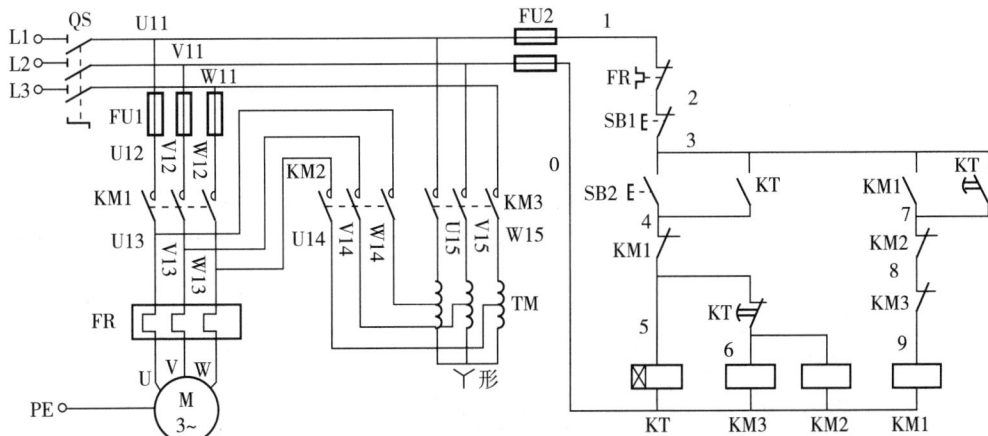

图 4-3-2 三相异步电动机串自耦变压器降压起动原理图

工作过程及原理分析如下：

合上 QS，为起动做好准备。

　　在自耦变压器降压起动过程中，起动电流与起动转矩的比值按变比平方倍降低。在获得同样起动转矩的情况下，采用自耦变压器降压起动方式从电网获取的电流，比采用电阻降压起动方式要小得多，对电网电流冲击小，功率损耗小。所以自耦变压器被称为起动补偿器。换句话说，若从电网取得同样大小的起动电流，采用自耦变压器降压起动方式会产生较大的起动转矩。这种起动方法常用于容量较大、正常运行为"丫"形接法的电动机。其缺点是自耦变压器价格较贵，相对电阻结构复杂，体积庞大，且是按照非连续工作制设计制造的，故不允许频繁操作。自耦变压器降压起动是在电动机起动时，利用自耦变压器来降低加在电动机定子绕组上的起动电压的。待电动机起动后，再使电动机与自耦变压器脱离，从而在全压下正常运行。三相异步电动机串自耦变压器降压起动流程图如图4-3-3所示。

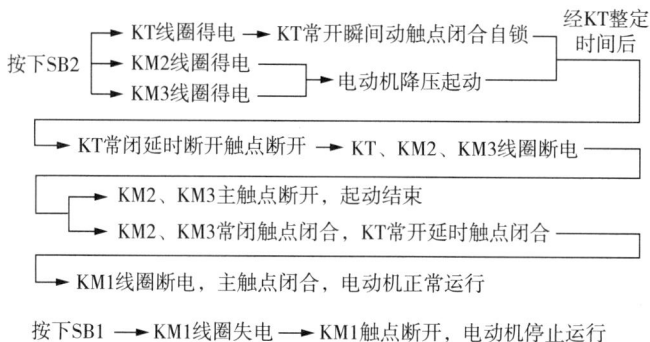

图4-3-3　三相异步电动机串自耦变压器降压起动流程图

### 技能训练

1. 工具、仪表及器材

（1）工具：螺钉旋具、电工刀、低压试电笔、尖嘴钳、剥线钳等。

（2）仪表：万用表、500V兆欧表、钳形表。

（3）器材：三相异步电动机串自耦变压器降压起动控制电路元器件明细表见表4-3-1所列。

表4-3-1　三相异步电动机串自耦变压器降压起动控制电路元器件明细表

| 序　号 | 名　　称 | 规　　格 | 单　位 | 数　量 | 备　注 |
|---|---|---|---|---|---|
| 1 | 三相异步电动机 | Y-132S-4，380V、2.2kW | 台 | 1 | |
| 2 | 熔断器 | RL1-15/10 | 个 | 3 | |
| 3 | 交流接触器 | CJ10-10，吸引线圈380V | 个 | 3 | |
| 4 | 时间继电器 | JST-2A，线圈电压380V | 个 | 1 | |
| 5 | 热继电器 | JR16-20/3 | 个 | 1 | |
| 6 | 按钮盒 | LA4-3H，按钮数3 | 个 | 1 | |
| 7 | 端子排 | JX2-1015，500V、10A、15节 | 块 | 1 | |

（续表）

| 序　号 | 名　称 | 规　格 | 单　位 | 数　量 | 备　注 |
|---|---|---|---|---|---|
| 8 | 自耦变压器 | GTZ，抽头 65%UN | 台 | 1 | |
| 9 | 走线槽 | 18×25 | m | 2 | |
| 10 | 木质配线板 | 700mm×500mm×25mm | 块 | 1 | |
| 11 | 铜芯塑料软线 | RVV1（1.5mm²，红色） | m | 20 | |
| 12 | 铜芯塑料软线 | RVV1（1.5mm²，蓝色） | m | 20 | |
| 13 | 铜芯塑料软线 | RVV1（1mm²，按钮线） | m | 4 | |
| 14 | 单股铝芯塑料软线 | BLV（2.5mm²） | m | 4 | |
| 15 | 针形接头 | 压接 1.5mm² 软线头 | 个 | 若干 | |
| 16 | 叉形接头 | 压接 1.5mm² 软线头 | 个 | 若干 | |
| 17 | 剥线钳 | | 把 | 1 | |
| 18 | 压线钳 | | 把 | 1 | |
| 19 | 电工工具 | | 套 | 1 | 配线必备 |

**2. 安装步骤及工艺**

（1）检查所有元器件的好坏。

（2）安装电路。

① 根据电气原理图，设计并布置各元器件的位置和线路走向。

可参考图 4-3-4 所示的三相异步电动机串自耦变压器降压起动位置图布置好元器件。学生根据前面所学知识自行画出接线图。

② 再按相关配线工艺进行配线。布线原则及要求：横平竖直，分布均匀；以接触器为中心由里向外，从低到高；先控制电路，后主电路。

③ 配线完成后，对照电气原理图自检。

④ 交给指导教师检查无误后，在端子板下方接好电动机，使电动机通电试车。

**3. 注意事项**

（1）时间继电器和热继电器的整定值，应在不通电时预先整定好，并在试车时校正。

（2）时间继电器若为空气气囊式，必须在断电后，动铁心释放时使继电器的运动方向垂直向下。

（3）电动机和自耦变压器的金属外壳及时间继电器的金属底板必须可靠接地，并应将接地线接到它们指定的接地螺钉上。

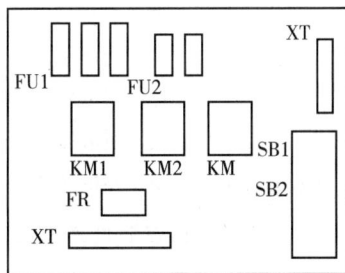

图 4-3-4　三相异步电动机串自耦
变压器降压起动位置图

（4）自耦变压器要安装在箱体内。否则，应采取遮护或隔离措施，并在进、出线的端子上进行绝缘处理，以防止发生触电事故。

（5）若无自耦变压器，可采用两组灯箱来分别替代电动机和自耦变压器进行模拟实验，但三相规格必须相同。

（6）布线时要注意电路中 KM2 与 KM3 的相序不能接错，否则，会使电动机的转向在工作时与起动时相反。

（7）通电试车时，必须有指导教师在现场监护，以确保用电安全，同时要做到安全文明生产。

### 练一练

（1）说出自耦变压器降压起动的原理。

（2）自耦变压器降压起动电路适用于什么场所？

（3）分析图 4-3-2 所示电路的工作过程。

（4）安装三相异步电动机串自耦变压器降压起动控制电路时，若无自耦变压器可采用两组灯箱来分别替代电动机和自耦变压器进行模拟实验，要注意什么？

（5）安装三相异步电动机串自耦变压器降压起动控制电路时，若电路中 KM2 与 KM3 的相序接错，会产生什么后果？

【微课】

检修三相异步电动机串自

耦变压器降压起动控制电路

# 活动 2　检修三相异步电动机串自耦变压器降压起动控制电路

### 知识探究

三相异步电动机串自耦变压器降压起动控制电路常见故障及处理方法见表 4-3-2 所列。

表 4-3-2　三相异步电动机串自耦变压器降压起动控制电路常见故障及处理方法

| 故障现象 | 原因分析 | 处理方法 |
|---|---|---|
| 电动机不能起动 | 从主电路分析，可能存在的故障点：<br>（1）电源无电压或熔断器被熔断；<br>（2）接触器 KM3 本身有故障；<br>（3）电动机故障；<br>（4）变压器电压抽头选得过低 | （1）若电源出现故障，则排除故障后恢复供电；若熔断器被熔断，则修复或更换熔断器。<br>（2）修复或更换接触器 KM3<br>（3）修复或更换电动机<br>（4）调整变压器 |
| | 根据控制电路来分析，可能存在的故障点：<br>热继电器 FR、SB1、SB2、KA 等触点接触不良 | 修复或更换对应器件 |

（续表）

| 故障现象 | 原因分析 | 处理方法 |
| --- | --- | --- |
| 自耦变压器发出"嗡嗡"声 | （1）变压器铁心松动、过载等；<br>（2）变压器线圈接地；<br>（3）电动机短路或其他原因使起动电流过大 | （1）若变压器铁心松动，重新加固整定变压器铁心；若是过载，找出过载原因，进行减载或修复被卡机械。<br>（2）找出接地点，并处理。<br>（3）找出电动机短路原因或修复被卡机械或减载 |
| 自耦变压器过热 | （1）自耦变压器短路、接地。<br>（2）起动时间过长或电路不能切换成全压运行方式：<br>① 时间继电器延时过长、线圈短路、机械受阻等原因造成不能吸合；<br>② 时间继电器 KT 的延时闭合常开触点不能闭合或接触不良；<br>③ 起动过于频繁 | （1）找出接地点，并处理。<br>（2）处理方法如下：<br>① 调整时间继电器，或更换时间继电器，或修复被卡机械；<br>② 更换时间继电器 KT 或重新接好线；<br>③ 减少起动次数 |
| 接触器 KM1 释放后电动机停转 | 可能故障点：<br>（1）KM3 常闭触点接触不良，使接触器 KM2 无法通电；<br>（2）接触器 KM2 本身有故障不能吸合；<br>（3）切换太快，其原因是 KT 整定时间太短，造成电动机起动状态还没结束，便转为工作状态；<br>（4）较长时间的大电流通过热继电器的感温元件，热继电器辅助触点跳开，电动机停转 | （1）修复或更换 KM3 常闭触点；<br>（2）修复或更换接触器 KM2；<br>（3）调整时间继电器；<br>（4）更换或调整热继电器动作电流 |

**技能训练**

三相异步电动机串自耦变压器降压起动控制电路存在故障，请学生分析故障原因，并排除故障。

**练一练**

1. 填空题

（1）三相异步电动机串自耦变压器降压起动控制电路适用于_____场所。

（2）在自耦变压器降压起动控制电路中，限制电动机起动电流是依靠_____的降压作用来实现的。

（3）安装三相异步电动机串自耦变压器降压起动控制电路中，_____、_____、_____必须要可靠接地，并应将接地线接到它们指定的接地螺钉上。

（4）三相异步电动机串自耦变压器降压起动控制电路从起动到运行，通常以_____为参数进行转换。

2. 判定题

（1）三相异步电动机串自耦变压器降压起动控制电路适用于起动转矩大、制动准确的负载。（　　）

（2）三相异步电动机串自耦变压器降压起动与串电阻降压起动控制电路可以相互替代。（　　）

（3）三相异步电动机串自耦变压器降压起动控制电路，对于丫连接运行和△连接运行的电动机来说均适用。（　　）

3. 简答题

（1）安装三相异步电动机串自耦变压器降压起动控制电路时，若无自耦变压器，可采用什么替代？请画出电路图。

（2）三相异步电动机串自耦变压器降压起动控制电路中，若电动机不能起动，主要原因有哪些？如何处理？

（3）三相异步电动机串自耦变压器降压起动控制电路中，若接触器 KM1 释放后电动机停转，主要原因有哪些？如何处理？

===== 任务评价 =====

三相异步电动机串自耦变压器降压起动控制电路任务评价见表 4－3－3 所列。

表 4－3－3　三相异步电动机串自耦变压器降压起动控制电路任务评价

| 序号 | 活动内容及要求 | 配分/分 | 考核要求及评分标准 | 得分/分 | 备注 |
|---|---|---|---|---|---|
| 1 | 检查元器件，并确定配线方案 | 4 | （1）检查方法不正确或有漏检，每处扣 2 分；<br>（2）走线方案不合理，每处扣 1 分 | | |
| 2 | 识读电路图并在图上按等电位原则编号 | 6 | （1）主电路编号错（漏）1 处扣 1 分；<br>（2）控制电路编号错（漏）1 处扣 1 分 | | |
| 3 | 配线要求：<br>（1）槽外导线横平竖直不交叉，板内软线入槽<br>（2）工艺线横平竖直倒角90°，长线沉底，走线成束，线头不裸不松，羊眼圈合格<br>（3）按钮盒内软线头处理好 | 35 | （1）错（漏）接 1 根线扣 5 分；<br>（2）板内软线不入槽 1 根扣 1 分；<br>（3）槽外线头交叉 1 处扣 1 分；<br>（4）工艺线不合规范 1 处扣 1 分；<br>（5）线头松裸 1 处扣 1 分；<br>（6）羊眼圈过大或反圈 1 处扣 1 分；<br>（7）软线头处理不好 1 处扣 2 分 | | |

（续表）

| 序号 | 活动内容及要求 | 配分/分 | 考核要求及评分标准 | 得分/分 | 备注 |
|---|---|---|---|---|---|
| 4 | 故障分析 | 10 | （1）故障分析、排除故障的思路不正确，每个扣5分；<br>（2）标错电路故障，每个扣5分 | | |
| 5 | 排除故障 | 20 | （1）停电不验电，扣5分。<br>（2）工具及仪表使用不当，每次扣4分。<br>（3）排除故障的顺序不对，扣5～10分。<br>（4）不能查出故障点，每个扣10分。<br>（5）查出故障点，但不能排除，每个故障扣5分。<br>（6）产生新的故障：<br>若不能排除，每个扣20分；<br>若已经排除，每个扣10分。<br>（7）损坏电动机，扣20分。<br>（8）损害电器元器件或排除故障方法不当，每个（次）扣5～20分 | | |
| 6 | 通电试车成功 | 15 | （1）通电不成功但接线正确，扣5分；<br>（2）检修一次成功，扣5分 | | |
| 7 | 设图中电动机为380V，5.5kW，$I_N=11.6A$。<br>（1）接触器的主触头应选：KM1 ___ A，KM2 ___ A，KM3 ___ A；<br>（2）主电路用铝芯绝缘线的截面为___ mm²；<br>（3）FU的熔体应为___ A | 10 | （1）接触器主触头电流选错，1个扣2分；<br>（2）铝导线截面选错，扣3分；<br>（3）熔体的额定电流选错，扣3分 | | |
| 8 | 安全文明生产 | | 违反安全文明操作规程，扣5～40分 | | |
| 9 | 时间 | | 120min，每超过5min，扣总分1分 | | |
| 10 | 成绩 | | | | |

## 任务 4　绕线转子异步电动机串电阻降压起动控制电路

知识目标

(1) 了解绕线转子异步电动机串电阻降压起动控制电路在工矿企业中的应用。

(2) 掌握绕线转子异步电动机串电阻降压起动控制电路的工作原理。

(3) 会根据实际电路要求，选择合适的元器件及材料。

技能目标

(1) 会安装、调试绕线转子异步电动机串电阻降压起动控制电路。

(2) 会维修绕线转子异步电动机串电阻降压起动控制电路。

素养目标

(1) 培养学生团队协作的能力，注重培养学生的精益求精的工匠魂。

(2) 培养学生分析问题、解决问题的能力，以及创新意识。

### 任务导入

前面我们学习了异步电动机的定子减压起动。事实上，有的电动机还可以转子减压起动，如要求重载起动的场合。异步电动机的转子绕组，除了笼形以外还有绕线转子式，故称绕线转子异步电动机。三相绕线转子异步电动机的优点是，可以通过滑环在转子绕组中串接外加电阻和频敏变阻器，来达到减小起动电流、提高转子电路的功率和增加起动转矩的目的。在一般要求起动转矩较高的场合，绕线转子异步电动机得到了广泛的应用。

【课件】

绕线转子异步电动机串
电阻降压起动控制电路

## 活动1　分析与安装绕线转子异步电动机串电阻降压起动控制电路

### 知识探究

1. 按照时间原则控制绕线转子异步电动机转子串电阻起动控制电路原理

如图 4-4-1 所示为按照时间原则控制绕线转子异步电动机转子串电阻起动控制电路原理图。工作过程及原理分析如下。

合上 QS，为起动做好准备。

按下 SB2→接触器线圈 KM4 得电→主触点闭合，电动机 M 定子线圈得电，转子串电阻 $R1$、$R2$、$R3$ 得电减压运转，辅助触点闭合，自锁，KT1 同时通电延时。

当 KT1 延时结束后，常开触头延时闭合→接触器 KM1 通电动作→转子回路中 KM1 常

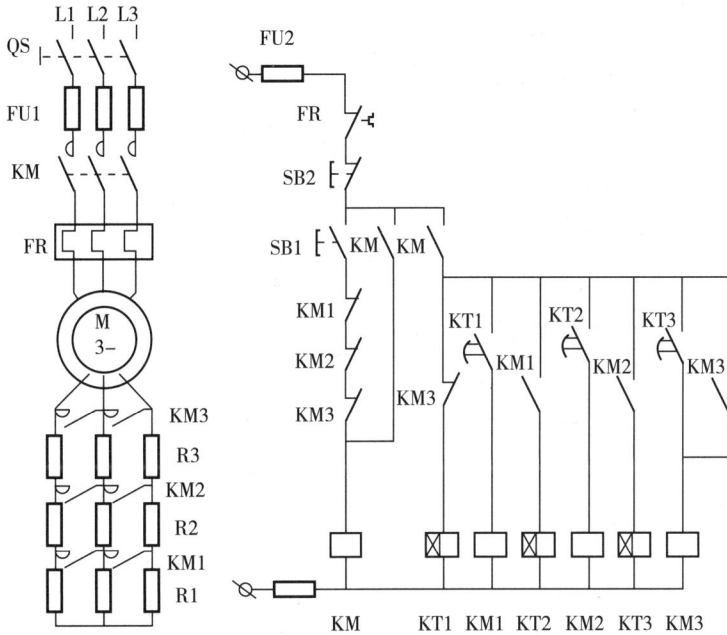

图 4 - 4 - 1　按时间原则控制绕线转子异步电动机转子串电阻起动控制电路原理图

开触头闭合，切除第一级起动电阻 $R1$，同时使 KT2 通电延时。

当 KT2 延时结束后，常开触头延时闭合→接触器 KM2 通电动作→切除第二级起动电阻 $R2$；同时使 KT3 通电延时。

当 KT3 延时结束后，常开触头延时闭合→接触器 KM3 通电动作并自锁→切除第三级起动电阻 $R3$，KM3 的另一副常闭触点断开，使 KT1 线圈失电，进而 KT1 的常开触头瞬时断开，使 KM1、KT2、KM2、KT3 依次断电子释放，恢复原位。只有接触器 KM3 保持工作状态，电动机的起动过程结束，进行正常运转。

**2. 按照电流原则控制绕线转子异步电动机转子串电阻的起动控制电路原理**

如图 4 - 4 - 2 所示，按照电流原则控制绕线转子异步电动机转子串电阻起动控制电路原理图。工作过程及原理分析如下。

合上 QS，为起动做好准备。

按下 SB2→接触器线圈 KM4 得电→主触点闭合，电动机 M 定子线圈得电，转子串电阻 $R1$、$R2$、$R3$ 得电减压运转，同时辅助触点闭合，自锁；KA4 同时通电，为 KM1～KM3 通电做好准备。

因刚起动时电流很大，KA1～KA3 吸合电流相同，故同时吸合动作，其常闭触点都断开，使 KM1～KM3 处于断电状态，转子电阻全部串入，达到限流和提高的目的。在起动过程中，随着电动机转速升高，起动电流逐渐减小，而 KA1～KA3 释放电流调节不同。其中，KA1 释放电流最大，KA2 次之，KA3 最小。所以当起动电流减小到 KA1 释放电流整定值时，KA1 首先释放，其常闭触点返回闭合，KM1 通电，短接一段转子电阻 $R1$。由于电阻短

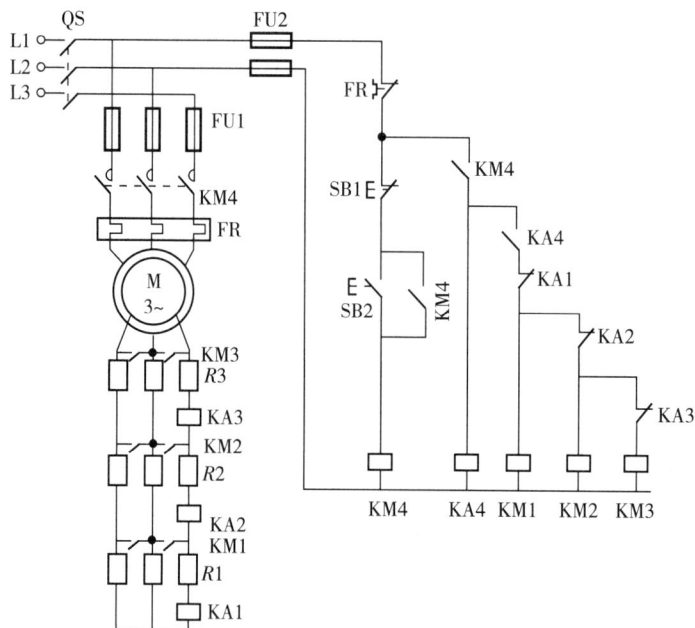

图 4-4-2 按照电流原则控制绕线转子异步电动机转子串电阻起动控制电路原理图

接，转子电流增加，起动转矩增大，使转速又加快上升，这又使电流下降。当降低到 KA2 释放电流时，KA2 常闭触点返回，使 KM2 通电，切断第 2 段转子电阻 R2。如此继续，直至转子电阻全部短接，电动机起动过程结束。

### 技能训练

1. 工具、仪表及器材

（1）工具：螺钉旋具、电工刀、低压试电笔、尖嘴钳、剥线钳等。

（2）仪表：万用表、500V 兆欧表、钳形表。

（3）器材：绕线转子异步电动机串电阻降压起动控制电路器材元件明细见表 4-4-1 所列。

表 4-4-1 绕线转子异步电动机串电阻降压起动控制电路器材元件明细

| 代 号 | 名 称 | 型 号 | 规 格 | 数量 |
|---|---|---|---|---|
| M | 三相异步电动机 | Y-132S-4 | 5.5kW、380V、"丫"形接法、$I_N/I_{ST}=7$、1440r/min | 1 |
| QS | 组合开关 | HZ10-25/3 | 三极、25A | 1 |
| FU1 | 熔断器 | RL1-60/25 | 500V、60A、配熔体 25A | 3 |
| FU2 | 熔断器 | RL1-15/2 | 500V、15A、配熔体 2A | 2 |
| KM | 交流接触器 | CJ10-20 | 20A、线圈电压 380V | 4 |
| KT | 时间继电器 | JS7-2A | 线圈电压 380V | 1 |
| FR | 热继电器 | JR16-20/3 | 三极、20A、整定电流 8.8A | 1 |

（续表）

| 代　号 | 名　称 | 型　号 | 规　格 | 数量 |
|---|---|---|---|---|
| SB | 按钮 | LA4－3H | 保护式、500V、5A、按钮数3 | 3 |
| XT | 端子板 | JX2－1015 | 500V、10A、20节 | 1 |
| | 主电路导线 | BVR－1.5 | 1.5mm² （7×0.25mm） | 若干 |
| | 控制电路导线 | BVR－1.0 | 1mm² （7×0.43mm） | 若干 |
| R | 电阻箱 | | | 3 |

**2. 安装步骤及工艺**

（1）检查所有元器件的好坏。

（2）安装电路。

① 根据电气原理图，设计并布置各元器件的位置和线路走向。

可参考如图4－4－3所示的绕线转子异步电动机串电阻降压起动控制电路接线图布置好元器件。

② 再按相关配线工艺进行配线。布线原则及要求：横平竖直，分布均匀；以接触器为中心由里向外，从低到高；先控制电路，后主电路。

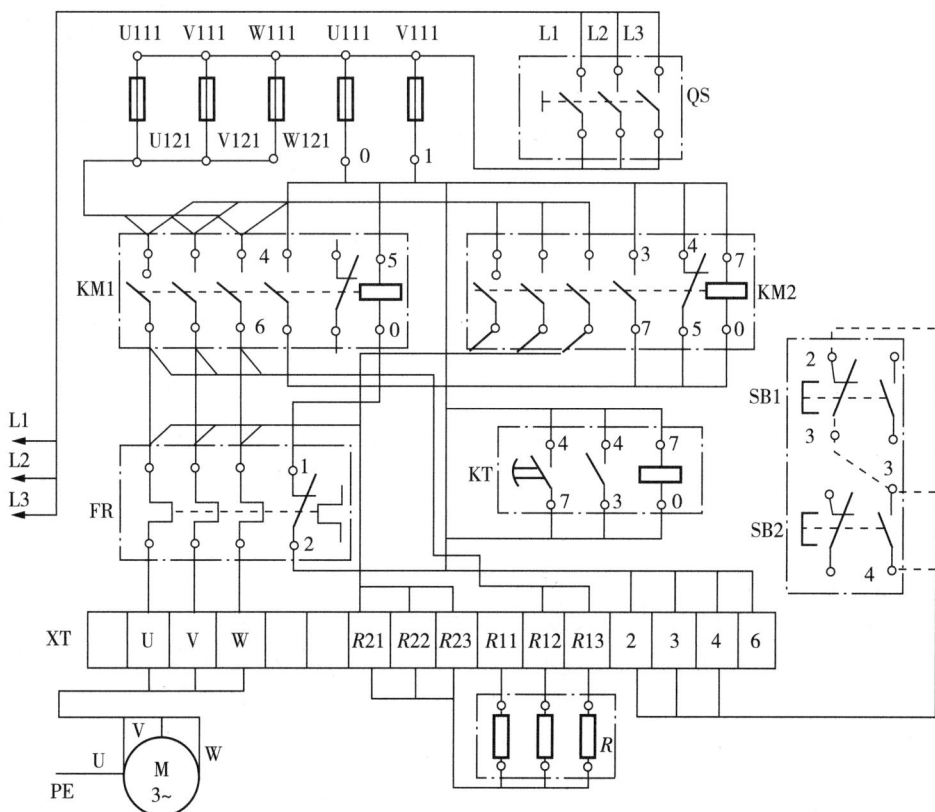

图4－4－3　绕线转子异步电动机串电阻降压起动控制电路接线图

③ 配线完成后，对照电气原理图自检。

④ 交给指导教师检查无误后，在端子板下方接好电动机，使电动机通电试车。

**练一练**

（1）在如图 4-4-1 所示的按照时间原则控制绕线转子异步电动机转子串电阻起动控制电路原理图中，对整定时间继电器的时间有什么要求？

（2）在如图 4-4-2 所示的按照电流原则控制绕线转子异步电动机转子串电阻起动控制电路原理图中，对整定电流继电器的电流有什么要求？

（3）分析如图 4-4-2 所示的按照电流原则控制绕线转子异步电动机转子串电阻的起动控制电路的工作过程。

（4）绕线转子异步电动机通常用于什么场所？有什么特点？

（5）安装按照电流原则控制绕线转子异步电动机转子串电阻的起动控制电路时，如果电流继电器整定错误，会发生什么后果？

# 活动 2　检修绕线转子异步电动机串电阻降压起动控制电路

【微课】

检修绕线转子
异步电动机串电阻
降压起动控制电路

**知识探究**

绕线转子异步电动机串电阻降压起动控制电路故障现象、原因分析及处理方法见表 4-4-2 所列。

表 4-4-2　绕线转子异步电动机串电阻降压起动控制电路故障现象、原因分析及处理方法

| 故障现象 | 原因分析 | 处理方法 |
|---|---|---|
| 电动机不能起动 | 控制定子绕组主电路发生故障，可能故障点：<br>（1）熔断器有一相熔断；<br>（2）接触器 KM 的主触点有一相接触不良；<br>（3）热继电器的感温元件被烧断或主电路连接导线断路 | （1）更换熔断器中的熔体；<br>（2）修复或更换接触器 KM 的主触点；<br>（3）修复或更换热继电器；<br>（4）用电阻测量法或电压测量法确定具体断路点，重新连接 |
| | 转子电路发生故障，可能故障点：<br>（1）某一相串联电阻断裂，连接导线接触不良等；<br>（2）接触器 KM1 的某一主触点接触不良或电路断路；<br>（3）某一滑环与电刷接触不良或转子绕组断路 | 用电阻测量法或电压测量法确定具体断路点，重新连接 |
| | 负载过大 | 检查是否有机械卡阻，修理机械；如果没有机械卡阻，减轻负载 |

（续表）

| 故障现象 | 原因分析 | 处理方法 |
|---|---|---|
| 电动机起动时只有瞬间转动就停车 | 可能故障点：<br>（1）接触器 KM 的自锁触点接触不良；<br>（2）热继电器电流整定得过小，经受不了起动电流的冲击而将其本身的常闭触点跳开；<br>（3）起动时电压波动过大，使接触器欠电压而释放。这种现象多出现在电源线很长或桥式起重机上，由于起动时起动电流较大，本来已使电路压降较大，加之外电网电压波动或太低，很容易出现这种故障 | （1）用电阻测量法或电压测量法确定具体接触不良点，重新连接；若故障是接触器常开触点接触不良，修复或更换接触器常开触点。<br>（2）重新整定热继电器或更换热继电器。<br>（3）调节电源 |
| 起动电阻过热 | 全部电阻过热，说明起动过程中电阻不能被切除，可能故障点：<br>（1）KA 出现故障或 KM 的常开触点接触不良；<br>（2）KA1 出现故障或 KA1 的常闭触点出现故障；<br>（3）KA3 的常开触点接触不良；<br>（4）电流继电器 KA1、KA2 或 KA3 出现故障 | 对于故障点（1）、（2）、（3）用电阻测量法或电压测量法确定具体接触不良点，重新连接；<br>对于故障点（4），重新整定电流继电器 |
| | 电阻 $R1$ 或 $R2$ 过热，可能故障点：<br>（1）KA1 或 KA2 的整定值不对，造成 KM1 或 KM2 不动作，$R1$ 或 $R2$ 不能被切掉；<br>（2）KM1 或 KM2 的主触头出现故障；<br>（3）电阻与接线或电阻片间松动，接触电阻过大而发热 | （1）重新整定电流继电器；<br>（2）用电阻测量法或电压测量法确定具体主触头，调整或更换主触头；<br>（3）重新接线或修复电阻片 |

**技能训练**

检修绕线转子异步电动机串电阻降压起动控制电路，并排除故障。

**练一练**

布线时，短接电阻器的接触器 KM2 在主电路中的接线如果接错，会造成什么影响和后果？

【习题】
项目 4

=== 任务评价 ===

检修绕线转子异步电动机串电阻降压起动控制电路任务评价表见表 4-4-3 所列。

表 4-4-3 检修绕线转子异步电动机串电阻降压起动控制电路任务评价表

| 考核内容及要求 | 配分/分 | 考核要求及评分标准 | 得分/分 |
|---|---|---|---|
| 检查元器件，并确定配线方案 | 4 | （1）检查方法不正确或有漏检，每处扣2分；<br>（2）走线方案不合理，每处扣1分 | |

（续表）

| 考核内容及要求 | 配分/分 | 考核要求及评分标准 | 得分/分 |
|---|---|---|---|
| 识读电路图并在图上按等电位原则编号 | 6 | （1）主电路编号错（漏）每处扣1分；<br>（2）控制电路编号错（漏）每处扣1分 | |
| 照图配线。要求：<br>（1）槽外导线横平竖直不交叉，板内软线入槽；<br>（2）工艺线横平竖直，倒角90°，长线沉底，走线成束，线头不裸不松，羊眼圈合格；<br>（3）按钮盒内软线头处理好 | 40 | （1）错（漏）接，每根线扣5分；<br>（2）板内软线不入槽，每根扣1分；<br>（3）槽外线头交叉，每处扣1分；<br>（4）工艺线不合规范，每处扣1分；<br>（5）线头松裸，每处扣1分；<br>（6）羊眼圈过大或反圈，每处扣1分；<br>（7）软线头处理不好，每处扣2分 | |
| 故障分析 | 15 | （1）故障分析、排除故障的思路不正确，每个扣5分；<br>（2）标错电路故障，每个扣5分 | |
| 排除故障 | 20 | （1）停电不验电，扣5分。<br>（2）工具及仪表使用不当，每次扣4分。<br>（3）排除故障的顺序不对，扣5~10分。<br>（4）不能查出故障点，每个扣10分。<br>（5）查出故障点，但不能排除，每个故障扣5分。<br>（6）产生新的故障：<br>若不能排除，每个扣20分；<br>若已经排除，每个扣10分；<br>（7）损坏电动机，扣20分。<br>（8）损害电器元器件或排除故障方法不当，每个（次）扣5~20分 | |
| 通电试车成功 | 15 | （1）整定值未整定或错整定，每只扣5分；<br>（2）第1次通电不成功，但经维修后通电成功扣5分；<br>（3）第2次通电不成功，但经维修后通电成功扣10分 | |
| 安全文明生产 | | 违反安全文明生产规程扣5~40分 | |
| 时间 | | 每超过5min，扣5分 | |
| 成绩 | | | |

# 项目5
# 三相异步电动机制动与调速电路

## 项目描述

制动，就是给电动机一个与转动方向相反的转矩，使它迅速（或限制其转速）停转。制动的方法一般有机械制动和电气制动。

电气制动是指使电动机在切断定子电源停转的过程中，产生一个和电动机实际旋转方向相反的电磁力矩（制动力矩），迫使电动机迅速制动停转的方法。

电气制动常用的方法有反接制动、能耗制动、电容制动和再生发电制动等。其中，反接制动与能耗制动简单、方便。

为满足不同生产机械速度变化的要求，通常情况下要求对电动机进行调速。各种调速方法中，改变磁极对数 $p$——变极调速，因为电路简单、成本低、容易实现，在对调速要求不高的场所，得到广泛使用。

本项目主要介绍反接制动控制电路、能耗制动电路和调速电路。

## 任务 1 三相异步电动机反接制动控制电路

知识目标

（1）了解三相异步电动机反接制动在工矿企业中的应用。

（2）理解反接制动的原理，识读并分析单向起动反接制动控制电路的构成和工作原理。

（3）会根据实际电路要求，选择合适的元器件及材料。

技能目标

（1）会安装、调试三相异步电动机反接制动控制电路。

（2）会维修三相异步电动机反接制动控制电路。

素养目标

（1）注重培养学生的安全意识等职业素养。

（2）通过控制电路的安装，增强学生的动手能力及创新意识。

【课件】
三相异步电动机
反接制动控制电路

### 任务导入

三相异步电动机断开电源后，由于惯性作用不会马上停止转动，而是需要一段时间才会完全停下来。这种情况对于某些生产机械来说是不适宜的。例如，起重机的吊钩需要准确定位，万能铣床要求立即停转，等等。想要满足生产机械的这些要求，就需要对电动机进行制动。

所谓制动，就是给电动机一个与转动方向相反的转矩，使它迅速（或限制其转速）停转。制动的方法一般有机械制动和电气制动。

电气制动是指使电动机在切断定子电源停转的过程中，产生一个和电动机实际旋转方向相反的电磁气矩（制动气矩），迫使电动机迅速制动停转的方法。

电气制动常用的方法有反接制动、能耗制动、电容制动和再生发电制动等。本书主要介绍反接制动和能耗制动。

# 活动 1 分析与安装三相异步电动机反接制动控制电路

### 知识探究

1. 机械制动概述

所谓机械制动，就是利用外加的机械作用力使电动机转子迅速停止旋转的一种方法。由于这个外加的机械作用力，常常由制动闸紧紧抱住与电动机同轴的制动轮来产生，因此机械制动往往俗称为抱闸制动。

1）电磁抱闸结构

电磁抱闸结构图如图 5-1-1 所示。

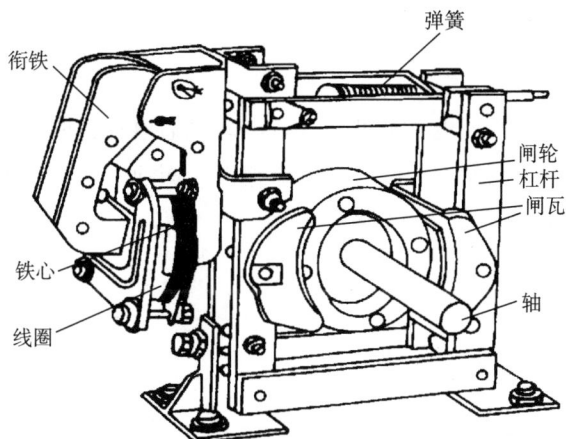

图 5-1-1　电磁抱闸结构图

2）电磁抱闸断电制动控制线路

电磁抱闸断电制动控制线路如图 5-1-2 所示。

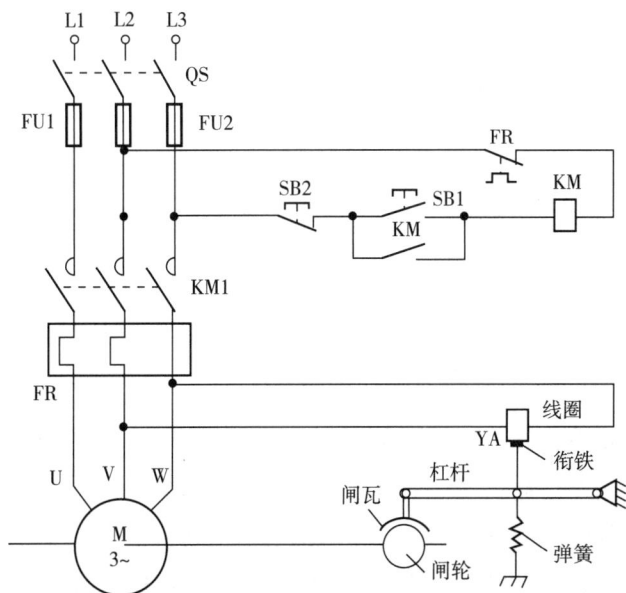

图 5-1-2　电磁抱闸断电制动控制线路

动作原理如下。

（1）合上电源开关 QS，按动启动按钮 SB1，接触器线圈 KM 通电，KM 的主触头闭合，电动机通电运行。同时，电磁抱闸线圈获电，吸引衔铁，使之与铁心闭合，衔铁克服弹簧拉力，使杠杆顺时针方向旋转，从而使闸瓦与闸轮分开，电动机正常运行。

（2）当按下停止按钮 SB2 时，接触器线圈断电，KM 主触头恢复断开，电动机断电，同时电磁抱闸线圈也断电，杠杆在弹簧拉力作用下恢复原位。

3）电磁抱闸通电制动控制线路

所谓通电制动控制是指与断电制动型相反，电动机通电运行时，电磁抱闸线圈无电，闸瓦与闸轮分开。电动机主电路断电的同时，电磁抱闸线圈通电，闸瓦抱住闸轮开始制动。电磁抱闸通电制动控制线路如图 5-1-3 所示。

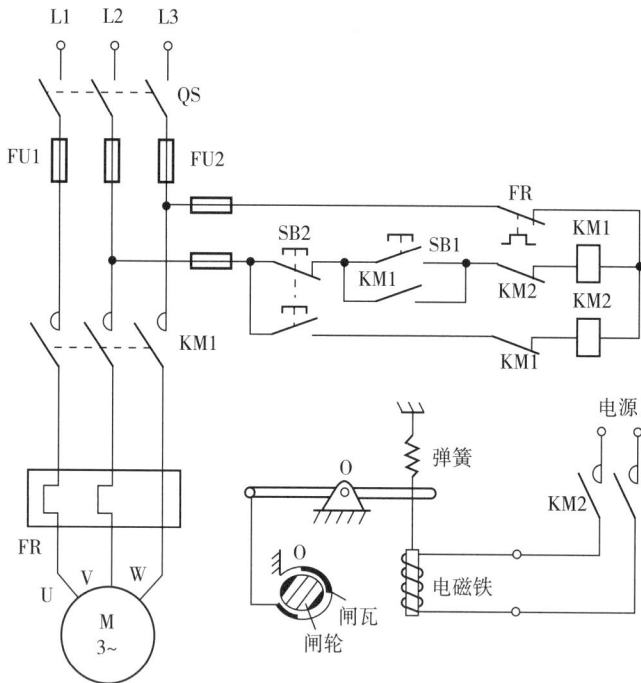

图 5-1-3　电磁抱闸通电制动控制线路

动作原理如下。

合上电源开关 QS，按动启动按钮 SB1，接触器线圈 KM1 通电，KM1 主触头闭合，电动机正常运转。因其常闭辅助触头（KM1）断开，使接触器 KM2 线圈断电，故电磁抱闸线圈回路不通电，电磁抱闸的闸瓦与闸轮分开，电动机正常运转。

当按下停止复合按钮 SB2 时，因其常闭触头断开，KM1 线圈断电，电动机定子绕组脱离三相电源，同时 KM1 的常闭辅助触头恢复闭合。这时如果将 SB2 按到底，则由于其常开触头闭合，而使 KM2 线圈获电，KM2 触头闭合使电磁抱闸线圈通电，吸引衔铁，使闸瓦抱住闸轮实现制动。

4）机械制动的特点及线路原则

（1）机械制动的特点如下：采用机械制动时，制动强度可以通过调整机械制动装置而改变；另外，机械制动需在电动机轴伸端安装体积较大的制动装置，所以某些空间位置比较紧凑的机床一类的生产机械，在安装上就存在一定的困难。

由于机械制动具有电气制动所没有的优点，这种制动安全可靠，不受电网停电或电气线路故障的影响，因此得到了广泛应用。

（2）线路原则如下：

① 在采用机械制动的控制线路中，应该尽可能避免或减少电动机在启动前瞬间存在的"异步电动机短路运行状态"，即电动机定子已接三相电源，而转子因抱闸而不转动的运动状态；

② 对于电梯、吊车、卷扬机等一类升降机械，一律采用制动闸平时处处"抱紧"状态的制动方法，而对于机床一类经常需要调整加工件位置的生产机械，则往往采用制动闸平时处于"松开"状态的制动方法。

2. 三相异步电动机反接制动原理

依靠改变电动机定子绕组的电源相序来产生制动转矩，迫使电动机迅速停转的方法称为反接制动。

反接制动适用于 10kW 以下小容量电动机的制动，并且对 4.5kW 以上的电动机进行反接制动时，需在定子绕组回路中串入限流电阻 $R$，以限制反接制动电流。反接制动原理如图 5-1-4所示。

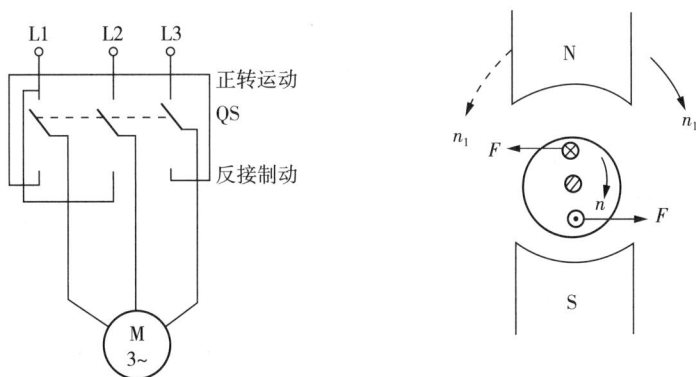

图 5-1-4　反接制动原理

3. 三相异步电动机反接制动控制电路工作原理

1）三相异步电动机单向起动反接制动控制电路工作原理

三相异步电动机单向起动反接制动控制电路工作原理如图 5-1-5所示。

该电路的主电路和正反转控制线路的主电路相同，只是在反接制动时增加了 3 个限流电阻 $R$。线路 KM1 为正转运行接触器，KM2 为反接制动接触器，KS 为速度继电器，其轴与电动机轴相连。

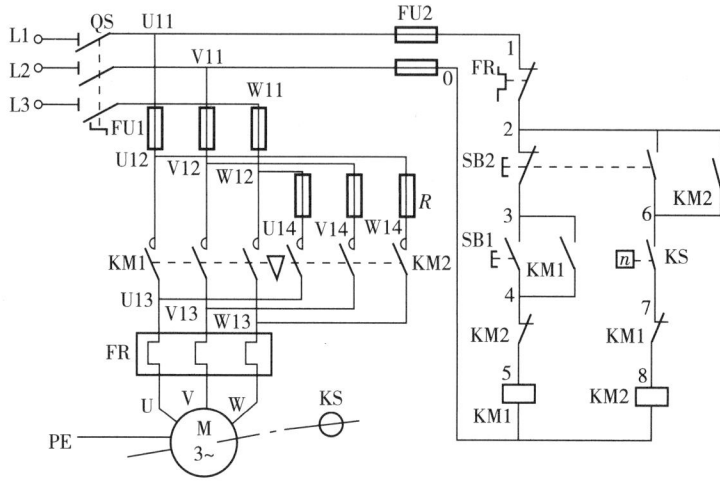

图 5-1-5　三相异步电动机单向起动反接制动控制电路工作原理

工作过程及原理分析如下。

合上 QS 为起动做好准备。

单向起动流程图如图 5-1-6 所示。

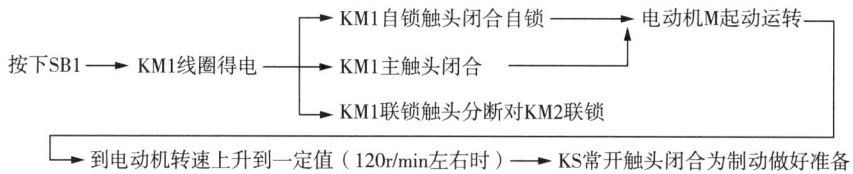

图 5-1-6　单向起动流程图

反接制动流程图如图 5-1-7 所示。

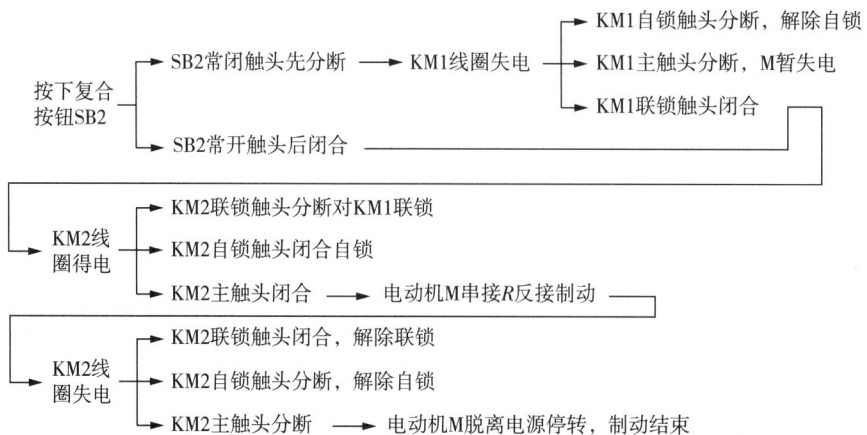

图 5-1-7　反接制动流程图

反接制动时，因旋转磁场与转子的相对转速（$n_1 + n$）很高，故在转子绕组中感应电流很大，致使定子绕组电流也很大（一般约为电动机额定电流的 10 倍左右）。因此，反接制动适用于 10kW 以下小容量电动机的制动，并且对 4.5kW 以上的电动机进行反接制动时，需要在定子回路中串入限流电阻 $R$，以限制反接制动电流。限流电阻 $R$ 的大小可参考下述经验计算公式进行估算。

在电源电压为 380V 时，若要使反接制动电流等于电动机直接起动时的电流的 1/2，即 $I_{ST}/2$，则三相电路每相应串入电阻 $R$ 的值可取为

$$R \approx 1.5 \times 220 / I_{ST}$$

若要使反接制动电流等于起动电流 $I_{ST}$，则三相电路每相应串入电阻 $R$ 的值可取为

$$R \approx 1.3 \times 220 / I_{ST}$$

若反接制动时只在电源二相中串入电阻，则电阻值应加大，分别取上述电阻值的 1.5 倍。

2）三相异步电动机双向起动反接制动控制电路工作原理

三相异步电动机双向起动反接制动控制电路工作原理如图 5-1-8 所示。

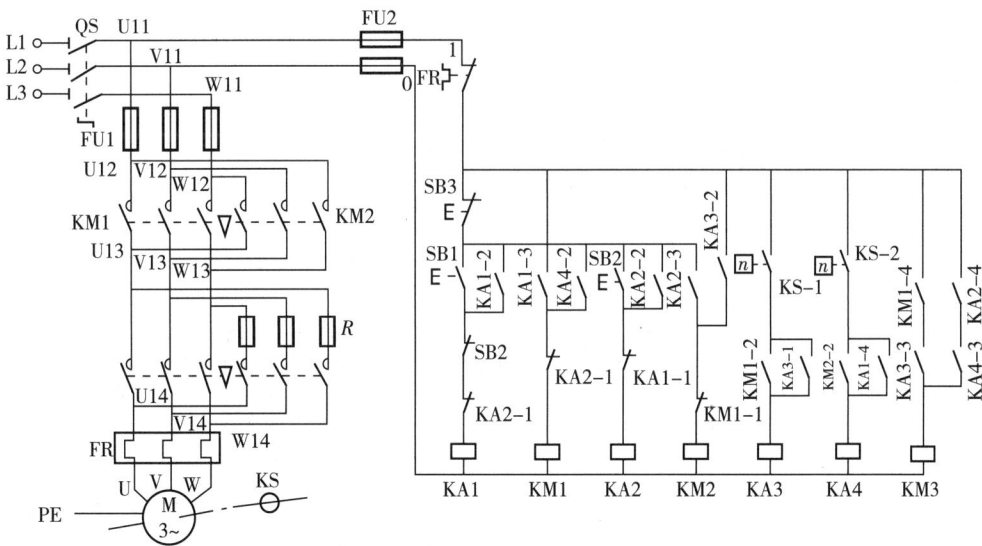

图 5-1-8  三相异步电动机双向起动反接制动控制电路工作原理

该电路所用电器较多，其中 KM1 既是正转运行接触器，又是反接运行时的反接制动接触器；KM2 既是反转运行接触器，又是正接运行时的反接制动接触器；KM3 作短接限流电阻 $R$ 用；中间继电器 KA1、KA3 和接触器 KM1、KM3 配合完成电动机的正向起动、反接制动的控制要求；中间继电器 KA2、KA4 和接触器 KM2、KM3 配合完成电动机的反向起动、反接制动的控制要求；速度继电器 KS 有两对常开触头 KS-1、KS-2，分别用于控制电动机正转和反转时反接制动时间；$R$ 既是反接制动限流电阻，又是正反向起动的限流电阻。

电路的工作原理如下。

先合上电源开关 QS，为起动做好准备。

正转起动运转流程图如图 5 - 1 - 9 所示。

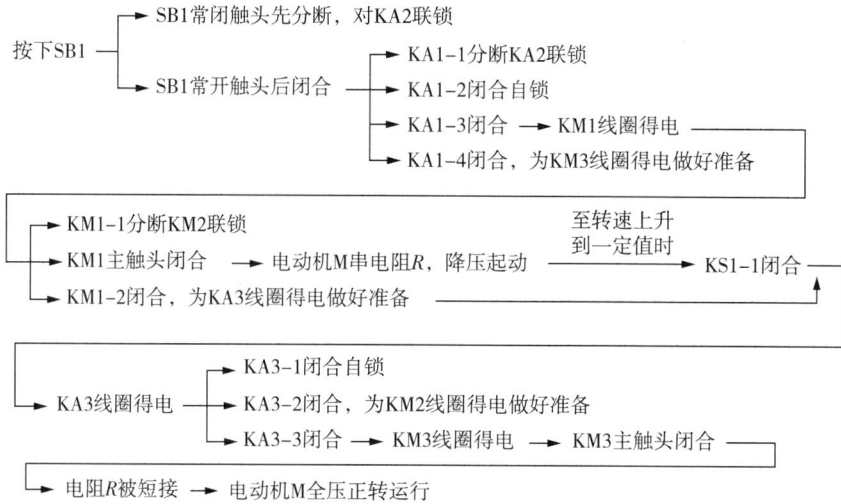

图 5 - 1 - 9　正转起动运转流程图

反接制动停转流程图如图 5 - 1 - 10 所示。

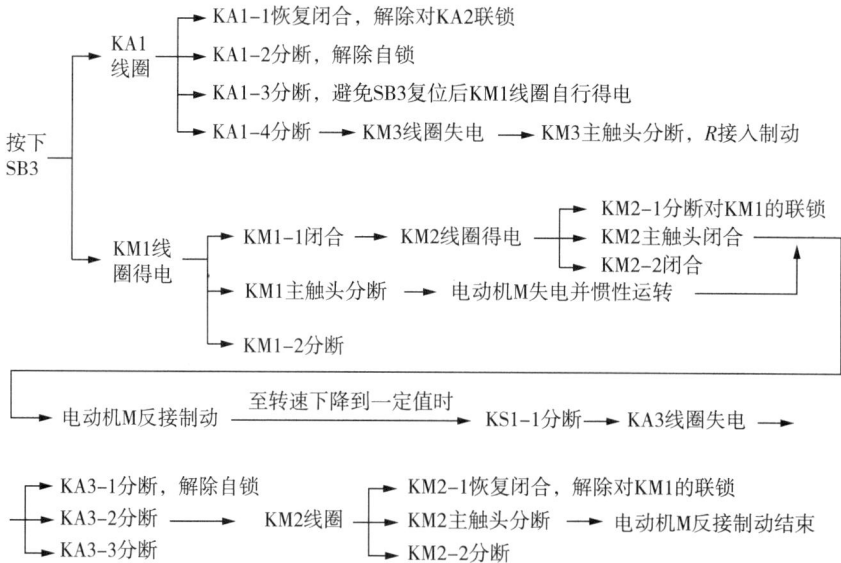

图 5 - 1 - 10　反接制动停转流程图

电动机的反向起动及反接制动是由起动按钮 SB2、中间继电器 KA2 和 KA4、接触器 KM2 和 KM3、停止按钮 SB3、速度继电器 KS 等电器来完成的，其起动过程、制动过程和上述相同，可自行分析。

  双向起动反接制动控制电路所用电器较多，电路也比较复杂，但操作方便，运行安全可靠，是一种比较完善的控制电路。电路中的电阻 $R$ 既能限制反接制动电流，又能限制起动电流；中间继电器 KA3、KA4 可避免停车时由于速度继电器 KS1 或 KS2 触头的偶然闭合而接通电源。

  反接制动的优点是制动能力强，制动迅速。缺点是制动准确性差，制动过程中冲击强烈，易损坏传动零件，制动能量消耗大，不宜经常制动。因此，反接制动一般适用于制动要求迅速、系统惯性较大、不经常起动与制动的场所，如铣床、镗床、中型车床等主轴的制动控制。

### 技能训练

1. 工具、仪表及器材

（1）工具：螺钉旋具、电工刀、低压试电笔、尖嘴钳、剥线钳等。

（2）仪表：万用表、500V 兆欧表、钳形表。

（3）器材：三相异步电动机单向起动反接制动控制电路器材元件表见表 5-1-1 所列。

表 5-1-1 三相异步电动机单向起动反接制动控制电路器材元件表

| 代 号 | 名 称 | 型 号 | 规 格 | 数 量 |
|---|---|---|---|---|
| M | 三相异步电动机 | Y112-4 | 4kW、380V、"丫"形接法、8.8A、1440r/min | 1 |
| QS | 组合开关 | HZ10-25/3 | 三极、额定电流 25A | 1 |
| FU1 | 螺旋式熔断器 | RL1-60/25 | 500V、60A、配熔体 25A | 3 |
| FU2 | 螺旋式熔断器 | RL1-15/2 | 500V、10A、配熔体 4A | 2 |
| KM | 交流接触器 | CJX20-10 | 10A，线圈电压 380V | 2 |
| SB1、SB2 | 按钮 | LA10-3H | 保护式、380V、5A、按钮数 3 | 1 |
| XT | 端子板 | JX2-1050 | 10A、20 节、380V | 2 |
| FR | 热继电器 | JR16-20/3 | 三极、20A、整定电流 8.8A | 1 |
| KS | 速度继电器 | JY1 | | 1 |
| R | 制动电阻 | | 0.5W、50W（外接） | 1 |
| | 主电路导线 | BVR-1.5 | 1.5mm² (7×0.52mm) | 若干 |
| | 控制电路导线 | BVR-1.0 | 1mm² (7×0.43mm) | 若干 |
| | 按钮线 | BVR-0.75 | 1.5mm² | 若干 |
| | 走线槽 | | 18mm×25mm | 若干 |
| | 控制板 | | 500mm×400mm×20mm | 1 |

### 2. 安装步骤及工艺

（1）检查所有元器件的好坏。

（2）安装电路。

① 根据电气原理图，设计并布置各元器件的位置和线路走向。

可参考图 5-1-11 所示的三相异步电动机单向起动反接制动控制电路位置图布置好元器件。

② 再按相关配线工艺进行配线。布线原则及要求：横平竖直，分布均匀；以接触器为中心由里向外，从低到高；先控制电路，后主电路。

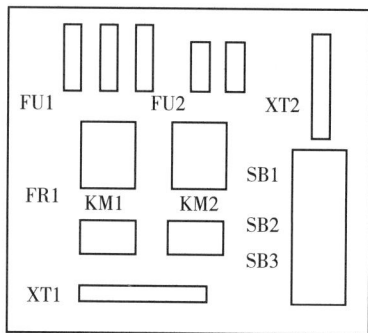

图 5-1-11　三相异步电动机单向起动反接制动控制电路位置图

学生根据前面所学知识自行画出接线图，并接好电路。

③ 配线完成后，对照电气原理图自检。

④ 交给指导教师检查无误后，在端子板下方接好电动机（按图 5-1-5 接线），使电动机通电试车。

### 3. 安装注意事项

（1）安装速度继电器前，要弄清楚其结构，辨明常开触头的接线端。

（2）速度继电器可以预先安装好，不属于定额时间。安装时，采用速度继电器的连接头与电动机转轴直接连接的方法，并使两轴中心线重合。

（3）通电试车时，若制动不正常，可检查速度继电器是否符合规定要求。需调节速度继电器的调整螺钉时，必须切断电源，以防止出现相对地短路而引起事故。

（4）速度继电器动作值和返回值的调整，应先由教师示范后，再由学生自己调整。

（5）制动操作不宜过于频繁。

（6）通电试车时，必须有指导教师在现场监护，同时做到安全文明生产。

**知识拓展**

电动机的电容制动电路如图 5-1-12 所示。

其工作原理如下：

启动时，合上电源开关 QS，按下启动按钮 SB2，接触器 KM1 得电吸合并自锁，其主触点闭合，电动机启动运转。KM1 的常开辅助触点闭合，失电延时时间继电器 KT 得电吸合，其失电延时断开的常开触点闭合，为接通制动电路做准备。

制动时，按下按钮 SB1，接触器 KM1 失电释放，其主触点断开，电动机脱离电源，惯性运行。KM1 常闭触点闭合，接触器 KM2 得电吸合，其主触点闭合，电动机接入三相电容制动。经过一段时间后，时间继电器 KT 延时断开的常开触点断开，接触器 KM2 失电释放，其主触点断开，切除三相电容，制动结束。

电容器的容量，对于 380V、50Hz 的三相电动机而言，每千瓦每相需 $150\mu F$ 左右，电容器的工作电压应不低于电动机的额定电压。

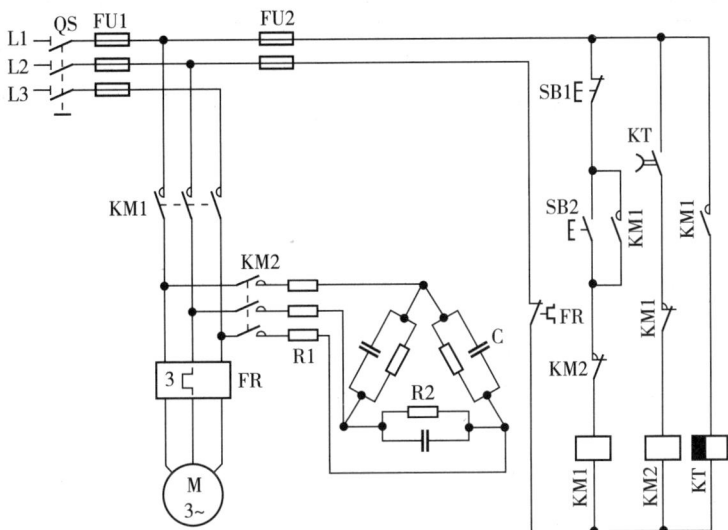

图 5-1-12　电动机的电容制动电路

**练一练**

1. 判断题

（1）三相异步电动机反接制动是通过将三相交流电源交换相序来实现的。（　　）

（2）三相交流电源交换相序是任意交换三相交流电源其中两相。（　　）

（3）三相交流电源交换相序必须将三相交流电源全部交换。（　　）

（4）三相异步电动机反接制动时，采用对称制电阻接法，可以在限制制动转矩的同时，限制制动电流。（　　）

2. 问答题

（1）什么叫三相异步电动机的制动？电气制动分为哪几种？

（2）三相异步电动机反接制动有什么特点？适用于什么场所？

（3）三相异步电动机反接制动在电路中如何实现？

（4）安装三相异步电动机单向起动反接制动控制电路时，能否不在主电路中串联电阻 $R$？

（5）安装速度继电器时应注意什么？

（6）安装三相异步电动机单向起动反接制动控制电路时，注意事项有哪些？

# 活动 2　检修三相异步电动机单向起动反接制动控制电路

**知识探究**

三相异步电动机单向起动反接制动控制电路常见故障现象、可能的原因及处理方法见表 5-1-2 所列。

表 5-1-2　三相异步电动机单向起动反接制动控制电路常见故障现象、可能的原因及处理方法

| 故障现象 | 可能的原因 | 处理方法 |
|---|---|---|
| 反接制动时速度继电器失效，电动机不制动 | （1）胶木摆杆断裂；<br>（2）触头接触不良；<br>（3）弹性动触片断裂或失去弹性；<br>（4）笼形绕组开路 | （1）更换胶木摆杆；<br>（2）调整或更换触头；<br>（3）更换弹性动触片；<br>（4）更换或重绕笼形绕组 |
| 电动机不能正常制动 | 速度继电器的弹性动触片调整不当 | 重新调整弹性动触片 |
| 按停止按钮 SB2，KM1 释放，但没有制动 | （1）按钮 SB2 常开触头接触不良或连接线断路；<br>（2）接触器 KM1 常闭辅助触头接触不良；<br>（3）接触器 KM2 线圈断线；<br>（4）速度继电器 KS 动合触点接触不良；<br>（5）速度继电器与电动机之间连接不好，见下图虚线框<br> | （1）SB2 常开触头接触不良，调整或更换触头，连接线断路，重新接好即可；<br>（2）调整或更换常闭辅助触头；<br>（3）更换或重绕 KM2 线圈；<br>（4）调整或更换 KS 动合触点；<br>（5）重新接好速度继电器与电动机连线即可 |
| 制动效果不显著 | （1）速度继电器的整定转速过高；<br>（2）速度继电器永磁转子磁性减退；<br>（3）限流电阻 $R$ 阻值太大 | （1）重新整定速度继电器转速；<br>（2）更换速度继电器永磁转子；<br>（3）更换限流电阻 $R$ |
| 制动后电动机反转 | 由于制动太强，速度继电器的整定速度太低，使电动机反转 | 重新整定速度继电器转速 |
| 制动时电动机振动过大 | 由于制动太强，限流电阻 $R$ 阻值太小，造成制动时电动机振动过大 | 更换限流电阻 $R$ |

**技能训练**

检修三相异步电动机单向起动反接制动控制电路，并排除故障。

**练一练**

（1）当按钮 SB1 没有按到底时，会出现什么情况？

【微课】
检修三相异步电动机
单向起动反接制动控制电路

（2）制动电阻 $R$ 的大小对制动有什么影响？

（3）三相异步电动机单向起动反接制动控制电路中，按停止按钮 SB2，KM1 释放，但没有制动，故障可能有哪些？

（4）三相异步电动机单向起动反接制动控制电路中，制动后电动机反转的原因是什么？

（5）三相异步电动机单向起动反接制动控制电路中，制动时电动机振动过大的原因是什么？

===== 任务评价 =====

安装三相异步电动机单向起动反接制动控制电路任务评价可按表 5-1-3 进行。

表 5-1-3　安装三相异步电动机单向起动反接制动控制电路任务评价表

| 活动内容 | 配分/分 | 评分标准 | 得分/分 |
|---|---|---|---|
| 识别电路元器件 | 15 | （1）工具、仪表少选或错选，每个扣 2 分；<br>（2）电器元器件选错型号和规格，每个扣 4 分；<br>（3）选错元器件数量或型号规格没有写全，每个扣 2 分 | |
| 安装布线 | 35 | （1）电器布置不合理，扣 5 分；<br>（2）元器件安装不牢固，每个扣 4 分；<br>（3）元器件安装不整齐、不匀称、不合理，每个扣 5 分；<br>（4）损害元器件，扣 15 分；<br>（5）不按电路图接线，扣 15 分；<br>（6）布线不符合要求，每根扣 3 分；<br>（7）接点松动、露铜过长、反圈等，每个扣 1 分；<br>（8）损伤导线绝缘层或线芯，每根扣 5 分；<br>（9）编码套管套装不正确，每处扣 1 分；<br>（10）漏接接地线，扣 10 分 | |
| 故障分析 | 10 | （1）故障分析、排除故障的思路不正确，每个扣 5 分；<br>（2）标错电路故障，每个扣 5 分 | |
| 排除故障 | 20 | （1）停电不验电，扣 5 分。<br>（2）工具及仪表使用不当，每次扣 4 分。<br>（3）排除故障的顺序不对，扣 5~10 分。<br>（4）不能查出故障点，每个扣 10 分。<br>（5）查出故障点，但不能排除，每个故障扣 5 分。<br>（6）产生新的故障：<br>若不能排除，每个扣 20 分；<br>若已经排除，每个扣 10 分。<br>（7）损坏电动机，扣 20 分。<br>（8）损害电器元器件或排除故障方法不当，每个（次）扣 5~20 分 | |

（续表）

| 活动内容 | 配分/分 | 评分标准 | 得分/分 |
|---|---|---|---|
| 通电试车 | 20 | （1）热继电器和速度继电器未整定或整定错误，扣15分；<br>（2）熔体规格选用不当，扣10分；<br>（3）第1次试车不成功，扣10分；第2次试车不成功，扣15分；第3次试车不成功，扣20分 | |
| 安全文明生产 | | 违反安全文明生产规程，扣5～40分 | |
| 时间 | | 120min，每超过5min扣总分1分 | |
| 成绩 | | | |

## 任务2　三相异步电动机能耗制动电路

知识目标

（1）能描述三相异步电动机能耗制动原理。

（2）能描述三相异步电动机能耗制动电路原理。

（3）能说出三相异步电动机能耗制动电路的组成部分。

技能目标

（1）能指出能耗制动电路中各组成部分的元器件。

（2）能正确安装及调试检修能耗制动电路。

素养目标

（1）培养学生爱岗敬业的精神，弘扬职业精神，恪守职业道德。

（2）能够在安装与调试的过程中养成团结互助的工作习惯。

【课件】

三相异步电动机

能耗制动电路

## 任务导入

前面我们已经学习了反接制动如何使电机迅速停止下来，但反接制动由于制动动力强、冲击力大、准确性差，故不宜频繁使用。那么，有没有一种效果更好的制动电路呢？本任务将学习一种新的制动电路，即能耗制动电路，以改善反接制动的不足。

# 活动1 分析与安装三相异步电动机能耗制动电路

### 1. 三相异步电动机能耗制动原理

能耗制动是指电动机脱离三相交流电源之后，由于惯性电动机仍按原方向旋转，此时若在电动机定子绕组上立即加一个直流电压，可利用转子感应电流与静止磁场的作用达到制动目的。三相异步电动机能耗制动原理如图5-2-1所示，作用力$F$在转子上形成的转矩与电动机的旋转方向相反，从而产生一个制动转矩，使电动机迅速停转。

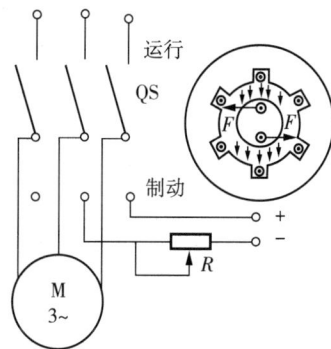

图5-2-1 三相异步电动机
能耗制动电路原理

### 2. 三相异步电动机能耗制动电路原理

工作过程及原理分析如下。

当合上电源开关QS时，电路接通电源。

1）单向起动

三相异步电动机能耗制动单向起动流程图如图5-2-2所示。

按下SB1 → KM1线圈得电 → KM1自锁触头闭合自锁 → 电动机M起动运转
　　　　　　　　　　　　→ KM1主触头闭合 →
　　　　　　　　　　　　→ KM1联锁触头分断对KM2联锁

图5-2-2 三相异步电动机能耗制动单向起动流程图

2）能耗制动

三相异步电动机能耗制动流程图如图5-2-3所示。

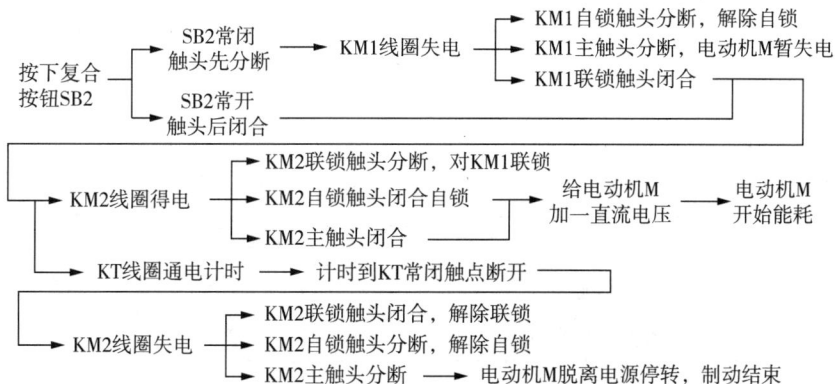

按下复合按钮SB2 → SB2常闭触头先分断 → KM1线圈失电 → KM1自锁触头分断，解除自锁
　　　　　　　　　　　　　　　　　　　　　　　→ KM1主触头分断，电动机M暂失电
　　　　　　　　　　　　　　　　　　　　　　　→ KM1联锁触头闭合
　　　　　　　　　→ SB2常开触头后闭合

→ KM2线圈得电 → KM2联锁触头分断，对KM1联锁
　　　　　　　　→ KM2自锁触头闭合自锁 → 给电动机M加一直流电压 → 电动机M开始能耗
　　　　　　　　→ KM2主触头闭合

→ KT线圈通电计时 → 计时到KT常闭触点断开

→ KM2线圈失电 → KM2联锁触头闭合，解除联锁
　　　　　　　　→ KM2自锁触头分断，解除自锁
　　　　　　　　→ KM2主触头分断 → 电动机M脱离电源停转，制动结束

图5-2-3 三相异步电动机能耗制动流程图

三相异步电动机能耗制动电路原理如图5-2-4所示。

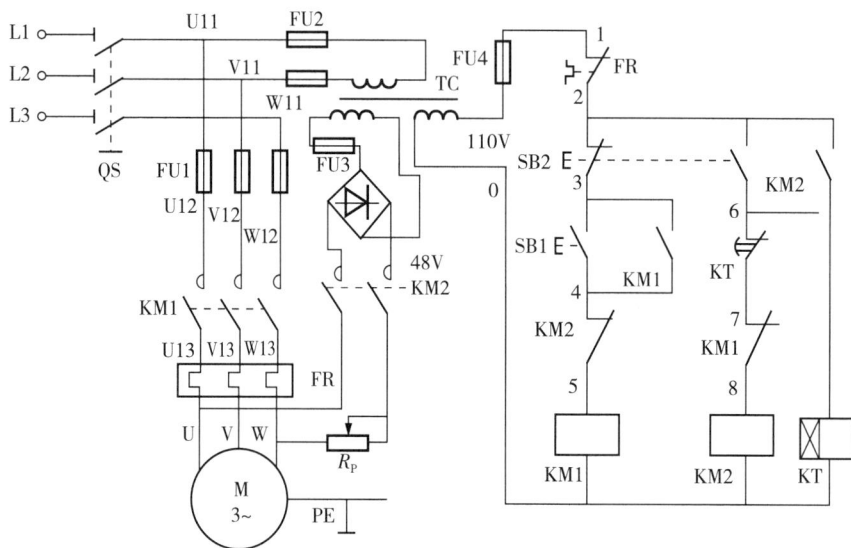

图 5-2-4　三相异步电动机能耗制动电路原理

### 3. 能耗制动电路的特点

能耗制动电路的特点主要有制动操作简单（只需要按下 SB2 即可实现制动）、制动准确平稳、能耗消耗较小。能耗制动电路常用于磨床、铣床等控制电路中。

## 技能训练

### 1. 工具、仪表及器材

（1）工具：螺钉旋具、电工刀、低压试电笔、尖嘴钳、剥线钳等。

（2）仪表：万用表、500V 兆欧表、钳形表。

（3）器材：元器件清单见表 5-2-1 所列。

表 5-2-1　元器件清单

| 符　号 | 名　称 | 型号及规格 | 数　量 |
|---|---|---|---|
| QS | 组合开关 | HZ15-25/3 | 1 |
| FU | 熔断器 | RL1-60/25（主回路） | 3 |
| | | RL1-15/2（控制回路） | 4 |
| FR | 热继电器 | JR20-10L | 1 |
| KM | 交流接触器 | CJX1-12/22 | 2 |
| KT | 时间继电器 | JS20 | 1 |
| SB | 按钮开关 | LA10-3H | 2 |
| TC | 变压器 | 380V/110V/48V | 1 |
| VD | 整流二极管 | 1N4007 | 4 |

（续表）

| 符　号 | 名　称 | 型号及规格 | 数　量 |
|---|---|---|---|
| $R_P$ | 电位器 | 0.5W，50W（外接） | 1 |
| XT | 接线端子 | JX2－1015 | 1 |
| M | 电动机 | Y132M－4 | 1 |
| | 控制电路板 | 多功能电工实训板或自制线路板 | 1 |
| 导线 | | BV（主电路）1.5mm² | 若干 |
| | | BV（控制电路）1mm² | 若干 |
| | | BVR（按钮线）0.75mm² | 若干 |
| | | BVR（接地线）1.5mm² | 若干 |
| | 螺钉、线槽 | | 若干 |

**2. 安装步骤及工艺**

（1）检查所有元器件的好坏。

（2）安装电路。

① 根据电气原理图，设计并布置各元器件的位置和线路走向。可参考图5-2-5布置好元器件。

② 再按相关配线工艺进行配线。布线原则及要求：横平竖直，分布均匀；以接触器为中心由里向外，从低到高；先控制电路，后主电路。

学生根据前面所学知识自行画出接线图，并接好线路。

③ 配线完成后，对照电气原理图自检。

④ 交给指导教师检查无误后，在端子板下方接好电动机（按图5-2-4接线），使电动机通电试车。

**知识拓展**

**三相异步电动机再生发电制动原理**

三相异步电动机再生发电制动是指电动机在运行过程中，由于负载变轻或者逆转等原因，不再消耗电能，而是将机械能通过变频器或者某种装置转化为电能，并返给电源供电或者其他负载使用。

三相异步电动机再生发电制动的原理主要包括以下几个方面：

（1）反电动势逆变控制：当电动机产生反电动势时，通过变频器将其转换为直流电，然后逆变为交流电，返给电源供电或者其他负载使用。

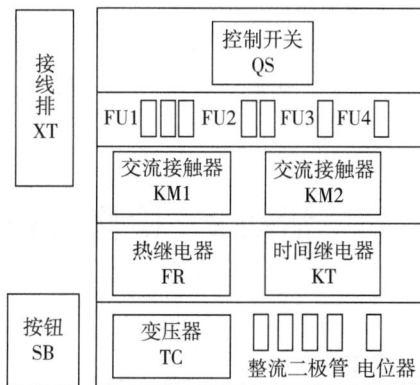

图5-2-5　布置参考图

（2）回馈电源供电：利用变频器将电动机产生的反电动势逆变为直流电后，通过逆变器将其变回交流电，再送回电源供电，实现电能的回馈。

（3）电网供电：将产生的电能通过某种装置直接接入电网，实现再生发电制动。

三相异步电动机再生发电制动具有以下优点：

（1）能够将产生的电能回馈给电源供电或者其他负载使用，提高了能源利用效率。

（2）在制动过程中可以实现能量的回收，减少能源浪费。

（3）能够降低对电网的冲击，减少对电网的负荷影响。

总之，三相异步电动机再生发电制动通过逆变器或者某种装置，将电动机产生的机械能转化为电能，并回馈给电源供电或者其他负载使用，实现了能量的再利用，达到了节能减排的目的。

## 练一练

1. 填空题

（1）能耗制动是指_____，它具有_____特点；通常用在_____电路中。

（2）在能耗制动电路中，按下停止按钮，接触器 KM2 不吸合，电动机不能制动的可能原因是_____、_____、_____、_____。

（3）在能耗制动电路中，按下停止按钮，接触器 KM2 吸合，电动机不能制动的可能原因是_____、_____。

（4）在能耗制动电路中，按下停止按钮，接触器 KM2 吸合，松开停止按钮，接触器 KM2 复位，电动机制动为点动控制的可能原因是_____、_____、_____、_____。

2. 问答题

（1）请在电路中指出能耗制动电路的各组成部分并说出组成元器件的名称。

（2）请简要叙述能耗制动电路的工作原理。

（3）安装能耗制动电路时，如果整流二极管有一个断开了，会出现什么现象？

（4）安装能耗制动电路时，如果整流二极管有一个接反了，会出现什么现象？

# 活动 2  检修三相异步电动机能耗制动电路

## 知识探究

三相异步电动机单向起动能耗制动电路常见故障现象、原因分析及处理方法见表 5 - 2 - 2 所列。

表 5-2-2   三相异步电动机单向起动能耗制动电路常见故障现象、原因分析及处理方法

| 故障现象 | 原因分析 | 处理方法 |
|---|---|---|
| 按下停止按钮，接触器 KM2 不吸合，电动机不能制动 | 可能原因：<br>(1) 接触器 KM1 的常闭触点接触不良<br>(2) SB2 的常开触点接触不良<br>(3) 时间继电器延时分断触头 KT 接触不良<br>(4) 接触器 KM2 本身有故障不能吸合 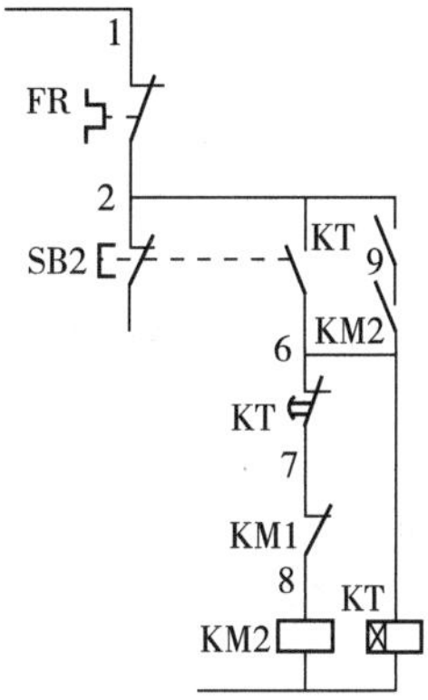 | (1) 用电压测量法或电阻测量法确定具体故障点，维修或更换接触器 KM1 的常闭触点或重新连线<br>(2) 用电压测量法或电阻测量法确定具体故障点，维修或更换接触器 SB2 的常开触点或重新连线<br>(3) 用电压测量法或电阻测量法确定具体故障点，维修或更换接触器时间继电器延时分断触头或重新连线<br>(4) 检查是否电源电压过低，电源电压过低，调整电源电压；检查是否有机械卡阻，有拆开接触器，重新装配 |
| 按下停止按钮，接触器 KM2 吸合，电动机不能制动 | 可能原因：<br>(1) 接触器 KM2 的主触点中某一触点接触不良<br>(2) 整流电路断路，整流元件部分烧毁等 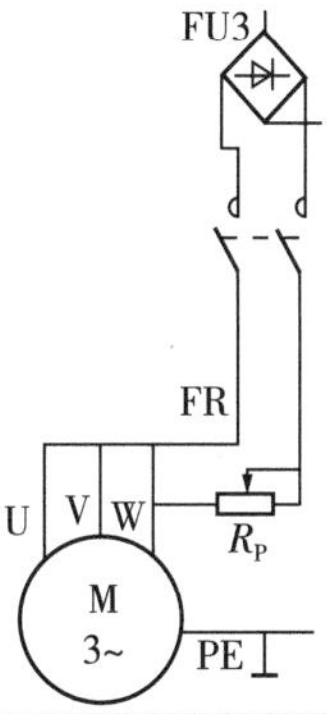 | (1) 用电压测量法或电阻测量法确定具体故障点，维修或更换接触器 KM2 的常闭触点或重新连线<br>(2) 如是整流电路外部断路，重新连接；如整流元件部分烧毁，更换元件 |
| 按下停止按钮，接触器 KM2 吸合，松开停止按钮，接触器 KM2 复位，电动机制动为点动控制 | 可能故障点在图中虚线框中部分。可能原因：<br>(1) 时间继电器瞬时闭合触头 KT 接触不良<br>(2) 时间继电器线圈损坏<br>(3) KM2 常开辅助触头接触不良<br>(4) 2、6、9 号连接导线断路 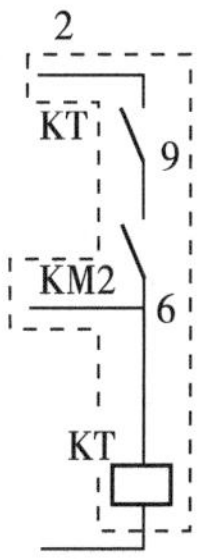 | (1) 用电压测量法或电阻测量法确定具体故障点，更换接触器时间继电器或重新连线<br>(2) 更换接触器时间继电器<br>(3) 用电压测量法或电阻测量法确定具体故障点，维修或更换接触器 KM2 的开辅助触头或重新连线<br>(4) 重新连线 |
| 制动后电动机反转 | 由于制动太强，时间继电器的整定时间太长，反向转矩没有及时消除，电动机反转 | 重新整定时间继电器时间 |
| 制动时电动机振动过大 | 由于制动太强，限流电阻 $R_P$ 阻值太小，造成制动时电动机振动过大 | 更换或调节限流电阻 $R_P$ |

### 技能训练

检修三相异步电动机能耗制动电路并排除故障。

### 练一练

在能耗制动电路中，按下停止按钮，接触器 KM2 不吸合，电动机不能制动，可能的故障有哪些？应分别如何处理？

【微课】
检修三相异步
电动机能耗制动电路

=== 任务评价 ===

三相异步电动机单向起动能耗制动电路安装与检修可参考表 5-2-3 进行评价。

表 5-2-3　三相异步电动机单向起动能耗制动电路安装与检修任务评价表

| 活动内容 | 配分/分 | 评分标准 | 得分/分 |
|---|---|---|---|
| 识别电路元器件 | 15 | （1）工具、仪表少选或错选，每个扣2分；<br>（2）电器元器件选错型号和规格，每个扣4分；<br>（3）选错元器件数量或型号规格没有写全，每个扣2分 | |
| 安装布线 | 35 | （1）电器布置不合理，扣5分；<br>（2）元器件安装不牢固，每个扣4分；<br>（3）元器件安装不整齐、不匀称、不合理，每个扣5分；<br>（4）损害元件，扣15分；<br>（5）不按电路图接线，扣15分；<br>（6）布线不符合要求，每根扣3分；<br>（7）接点松动、露铜过长、反圈等，每个扣1分；<br>（8）损伤导线绝缘层或线芯，每根扣5分；<br>（9）编码套管套装不正确，每处扣1分；<br>（10）漏接接地线，扣10分 | |
| 故障分析 | 10 | （1）故障分析、排除故障的思路不正确，每个扣5分；<br>（2）标错电路故障，每个扣5分 | |
| 排除故障 | 20 | （1）停电不验电，扣5分。<br>（2）工具及仪表使用不当，每次扣4分。<br>（3）排除故障的顺序不对，扣5~10分。<br>（4）不能查出故障点，每个扣10分。<br>（5）查出故障点，但不能排除，每个故障扣5分。<br>（6）产生新的故障：<br>若不能排除，每个扣20分；<br>若已经排除，每个扣10分。<br>（7）损坏电动机，扣20分。<br>（8）损害电器元器件或排除故障方法不当，每个（次）扣5~20分 | |

（续表）

| 活动内容 | 配分/分 | 评分标准 | 得分/分 |
|---|---|---|---|
| 通电试车 | 20 | （1）热继电器未整定或整定错误，扣15分；<br>（2）熔体规格选用不当，扣10分；<br>（3）第1次试车不成功，扣10分；第2次试车不成功，扣15分；<br>　　第3次试车不成功，扣20分 | |
| 安全文明生产 | | 违反安全文明生产规程，扣5～40分 | |
| 时间 | | 120min，每超过5min扣总分1分 | |
| 成绩 | | | |

## 任务3　三相异步电动机调速电路

知识目标

（1）理解并熟记双速异步电动机定子绕组的连接图，并正确地进行安装和检修。

（2）识读分析双速异步电动机控制电路的构成和工作原理。

（3）会根据实际电路要求，选择合适的元器件及材料。

技能目标

（1）会安装、调试三相异步电动机调速电路。

（2）会检修三相异步电动机调速电路故障。

素养目标

（1）具备必要的劳动保护和安全生产意识。

（2）具有诚实守信、爱岗敬业的职业精神和劳动素养。

（3）具备较强的人际沟通和团队合作的工作能力。

【课件】
三相异步电动机
调速电路

### 任务导入

图5-3-1是矿山刮板运输机，根据传送道路的坡度和路程不同，需要不同的速度，为了满足调速要求，通常使用多速电动机来实现。工矿企业类似设备还有很多，如机床、塔吊、双速锅炉等很多都用双速或多速电动机。

图5-3-1　矿山刮板运输机

# 活动1　分析与安装三相异步电动机调速电路

改变异步电动机转速的3种方法：

（1）改变电源频率 $f_1$。

（2）改变转差率 $s$。

（3）改变磁极对数 $p$——变极调速。

改变异步电动机的磁极对数调速，称为变极调速。变极调速通过改变定子绕组的连接方式来实现，是有级调速，且只适用于笼形异步电动机。

凡磁极对数可改变的电动机均称为多速电动机。

常见的多速电动机有双速、三速、四速等几种类型。

1. 双速异步电动机定子绕组的连接

双速异步电动机定子绕组的△/丫丫接线图如图5-3-2所示。

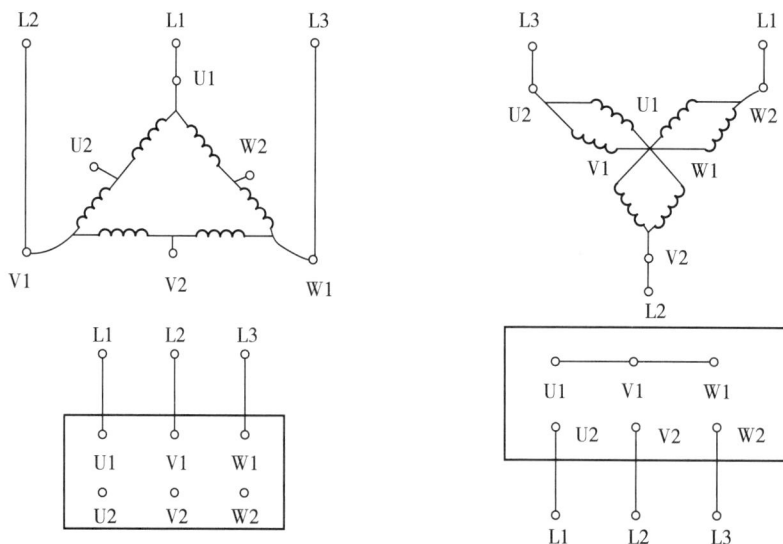

图5-3-2　双速异步电动机定子绕组的△/丫丫接线图

电动机低速工作时，把三相电源分别接在出线端U1、V1、W1上，另外3个出线端U2、V2、W2空着不接。此时，电动机定子绕组接成"△"形，磁极为4极，同步转速为1500r/min。

电动机高速工作时，把3个出线端U1、V1、W1并接在一起，三相电源分别接到另外

3个出线端 U2、V2、W2 上。这时，电动机定子绕组接成"丫丫"形，磁极为2极，同步转速为 3000r/min。

　　双速异步电动机高速运转时的转速是低速运转时转速的两倍。

　　值得注意的是，对于双速异步电动机定子绕组，从一种接法改变为另一种接法时，必须对电源相序进行反接，以保证电动机的旋转方向不变。

### 2. 用按钮和接触器控制双速异步电动机的电路

　　用按钮和接触器控制双速电动机的电路如图 5-3-3 所示。

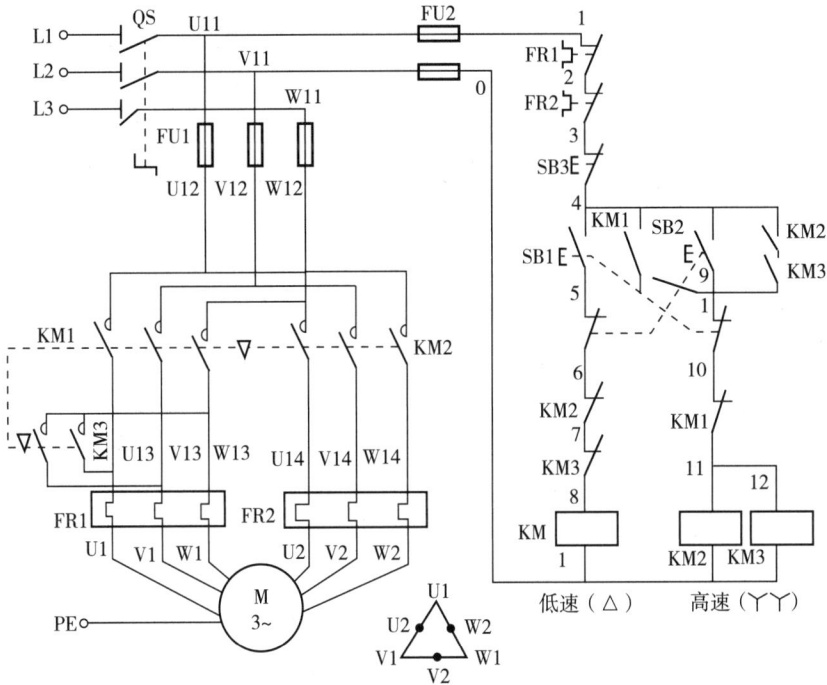

图 5-3-3　用按钮和接触器控制双速异步电动机的电路

工作过程及原理分析如下。

合上 QS，为起动做好准备。

"△"形低速起动运转：

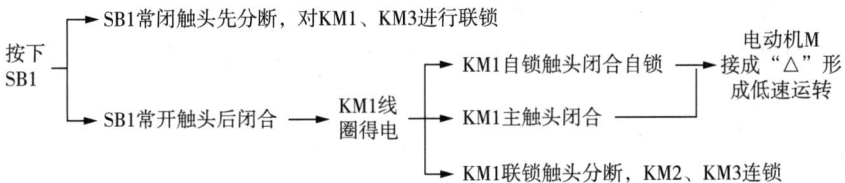

图 5-3-4　用按钮和接触器控制双速异步电动机"△"形低速起动运转流程图

"丫丫"形高速起动运转：

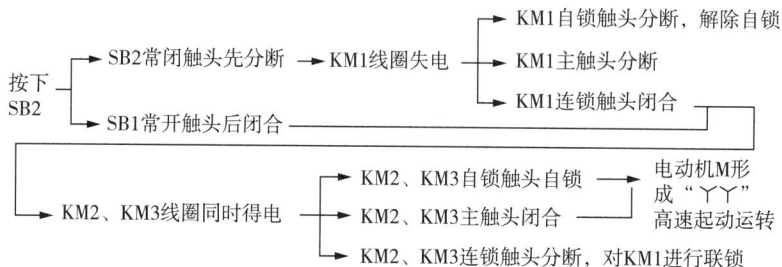

图 5-3-5 用按钮和接触器控制双速异步电动机"丫丫"形高速起动运转流程图

停转时，按下 SB3 可实现。

## 3. 用时间继电器控制双速异步电动机的控制电路

用时间继电器控制双速异步电动机的控制电路如图 5-3-6 所示。

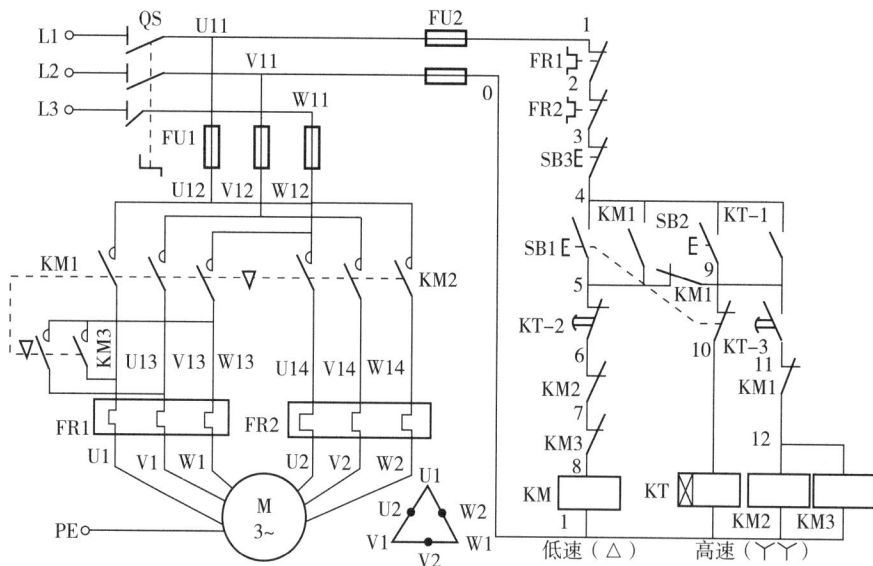

图 5-3-6 用时间继电器控制双速异步电动机的控制电路

该电路的工作原理如下。

先合上电源开关 QS，为起动做好准备。

用时间继电器控制异步双速电动机"△"形低速起动运转流程图如图 5-3-7 所示。

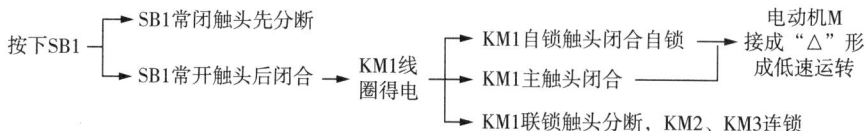

图 5-3-7 用时间继电器控制异步双速电动机"△"形低速起动运转流程图

用时间继电器控制异步双速电动机"$\curlyvee\curlyvee$"形高速起动运转流程图如图5-3-8所示。

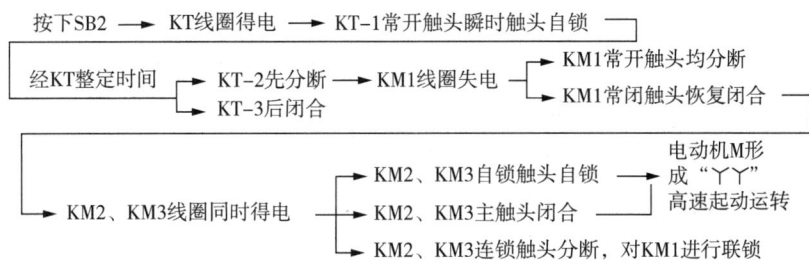

图 5-3-8　用时间继电器控制异步双速电动机"$\curlyvee\curlyvee$"形高速起动运转流程图

停转时，按下 SB3 即可实现。

## 技能训练

### 1. 工具、仪表及器材

（1）工具：螺钉旋具、电工刀、低压试电笔、尖嘴钳、剥线钳等。

（2）仪表：万用表、500V 兆欧表、钳形表。

（3）器材：双速三相异步电动机控制电路器材元件见表5-3-1所列。

表 5-3-1　双速三相异步电动机控制电路器材元件

| 代　号 | 名　称 | 型　号 | 规　格 | 数　量 |
|---|---|---|---|---|
| M | 三相异步电动机 | Y112-4 | 4kW、380V、"△/$\curlyvee$"形接法、8.8A、1440r/min | 1 |
| QS | 组合开关 | HZ10-25/3 | 三极、额定电流 25A | 1 |
| FU1 | 螺旋式熔断器 | RL1-60/25 | 500V、60A、配熔体 25A | 3 |
| FU2 | 螺旋式熔断器 | RL1-15/2 | 500V、10A、配熔体 4A | 2 |
| KM | 交流接触器 | CJX20-10 | 10A、线圈电压 380V | 3 |
| SB1 SB2 SB3 | 按钮 | LA10-3H | 保护式、380V、5A、按钮数 3 | 1 |
| XT | 端子板 | JX2-1050 | 10A、20 节、380V | 2 |
| FR1 | 热继电器 | JR16-20/3 | 三极、20A、整定电流 7.4A | 1 |
| FR2 | 热继电器 | JR16-20/3 | 三极、20A、整定电流 8.6A | 1 |
| KT | 时间继电器 | JSZ3-AB | 线圈电压 380V | 1 |
|  | 主电路导线 | BVR-1.5 | 1.5mm² (7×0.52mm) | 若干 |
|  | 控制电路导线 | BVR-1.0 | 1mm² (7×0.43mm) | 若干 |
|  | 按钮线 | BVR-0.75 | 1.5mm² | 若干 |
|  | 走线槽 |  | 18mm×25mm | 若干 |
|  | 控制板 |  | 500mm×400mm×20mm | 1 |

### 2. 安装步骤及工艺

（1）检查所有元器件的好坏。

（2）安装电路。

① 根据电气原理图，设计并布置各元器件的位置和线路走向。可参考图 5-3-9 所示的用时间继电器控制双速三相异步电动机控制电路位置图布置好元器件。

② 再按相关配线工艺进行配线。布线原则及要求：横平竖直，分布均匀；以接触器为中心由里向外，从低到高；先控制电路，后主电路。

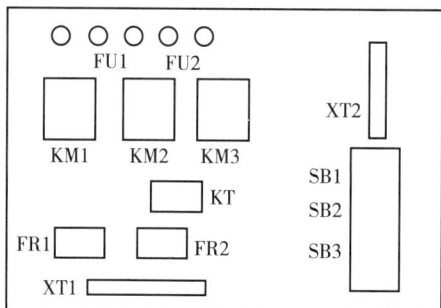

图 5-3-9　用时间继电器控制双速三相异步电动机控制电路位置图

学生根据前面所学知识自行画出接线图，并接好线路。

③ 配线完成后，对照电气原理图自检。

④ 交给指导教师检查无误后，在端子板下方接好电动机（按图 5-3-6 接线），使电动机通电试车。

### 3. 安装注意事项

（1）接线时，注意主电路中接触器 KM1、KM2 在两种转速下电源相序的改变，不能接错。否则，两种转速下电动机的转向相反，换向时将产生很大的冲击电流。

（2）控制双速电动机"△"形接法的接触器 KM1 和"丫丫"形接法的 KM2 的主触头不能对换接线。否则，不但无法实现双速控制要求，而且会在"丫丫"形运转时造成电源短路事故。

（3）热继电器 FR1、FR2 的整定电流及其在主电路中的接线不要搞错。

（4）通电试车前，要复验一下电动机的接线是否正确，并测试绝缘电阻是否符合要求。

（5）通电试车时，必须有指导教师在现场监护，同时要做到安全操作和文明生产。

#### 练一练

（1）什么叫变极调速？如何实现？

（2）试画出双速异步电动机定子绕组的连接示意图，并说出低速和高速时绕组的连接方式。

（3）试分析用时间继电器控制双速异步电动机的电路工作原理。

（4）安装用时间继电器控制双速异步电动机的控制电路时，KM1 和 KM2 接反了，会出现什么后果？

# 活动2　检修三相异步电动机调速电路

【微课】

检修三相异步
电动机调速电路

**知识探究** ◄◄◄

用时间继电器控制双速三相异步电动机电路故障见表5-3-2所列。

表5-3-2　用时间继电器控制双速三相异步电动机电路故障

| 故障现象 | 原因分析 | 处理方法 |
|---|---|---|
| 电动机低速、高速都不起动 | (1) 按 SB1 或 SB2 后 KM1、KM2、KT 不动作，可能的故障点出现在电源电路及 FU2、FR1、FR2、SB3 和 1、2、3、4 号导线上；<br>(2) 按 SB1 或 SB2 后 KM1、KM2、KT 动作，可能的故障点在 FU1<br> | (1) 用电阻测量法或电压测量法测试到具体的点，维修或更换元件或重新接线；<br>(2) 维修或更换 FU1 |
| 电动机低速起动正常，高速不起动 | 电动机低速起动后，按 SB2，电动机继续低速运转，KT 不动作，可能故障点：SB2 接触不良，SB1 的常闭接触不良，KT 线圈损坏，4、9、10、0 号导线断路<br> | 用电阻测量法或电压测量法测试到具体的点，维修或更换元件或重新接线 |
| | 电动机低速起动后，按 SB2 后 KT 动作，但电动机仍然继续低速运转，可能故障点：<br>(1) 时间继电器延时时间过长；<br>(2) KT-2 不能分断 | (1) 重新整定时间继电器；<br>(2) 更换时间继电器 |
| | 电动机低速起动后，按 SB2 后 KT 动作，电动机停转，可能故障点：<br>KT-3 或 KM1 接触不良，9、11 号导线断路<br> | 用电阻测量法或电压测量法测试到具体的点，维修或更换元件或重新接线 |

**技能训练**

检修三相异步电动机调速电路并排除故障。

**练一练**

1. 判断题

（1）三相异步电动机磁极对数越多，电动机的转速越快。（　　）

（2）三相异步电动机变极调速是无级调速。（　　）

【习题】

项目 5

（3）三相变极异步电动机无论采用什么办法，当 $f=50\,\mathrm{Hz}$ 时，电动机的最高转速只能低于 3000r/min。（　　）

（4）双速三相变速异步电动机属于变频调速。（　　）

2. 问答题

（1）双速三相异步电动机有什么特点？适用于什么场所？

（2）双速三相异步电动机低速起动正常、高速不起动的主要原因是什么？

======= 任务评价 =======

用时间继电器控制双速三相异步电动机电路任务评价见表 5-3-3 所列。

表 5-3-3　用时间继电器控制双速三相异步电动机电路任务评价

| 活动内容 | 配分/分 | 评分标准 | 得分/分 |
|---|---|---|---|
| 识别电路元器件 | 15 | （1）工具、仪表少选或错选，每个扣 2 分；<br>（2）电器元器件选错型号和规格，每个扣 4 分；<br>（3）选错元器件数量或型号规格没有写全，每个扣 2 分 | |
| 安装布线 | 35 | （1）电器布置不合理，扣 5 分；<br>（2）元器件安装不牢固，每个扣 4 分；<br>（3）元器件安装不整齐、不匀称、不合理，每个扣 5 分；<br>（4）损害元器件，扣 15 分；<br>（5）不按电路图接线，扣 15 分；<br>（6）布线不符合要求，每根扣 3 分；<br>（7）接点松动、露铜过长、反圈等，每个扣 1 分；<br>（8）损伤导线绝缘层或线芯，每根扣 5 分；<br>（9）编码套管套装不正确，每处扣 1 分；<br>（10）漏接接地线，扣 10 分 | |
| 故障分析 | 10 | （1）故障分析、排除故障的思路不正确，每个扣 5 分；<br>（2）标错电路故障，每个扣 5 分 | |

（续表）

| 活动内容 | 配分/分 | 评分标准 | 得分/分 |
|---|---|---|---|
| 排除故障 | 20 | (1) 停电不验电，扣5分。<br>(2) 工具及仪表使用不当，每次扣4分。<br>(3) 排除故障的顺序不对，扣5～10分。<br>(4) 不能查出故障点，每个扣10分。<br>(5) 查出故障点，但不能排除，每个故障扣5分。<br>(6) 产生新的故障：<br>若不能排除，每个扣20分；<br>若已经排除，每个扣10分。<br>(7) 损坏电动机，扣20分。<br>(8) 损害电器元器件或排除故障方法不当，每个（次）扣5～20分 | |
| 通电试车 | 20 | (1) 热继电器未整定或整定错误，扣15分。<br>(2) 熔体规格选用不当，扣10分。<br>(3) 第1次试车不成功，扣10分；第2次试车不成功，扣15分；第3次试车不成功，扣20分 | |
| 安全文明生产 | | 违反安全文明生产规程，扣5～40分 | |
| 时间 | | 180min，每超过5min扣总分1分 | |
| 成绩 | | | |

# 项目6
## 典型生产机械电气控制电路

**项目描述**

生产机械种类繁多，其拖动方式和电气控制电路各不相同。本项目通过对一些典型生产机械设备电气控制电路的分析、安装与维修介绍，提高学生阅读电气原理图的方法，培养读图能力，并通过分析、安装与维修典型生产机械电气控制电路，为其他设备电气控制电路的分析、安装、维修及调试打下良好的基础。

## 任务 1　普通车床电气控制电路

知识目标

　　（1）熟悉 CA6140 型普通车床的基本组成和主要运动形式。

　　（2）掌握 CA6140 型车床电气控制电路的特点和控制要求，能读懂机床电路图。

　　（3）提高识别机床电气控制电路的能力。

技能目标

　　（1）会安装和调试 CA6140 型车床的电气控制电路。

　　（2）会维修 CA6140 型车床的电气控制电路。

素养目标

　　（1）培养学生的创新精神，使学生树立坚定的理想信念。

　　（2）具备较强的人际沟通和团队合作的工作能力。

【课件】

普通车床电气控制电路

### 任务导入

　　车床是应用最广泛的一种机床。车床能够车削各种工件的外圆、内圆、端面、螺纹、螺杆、定型表面，并可以装上钻头、铰刀等进行钻孔和铰孔等加工。这些加工工作必须由电气控制线路驱动电动机，从而带动机械部件运行来完成。CA6140 型车床为我国自行设计制造的普通车床，具有性能优越、结构先进、操作方便和外形美观等优点。

## 活动 1　CA6140 型车床的相关知识

【微课】

认识 CA6140 型车床

### 知识探究

1. 车床型号含义

图 6-1-1 所示是车床型号的含义。

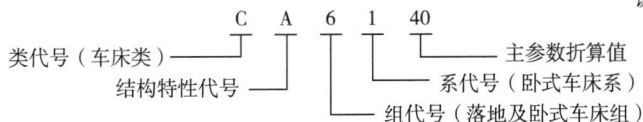

图 6-1-1　车床型号的含义

### 2. CA6140 型车床的主要结构

CA6140 型普通车床主要由床身、主轴箱、进给箱、溜板箱、刀架、丝杠、尾架等部分组成。

CA6140 型车床的主要结构如图 6-1-2 所示。

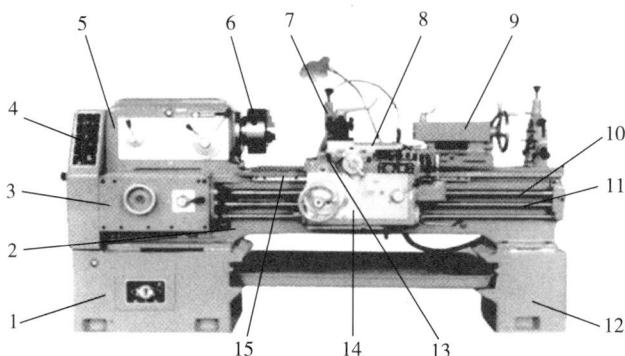

1—左床座；2—床身；3—进给箱；4—挂轮架；5—主轴箱；6—卡盘；7—方刀架；

8—小滑板；9—尾架；10—丝杠；11—光杆；12—右床座；13—横溜板；14—溜板箱；15—纵溜板。

图 6-1-2 CA6140 型车床的主要结构

### 3. CA6140 型车床的主要运动形式

车床的切削运动包括工件旋转的主运动和刀具的直线进给运动。主运动是卡盘或卡盘与顶尖带着工件的旋转运动，主轴变速是由主轴电动机把 V 带传递到主轴变速箱来实现的。车床的进给运动是刀架带动刀具的直线运动。溜板箱把丝杠或光杆的转动传递给刀架部分，变换溜板箱外的手柄位置，经刀架部分使车刀做纵向或横向进给。车床的辅助运动为尾座的纵向移动、工件的夹紧或放松等。

### 4. CA6140 型车床的电力拖动特点及控制要求

（1）主轴电动机一般采用三相笼形异步电动机，不进行电气调速而通过齿轮箱进行机械调速。

（2）在车削螺纹时，要求主轴有正转、反转，其正转、反转的转换通过机械方法来实现。

（3）主轴电动机的起动、停止采用按钮进行操作。

（4）刀架移动速度和主轴转动速度有固定的比例关系，以便满足对螺纹的加工需要。

（5）车削加工时，需要切削液冷却工件，所以必须配有冷却泵电动机，且要求主动机起动之后，冷却泵电动机才可起动，而当主电动机停止时，冷却泵电动机应立刻停止。

（6）必须配有过载、短路、失电压和欠电压保护。

（7）具有安全的局部照明装置。

**技能训练**

上网搜集 CA6140 型车床的相关知识，进一步学习相关内容。

**练一练**

**1. 填空题**

（1）车床是应用最广泛的一种机床，车床能够车削各种工件的_____、_____、_____、_____、_____、_____，并可以装上钻头、铰刀等进行_____和_____等加工。

（2）CA6140型普通车床主要由_____、_____、_____、_____、_____、_____等部分组成。

（3）C6140型车床的主运动是_____，进给运动是_____，辅助运动是_____。

**2. 简答题**

（1）CA6140型号含义是什么？

（2）CA6140型车床电力拖动的特点是什么？它有哪些控制要求？

# 活动2　CA6140型车床电气控制电路安装与调试

**知识探究**

**1. CA6140型车床电气控制电路原理图**

CA6140型车床电气控制电路原理如图6-1-3所示。

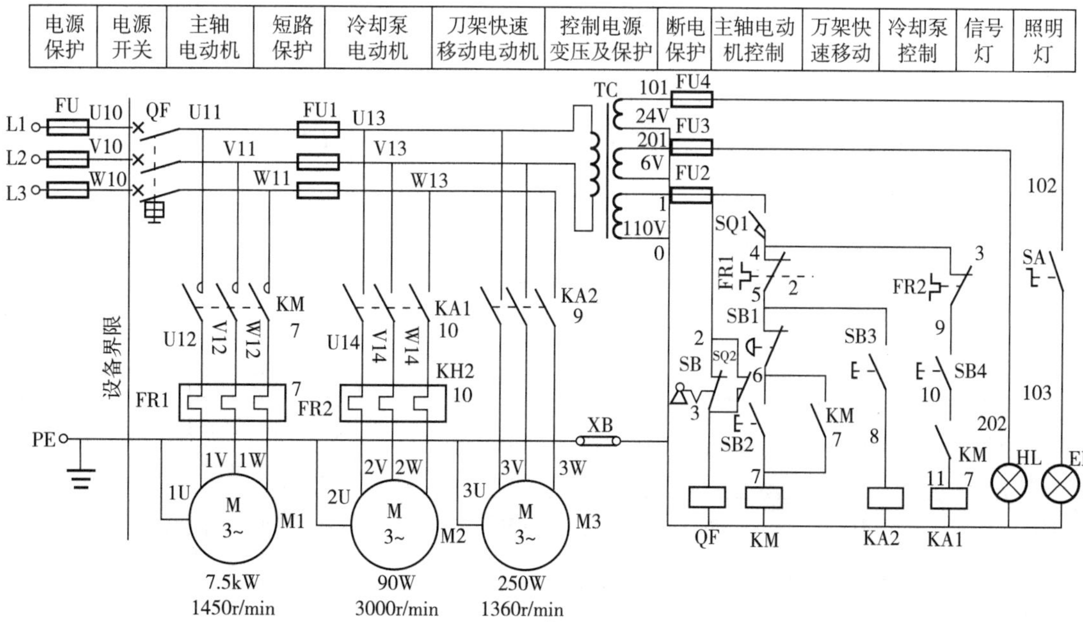

图6-1-3　CA6140型车床电气控制电路原理

## 2. CA6140 型车床电气元件

CA6140 型车床控制电路所需电气元件见表 6-1-1 所列。

表 6-1-1    CA6140 型车床控制电路所需电气元件

| 符　号 | 名　　称 | 型号及规格 | 数　量 | 用　途 |
|---|---|---|---|---|
| M1 | 主轴电动机 | Y132M-4，7.5kW | 1 | 拖动主轴 |
| M2 | 冷却泵电动机 | AOB-25，90W | 1 | 驱动冷却泵 |
| M3 | 快速移动电动机 | 2AOS5634，250W | 1 | 驱动刀架快速移动 |
| FR1 | 热继电器 | JR16-20/3D，1.54A | 1 | M1 的过载保护 |
| FR2 | 热继电器 | JR16-20/3D，0.32A | 1 | M2 的过载保护 |
| KA1 | 中间继电器 | JZ7-44，线圈电压 110V | 1 | 控制 M2 |
| KA2 | 中间继电器 | JZ7-44，线圈电压 110V | 1 | 控制 M3 |
| KM | 交流接触器 | CJ10-20，线圈电压 110V | 1 | 控制 M1 |
| FU | 熔断器 | RL1-15，熔体 6A | 3 | 电源保护 |
| FU1 | 熔断器 | RL1-15，熔体 6A | 3 | M2、M3 短路保护 |
| FU2 | 熔断器 | RL1-15，熔体 4A | 1 | 照明电路短路保护 |
| FU3 | 熔断器 | RL1-15，熔体 2A | 1 | 信号灯电路短路保护 |
| FU4 | 熔断器 | RL1-15，熔体 2A | 1 | 控制电路短路保护 |
| SB1 | 按钮 | LA9-11 | 1 | 停止 M1 |
| SB2 | 按钮 | LA9-11D | 1 | 起动 M1 |
| SB3 | 按钮 | LA9 | 1 | 起动 M3 |
| SB4 | 旋转开关 | LA9 | 1 | 控制 M2 |
| SA | 组合开关 | HZ2-10/3，10A | 1 | 照明开关 |
| QF | 断路器 | AM2-40，20A | 1 | 电源开关 |
| TC | 控制变压器 | BK-150，380V/110V/24V/6V | 1 | 为控制电路、指示电路和照明电路提供电源 |
| HL | 信号灯 | XD-0，额定电压 6V | 1 | 刻度照明、信号指示 |
| EL | 照明灯 | GC11，额定电压 36V | 1 | 工作照明 |
| XB | 连接片 | X-021 | 1 | 导线铜连接片 |

### 3. 主电路工作原理

主电路中共有三台电动机：M1 为主轴电动机，M2 为冷却泵电动机，M3 为刀架快速移动电动机。CA6140 型车床主电路如图 6-1-4 所示。

将钥匙开关 SB 向右旋转，再扳动断路器将三相电源引入。主轴电动机 M1 由接触器 KM 控制，熔断器 FU 提供短路保护，热继电器 FR1 提供过载保护。

冷却泵电动机 M2 由中间继电器 KA1 控制，热继电器 FR2 提供过载保护。

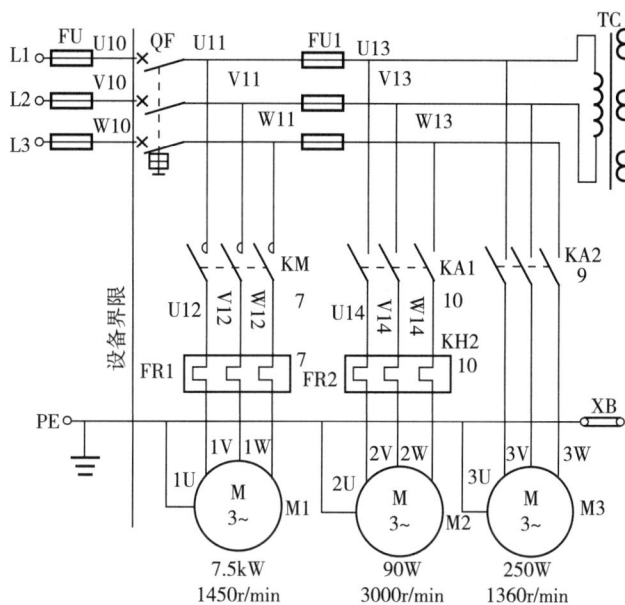

图 6-1-4 CA6140 型车床主电路

刀架快速移动电动机 M3 由中间继电器 KA2 控制。由于 M3 是点动短时运转，因此未设过载保护。FU1 作为电动机 M2、M3、控制变压器 TC 的短路保护。

1) 主轴电动机 M1 的控制

主轴电动机 M1 的控制流程图如图 6-1-5 所示。

图 6-1-5 主轴电动机 M1 的控制流程图

按下停止按钮 SB1，主轴电动机 M1 停转。

2) 冷却泵 M2 的控制

由于主轴电动机 M1 和冷却泵电动机 M2 在控制电路中采用顺序控制方式，因此只有在主轴电动机 M1 起动后，即 KM 常开触点闭合后，合上旋转开关 SB4，冷却泵电动机 M2 才可能起动。当 M1 停止时，M2 自行停止。

3）刀架快速移动电动机 M3 的控制

刀架快速移动电动机 M3 的起动由按钮 SB3 控制，并采用点动控制方式。由进给操作手柄配合机械装置实现刀架前、后、左、右移动，若按下按钮 SB3，可使刀具快速地接近或退离加工部位。

4）照明、信号电路的控制

EL 为车床低压照明灯，由控制变压器 TC 的二次侧输出 24V 安全电压供电，由开关 SA 控制，熔断器 FU2 提供短路保护。

HL 为电源信号灯，由 TC 的二次侧输出 6V 电压供电，熔断器 FU3 提供短路保护，电源接通后信号灯亮，表示车床已接通电源。

**技能训练**

1. 工具、仪表及器材

（1）工具：测电笔、电工刀、剥线钳、尖嘴钳、斜口钳、螺钉旋具等。

（2）仪表：MF47 型万用表、5050 型兆欧表、T301-A 型钳电流表。

（3）器材：控制板、走线槽、导线、坚固体、金属软管、编码套管等。

2. 安装步骤及工艺要求

（1）按表 6-1-1 配齐电气设备和元件，并逐个检查规格和质量是否合格。

（2）根据电动机容量、线路走向及要求和各元件的安装尺寸，正确选配导线的规格、导线通道类型和数量、接线端子板型号及节数、控制板、管夹、束节、紧固体等。

（3）在控制板上安装电器元件，并在各电器元件附近做好与电路图上标记相同的标记。

（4）按照控制板内布线的工艺要求进行布线和套编码套管。

（5）选择合理的导线走向，做好导线通道的支持准备，并安装板外部的所有电器。

（6）进行控制箱外部布线，并在导线线头上套装好与电路图相同线号的编码套管。对于可移动的导线通道应放适当的余量，使金属软管在运动时不承受拉力，并在规定的通道内放好备用导线。

（7）检查电路的接线是否正确和接地通道是否有连续性。

（8）检查热继电器的整定值是否符合要求。各级熔断器的熔体是否符合要求，如不符合要求应予更换。

（9）检查电动机的安装是否牢固，以及与生产机械传动装置的连接是否可靠。

（10）检查电动机及线路的绝缘电阻，清理安装场地。

（11）接通电源开关，点动控制各电动机起动，检查各电动机的转向是否符合要求。

（12）通电空载试验时，应认真观察各电器元件、线路、电动机及传动装置的工作情况是否正常。如不正常，应立即切断电源进行检查，在调整或修复后才能再次通电试车。

3. 安装注意事项

（1）不要漏接接地线。严禁采用金属软管作为接地通道。

（2）在控制箱外部布线时，导线必须穿在导线通道内或敷设在机床底座内的导线通道里。所有的导线不允许有接头。

（3）对在导线通道内敷设的导线进行接线时，必须集中思想，做到查出一根导线，立即套上编码套管，接上后再进行复验。

（4）在进行快速进给时，要注意将运动部件处于行程的中间位置，以防止运动部件与车头或尾架相撞产生设备事故。

（5）在安装、调试中，工具、仪表的使用应符合要求。

（6）通电操作时，必须遵守安全操作规程。

#### 练一练

1. 填空题

（1）该车床共有三台电动机，它们分别是_____、_____和_____。

（2）三台电动机 M1、M2 和 M3 分别由_____、_____和_____控制。

（3）热继电器 FR1、FR2 为电动机 M1、M2 提供_____，熔断器 FU 为电动机提供_____保护，FU1 为电动机_____、_____和控制变压器提供短路保护。

（4）主轴电动机 M1 的起动与停止分别由按钮_____、_____控制。

（5）C6140 型车床主轴电动机 M1 和冷却泵电动机 M2 在控制电路中实现了_____，即只有_____起动后，_____才能起动运转。

（6）刀架快速移动电动机 M3 采用的是_____控制，按住快速移动电动机按钮_____并操纵进给方向操作手柄，使刀架沿着_____快速移动。

2. 问答题

（1）CA6140 型车床的主轴是如何实现正反转控制的？

（2）CA6140 型车床照明电路和信号电路的电源电压是多少？

（3）安装与调试 CA6140 型车床电气控制电路时应注意什么？

（4）信号灯和照明灯接成了 110V 电源，会产生什么后果？

## 活动 3　CA6140 型车床电气控制电路检修

#### 知识探究

当需要打开配电盘壁龛门进行带电检修时，将 SQ2 开关的传动杆拉出，刀开关 QS 仍合上。关上壁龛门后，SQ2 复原保护作用。CA6140 型车床电气控制电路常见故障现象、可能原因及处理方法见表 6-1-2 所列。

表 6-1-2　CA6140 型车床电气控制电路常见故障现象、原因及处理方法

| 常见故障现象 | 可能原因 | 处理方法 |
|---|---|---|
| 主轴电动机 M1 不能起动 | KM 吸合 | (1) 将钥匙开关 SB 向右旋转，再扳动断路器将三相电源引入，用万用表测接触器受电端 U11、V11、W11 点之间的电压。若电压都是 380V，则电源正常。当 U11 与 W11 之间无电压时，再测量 U11 与 W10 之间有无电压。若无，则说明 FU（L3）熔断或断路；否则，故障是 QS（L3）接触不良或连线断路。修复措施：查明损坏原因，更换相同规格和型号的熔体、刀开关及连线。<br>(2) 断开刀开关 QS，用万用表 R×1 挡测量接触器输出端 U12、V12、W12 之间电阻值。如果电阻值较小且相等，说明电路正常；否则，依次检查 FR1、电动机 M1 及它们之间的连线。修复措施：查明损坏原因，更换相同规格和型号的热继电器、电动机 M1 及它们之间的连线。<br>(3) 检查接触器 KM 主触头是否良好。若接触不良或烧毛，则更换动触头、静触头或相同规格的接触器。<br>(4) 检查电动机机械部分是否良好。若电动机内部轴承等损坏，应更换轴承；若外部机械有问题，则配合机修钳工维修 |
| | KM 没有吸合 | 首先检查 KA2 是否吸合。若吸合说明 KA2 与 KM 的公共部分正常，故障范围在 KM 线圈部分支路；若 KA2 不吸合，检查照明灯和信号灯。若照明灯和信号灯亮，说明故障在控制电路中；若照明灯和信号灯都不亮，说明电源部分可能有故障，但不能排除控制电路有故障。这时可用电压分析法或电阻分析法测试故障 |
| 主轴电动机起动后不能自锁 | 接触器 KM 的自锁触头接触不良或连线松脱 | 断开 QS 开关，用万用表 R×1 挡测量 SB1 出线和 KM 进线之间电阻。若电阻值较小，说明线路 5 点正常；若电阻值为∞，说明连线不牢，应重新连线。再测 SB2 出线与 KM 出线之间电阻。若电阻值较小，说明线路 6 点正常；若电阻值为∞，说明连线不牢，应重新连线。如果 5、6 连线都正常，说明故障在接触器辅助触点上，应更换触点或更换同型号接触器 |
| 主轴电动机 M1 不能停车 | 多是接触器 KM 的主触头熔焊，停止按钮 SB1 被击穿或线路短路、两点连线短路，接触器铁心表面有污垢 | 可采用方法：若断开 QS，接触器释放，则说明故障点为 SB1 或导线被击穿；若接触器过一阵释放，则故障为铁心表面粘牢污垢；若断开 QS，接触器不释放，则故障为主触头熔焊 |

（续表）

| 常见故障现象 | 可能原因 | 处理方法 |
| --- | --- | --- |
| 主轴电动机在运行中突然停车 | 主要原因是热继电器FR1动作。引起热继电器FR1动作的可能原因：三相电源电压不平衡，电源电压较长时间过低，负载过重及连接导线接触不良等 | （1）若三相电源电压不平衡和电源电压较长时间过低，则调整电源。<br>（2）若负载过重，则找出负载过重原因；若机械卡阻，则钳工修复机械。<br>（3）若连接导线接触不良，则重新接好线 |
| 刀架快速移动电动机不能起动 | 可能的原因是：FU1熔体断开；中间继电器KA2触头接触不良 | 按下SB3时，继电器KA2不吸合，故障必在控制电路中。这时，依次检查FR1的常闭触头、点动控制按钮SB3及继电器KA2的线圈是否有断路现象即可 |

**技能训练**

1. 工具、仪表及器材

（1）工具：测电笔、电工刀、剥线钳、尖嘴钳、斜口钳、螺钉旋具等。

（2）仪表：MF47型万用表、5050型兆欧表、T301－A型钳电流表。

（3）器材：控制板、走线槽、导线、坚固体、金属软管、编码套管等。

2. 具体检修

请学生检修CA6140型车床电气控制电路，排除故障。

**练一练**

1. 填空题

机床电气设备的维修包括_____和_____两方面。

2. 判断题

（1）在操作CA6140型车床时，按下SB2，发现接触器KM1得电动作，但电动机M1不能起动，则故障原因可能是热继电器FR1动作后没有复位。（　　）

（2）在安装调试CA6140型车床时，主轴电动机不需要正反转；加工螺纹时要求主轴反转是由操作手柄通过机械的方法来实现的。（　　）

3. 问答题

（1）在CA6140型车床中，若主轴电动机M1只能点动，则可能的故障原因是什么？在此情况下，冷却泵能否正常工作？

（2）CA6140型车床的主轴电动机因过载而自动停车后，操作者立即按下起动按钮，但是电动机不能起动，试分析可能的原因。

（3）CA6140型车床的主轴电动机不能停车的可能原因是什么？如何确定具体原因？

（4）CA6140 型车床的主轴电动机在运行中突然停车的原因可能有哪些？

（5）CA6140 型车床的刀架快速移动电动机不能起动的原因可能有哪些？

（6）在 CA6140 型车床照明电路和信号电路电气故障检修中，采用电阻测量法时应注意哪些问题？

## 任务评价

CA6140 型车床电气控制电路安装与调试任务评价见表 6-1-3 所列。

表 6-1-3  CA6140 型车床电气控制电路安装与调试任务评价

| 活动内容 | 配分/分 | 评分标准 | 扣分/分 |
|---|---|---|---|
| 装前检查 | 5 | 电器元件错检或漏检，扣 2 分/处 | |
| 器材选用 | 10 | （1）导线选用不符合要求，扣 4 分/处；<br>（2）穿线管选用不符合要求，扣 3 分/处；<br>（3）编码套管等附件选用不当，扣 3 分/项 | |
| 元件安装 | 10 | （1）控制箱内部元件安装不符合要求，扣 3 分/处；<br>（2）控制箱外部元件安装不牢固，扣 3 分/处；<br>（3）损坏电器元件，扣 10 分/个 | |
| 布线 | 15 | （1）不按电路图接线，扣 15 分；<br>（2）控制箱内导线敷设不符合要求，扣 3 分/根；<br>（3）通道内导线敷设不符合要求，扣 3 分/根；<br>（4）漏接地线，扣 8 分 | |
| 故障分析 | 20 | （1）标不出故障线段或错标在故障回路以外，扣 15 分/处；<br>（2）不能标出最小故障范围，扣 5~10 分/处 | |
| 排除故障 | 20 | （1）停电不验电，扣 15 分；<br>（2）测量仪器和工具使用不正确，扣 15 分/次；<br>（3）故障排除方法不正确，扣 10 分；<br>（4）损坏电器元件，扣 20 分/个；<br>（5）不能排除故障点，扣 20 分/个；<br>（6）扩大故障范围或产生新故障，扣 20 分/个 | |
| 通电试车 | 20 | （1）位置开关安装不合适，扣 5 分；<br>（2）整定值未整定或整定错误，扣 5 分/只；<br>（3）熔体规格配错，扣 3 分/只；<br>（4）通电不成功，扣 20 分 | |
| 安全文明生产 | | 违反安全文明生产规程，扣 10~40 分 | |
| 时间 | | 16h，每超过 5min 扣 5 分 | |
| 成绩 | | | |

注：除定额时间外，各项内容最高扣分不得超过配分数。

## 任务2　Z3035型摇臂钻床电气控制电路

知识目标

（1）熟悉 Z3035 型摇臂钻床的基本组成和主要运动形式。

（2）掌握 Z3035 型摇臂钻床电气控制电路的特点和控制要求，能读懂机床电路图。

技能目标

（1）会安装和调试 Z3035 型摇臂钻床的电气控制电路。

（2）会维修 Z3035 型摇臂钻床的电气控制电路。

素养目标

（1）使学生养成自主学习的习惯。

（2）使学生具备较强的人际沟通和团队合作的工作能力。

【课件】

Z3035 型

摇臂钻床电气控制电路

### 任务导入

钻床是用途广泛的孔加工机床。它主要用钻头钻削对精度要求不太高的孔，另外还可以用来扩孔、铰孔、镗孔及攻螺纹等。

钻床的结构形式很多，有立式钻床、卧式钻床、台式钻床、深孔钻床及多轴钻床。摇臂钻床是一种立式钻床，它适用于单件或批量生产中带多孔的大型零件的孔加工。Z3035 型摇臂钻床外观造型美观大方，总体布局匀称协调；采用机械变速方式，机械锁紧，操作简便；摇臂自动升降，主轴自动进刀，生产效率高；结构可靠，制造精良，保证了机床的精度持久性。本任务以 Z3035 型摇臂钻床为例进行介绍。

# 活动 1　Z3035 型摇臂钻床的相关知识

### 知识探究

1. Z3035 型摇臂钻床的型号含义

如图 6-2-1 所示是 Z3035 型摇臂钻床型号含义。

2. Z3035 型摇臂钻床的主要结构

Z3035 型摇臂钻床主要由底座、内立柱、外立

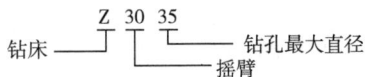

图 6-2-1　Z3035 型
摇臂钻床型号含义

柱、摇臂、主轴箱、工作台等部分组成。Z3035 型摇臂钻床的主要结构如图 6-2-2 所示。

3. Z3035 型摇臂钻床的主要运动形式

摇臂钻床的主运动是主轴带动钻头的旋转运动；进给运动是钻头的上下运动；辅助运动是主轴箱沿摇臂水平移动，摇臂沿外立柱上下移动和摇臂连同外立柱一起绕内立柱的回转运动。

4. Z3035 型摇臂钻床的电力拖动特点及控制要求

（1）为满足攻螺纹工序要求，主轴需实现正反转，而主轴电动机 M2 只能单向旋转，主轴的正反转依靠摩擦离合器来实现。

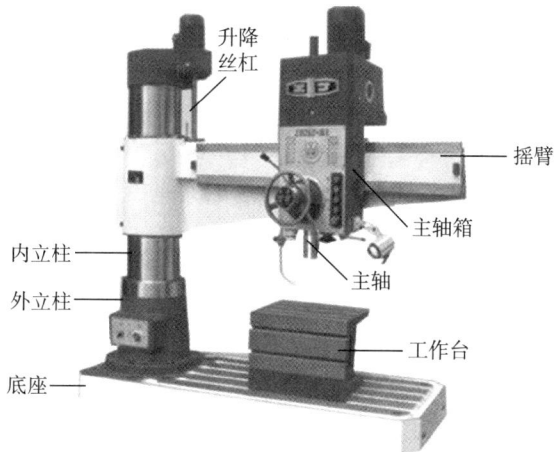

图 6-2-2　Z3035 型摇臂钻床的主要结构

（2）摇臂的升降和立柱的松紧分别由摇臂升降电动机 M3 和立柱夹紧与松开电动机 M4 驱动，要求电动机 M3 和 M4 能实现正反转控制。

（3）钻削加工时，由电动机 M1 驱动冷却泵输送切削液，要求电动机 M1 单向起动。

（4）为了操作方便，采用十字开关对主轴电动机 M2 和摇臂升降电动机 M3 进行操作。

（5）为了操作安全，控制电路的电源电压为 110V。

**技能训练**

上网搜集 Z3035 型摇臂钻床的相关知识，进一步学习相关内容。

**练一练**

1. 填空题

（1）钻床是应用最广泛的一种机床，它主要用钻头钻削精度要求不太高的_____，另外还可以用来_____、_____、_____及_____等加工。

（2）Z3035 型摇臂钻床主要由_____、_____、_____、_____、_____、_____等部分组成。

（3）Z3035 型摇臂钻床的主运动是_____，进给运动是_____，辅助运动是_____。

2. 问答题

（1）Z3035 的型号含义是什么？

（2）Z3035 型摇臂钻床的电力拖动特点是什么？有哪些控制要求？

# 活动 2　Z3035 型摇臂钻床电气控制电路安装与调试

**知识探究**

1. Z3035 型摇臂钻床电气控制电路原理图

Z3035 型摇臂钻床电气控制电路原理如图 6-2-3 所示。

2. Z3035 型摇臂钻床电气元件表

Z3035 型摇臂钻床电气元件见表 6-2-1 所列。

表 6-2-1　Z3035 型摇臂钻床电气元件

| 符　号 | 名　称 | 型号及规格 | 数　量 | 用　途 |
|---|---|---|---|---|
| M1 | 冷却泵电动机 | JCB-22-2，0.125kW，380V/220V，2790r/min | 1 | 带动冷却液压泵供给冷却液 |
| M2 | 主轴电动机 | JO2-42-4，5.5kW，380V/220V，1440r/min | 1 | 主轴传动 |
| M3 | 摇臂升降电动机 | JO2-22-4，1.5kW，380V/220V，1410r/min | 1 | 摇臂升降 |
| M4 | 液压泵电动机 | JO2-61-6，0.8kW，380V/220V，930r/min | 1 | 立柱夹紧与放松 |
| KM1 | 交流接触器 | CJ10-20，线圈电压110V | 1 | 主轴控制 |
| KM2 | 交流接触器 | CJ10-10，线圈电压110V | 1 | 摇臂升降控制 |
| KM3 | 交流接触器 | CJ10-10，线圈电压110V | 1 | 摇臂升降控制 |
| KM4 | 交流接触器 | CJ10-10，线圈电压110V | 1 | 液压放松与夹紧 |
| KM5 | 交流接触器 | CJ10-10，线圈电压110V | 1 | 液压放松与夹紧 |
| FU1 | 熔断器 | RL1-60，熔体25A | 3 | 电源总保护 |
| FU2 | 熔断器 | RL1-15，熔体10A | 1 | M3、M4线路短路保护 |
| FU3 | 熔断器 | RL1-15，熔体2A | 1 | 控制电路短路保护 |
| FU4 | 熔断器 | RL1-15，熔体2A | 1 | 照明灯保护 |
| FR | 热继电器 | JR2-1/3D，6.8～11A | 1 | M2 的过载保护 |
| TC | 控制变压器 | BK-150 | 1 | 为控制电路、指示电路和照明电路提供电源 |

（续表）

| 符　号 | 名　称 | 型号及规格 | 数　量 | 用　途 |
|--------|--------|------------|--------|--------|
| QS1 | 组合开关 | HZ2 - 25/3 | 1 | 电源总开关 |
| QS2 | 组合开关 | HZ2 - 10/3，10A | 1 | 冷却泵控制 |
| QS3 | 组合开关 | HZ2 - 10/3，10A | 1 | 照明开关 |
| SA | 十字开关 | 定制 | 1 | — |
| SQ1 | 位置开关 | LX5 - 11 | 1 | 摇臂升降限位 |
| SQ2 | 位置开关 | LX5 - 11 | 1 | 摇臂升降控制 |
| SQ3 | 位置开关 | LX5 - 11 | 1 | 摇臂升降限位 |
| SB1 | 按钮 | LA9 - 11 | 1 | M4 正转点动控制 |
| SB2 | 按钮 | LA9 - 11D | 1 | M4 点动反转控制 |
| EL | 照明灯 | KZ 型带开关、灯架、灯泡 | 1 | 机床局部照明 |

## 3. 十字开关操作说明

十字开关操作说明见表 6 - 2 - 2 所列。

表 6 - 2 - 2　十字开关操作说明

| 开关位置 | 实物位置 | 控制线路符号 | 控制电路工作情况 |
|----------|----------|--------------|------------------|
| 左 | | | KV 获电并自锁 |
| 右 | | | KM1 获电，主轴旋转 |
| 上 | | | KM2 获电，摇臂上升 |
| 下 | | | KM3 获电，摇臂下降 |
| 中 | | | 控制电路断电 |

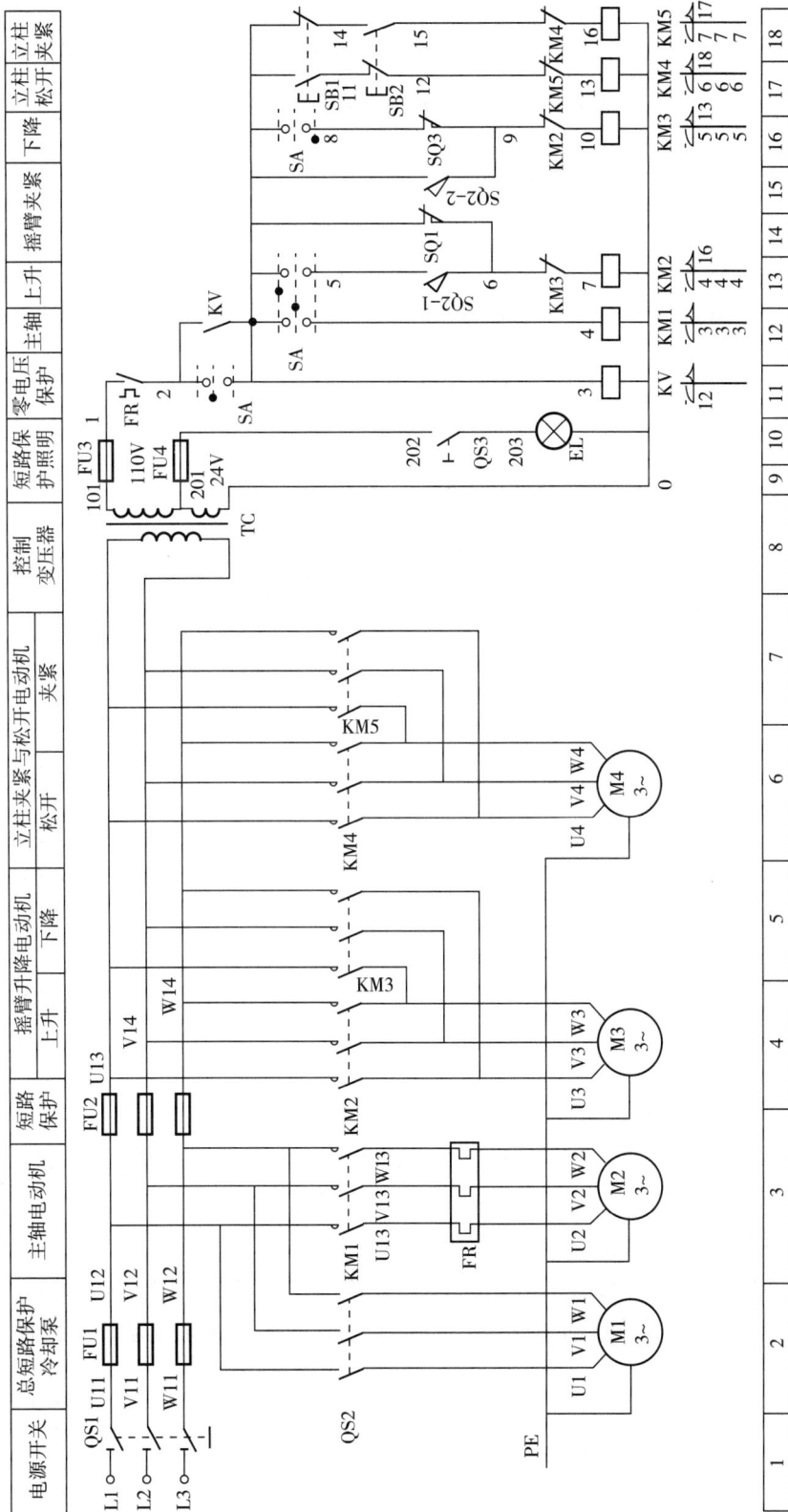

图6-2-3 Z3035型摇臂钻床电气控制电路原理

## 4. 主电路分析

Z3035 型摇臂钻床主电路（图 6 - 2 - 4）中共有 4 台电动机：M1 为冷却泵电动机，M2 为主轴电动机，M3 为摇臂升降电动机，M4 为立柱夹紧与松开电动机。

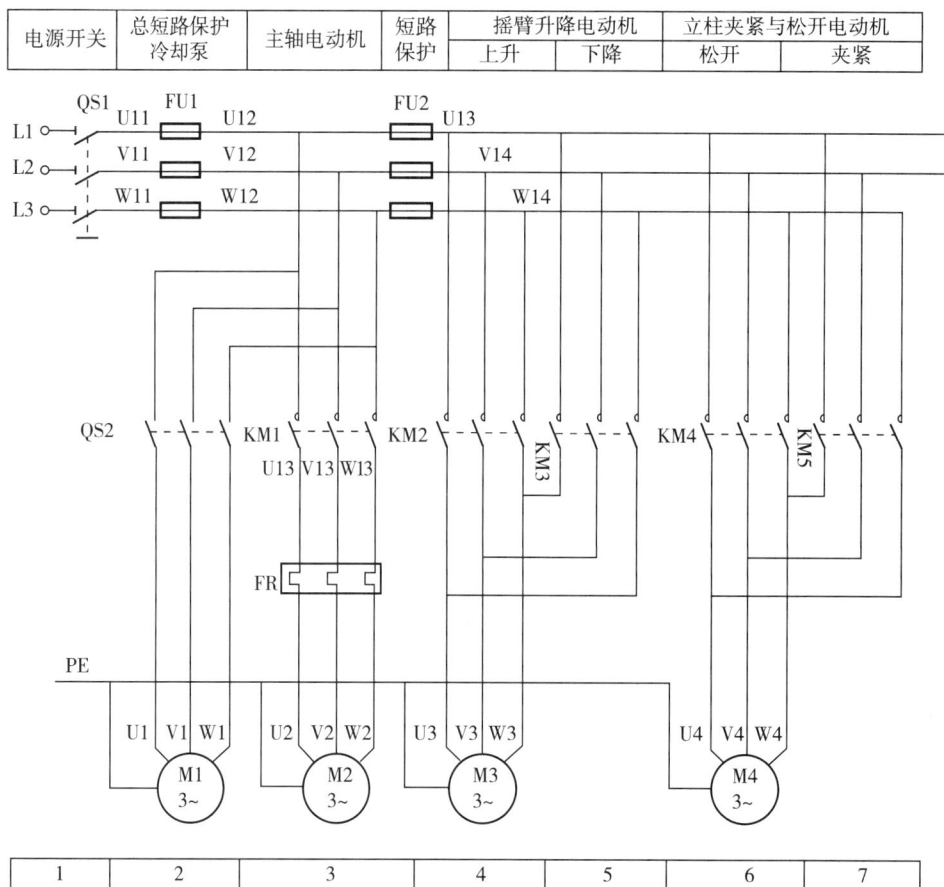

图 6 - 2 - 4　Z3035 型摇臂钻床主电路

三相交流电源由电源开关 QS1 引入。

主轴电动机：熔断器 FU1 提供短路保护，热继电器 FR 提供主轴过载保护。摇臂升降电动机 M3 由 KM2、KM3 控制。立柱夹紧与放松电动机 M4 由 KM4、KM5 控制。

1) 主轴电动机 M2 的控制

主轴电动机 M2 由交流接触器 KM1 控制，只要求单方向运转，主轴的正反转由机械手柄操作。M2 装于主轴箱顶部，拖动主轴及进给传动系统运转；热继电器 FR 提供主轴过载保护。

2) 冷却泵电动机 M1 的控制

冷却泵电动机 M1 由 QS2 直接控制。

3）摇臂升降电动机 M3 的控制

摇臂升降电动机 M3 由 KM2、KM3 控制。由于此电动机是间断性工作的，因此不需要过载保护。

4）立柱夹紧与松开电动机的控制

立柱夹紧与松开电动机 M4 由 KM4、KM5 控制。此电动机的主要作用是拖动油泵供给液压装置压力油，以实现摇臂、立柱及主轴箱的松开和夹紧。

EL 为钻床低压照明灯，由控制变压器 TC 的二次侧输出 24V 安全电压供电，由开关 QS3 控制，熔断器 FU4 提供短路保护。

**5. 控制电路分析**

为了安全起见，Z3035 型摇臂钻床采用了控制变压器 TC，一次电压为 380V，二次电压 110V 作为控制电路电源；另一组二次绕组提供低压照明用的 24V 电源。

1）主轴电动机 M2 的控制

将十字开关 SA 扳到"左"的位置，这时仅左面触头闭合，使零位继电器 KV 线圈得电，KV 的常开触点闭合自锁。再将十字开关 SA 扳到"右"的位置，仅使 SA 右边的触头闭合，接触器 KM1 线圈得电，主轴电动机 M2 通电并运转，钻床主轴的旋转方向由主轴箱上的摩擦离合器手柄所扳的位置决定。

将十字开关 SA 扳到"中"的位置，触头全部断开，接触器 KM1 线圈失电，主轴停止转动。

2）摇臂升降电动机 M3 的控制

当钻头与工件的相对高低位置不适合时，可通过摇臂的升高或降低来调整。摇臂的升高或降低是由电气和机械传动联合控制的，能自动完成松开摇臂→摇臂的升高或下降→夹紧摇臂的过程。摇臂的升高或下降的电气原理图如图 6-2-5 所示。

如果要使摇臂上升，就将十字开关 SA 扳到"上"的位置，压下 SA 上面的触头，接触器 KM2 线圈得电，主触头闭合，电动机 M3 获电正转。由于摇臂上升前还被夹紧在外立柱上，因此电动机 M3 刚起动时，摇臂不会立即上升，而要通过机械装置使 SQ2-2 闭合，为摇臂上升后的夹紧做好准备。当

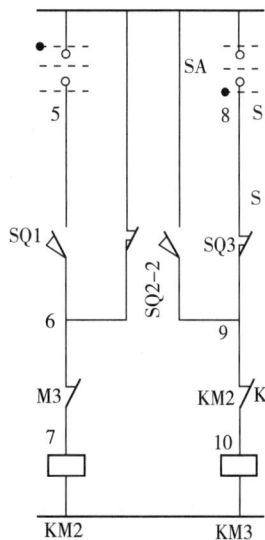

图 6-2-5　摇臂的升高或
下降的电气原理图

摇臂上升到所需要的位置时，将十字开关 SA 扳到"中"的位置，SA 上面的触头复位断开电路，接触器 KM2 线圈断电，电动机 M3 断电停转，摇臂停止上升。由于摇臂松开时，SQ2-2 已闭合，因此当接触器 KM2 的常闭触头恢复闭合时，接触器 KM3 的线圈立即得电，主触头闭合，电动机 M3 获电反转。通过机械装置使 SQ2-2 断开，接触器 KM3 线圈断电，电动机 M3 断电停转。

如果要使摇臂下降，就将十字开关 SA 扳到"下"的位置，压下 SA 下面的触头，接触器

KM3 线圈得电,主触头闭合,电动机 M3 获电反转。通过机械装置使 SQ2 - 1 闭合,为摇臂下降后的夹紧做好准备。当摇臂下降到所需要的位置时,将十字开关 SA 扳到"中"的位置,SA 下面的触头复位断开电路,接触器 KM3 线圈断电,电动机 M3 断电停转,摇臂停止下降。

为使摇臂上升或下降时不致超出终端极限位置,故在摇臂的上升或下降的控制电路中,分别串入了行程开关 SQ1、SQ3 作为终端保护。

3)冷却泵电动机 M1 的控制

合上开关 QS2,冷却泵电动机 M1 起动运行,断开开关 QS2,冷却泵电动机 M1 停止运行。

4)立柱夹紧与松开电动机 M4 的控制

当需要摇臂绕内立柱转动时,应先按下 SB1,接触器 KM4 线圈得电,电动机 M4 起动运转,通过机械装置将外立柱松开;然后松开按钮 SB1,接触器 KM4 线圈失电,电动机 M4 停止运转,此时可用人力推动摇臂和外立柱做所需要的转动;当转动到预定的位置时,再按下 SB2,接触器 KM5 线圈得电,KM5 主触头闭合,电动机 M4 反转,在液压装置的推动下,将立柱夹紧;然后,松开 SB2,接触器 KM5 线圈失电,KM5 主触头断开,电动机 M4 停止转动。完成松开摇臂→摇臂绕外立柱转动→夹紧摇臂的过程。

线路中的零位继电器 KV 的作用是当供电线路断电时,KV 的线圈断电后,KV 的常开触头断开,使整个控制电路断电;当恢复供电时,控制电路仍断开,必须将十字开关 SA 扳到"左"的位置,使 KV 重新得电,常开触头闭合,然后才能操作控制电路,实现零位保护。

#### 技能训练

1. 工具、仪表及器材

(1)工具:测电笔、电工刀、剥线钳、尖嘴钳、斜口钳、螺钉旋具等。

(2)仪表:MF47 型万用表、5050 型兆欧表、T301 - A 型钳电流表。

(3)器材:控制板、走线槽、导线、坚固体、金属软管、编码套管等。

2. 安装步骤及工艺要求

(1)按表 6 - 2 - 1 配齐电气设备和元件,并逐个检查规格和质量是否合格。

(2)根据电动机容量、线路走向及要求和各元件的安装尺寸,正确选配导线的规格、导线通道类型和数量、接线端子板型号及节数、控制板、管夹、束节、紧固体等。

(3)在控制板上安装电器元件,并在各电器元件附近做好与电路图上标记相同的标记。

(4)按照控制板内布线的工艺要求,进行布线和套编码套管。

(5)选择合理的导线走向,做好导线通道的支持准备,并安装板外部的所有电器。

(6)进行控制箱外部布线,并在导线线头上套装好与电路图相同线号的编码套管。对于可移动的导线通道,应放适当的余量,使金属软管在运动时不承受拉力,并在规定的通道内放好备用导线。

（7）检查电路的接线是否正确和接地通道是否有连续性。

（8）检查热继电器的整定值是否符合要求，各级熔断器的熔体是否符合要求应予以更换。

（9）检查电动机的安装是否牢固，与生产机械传动装置的连接是否可靠。

（10）检查电动机及线路的绝缘电阻，清理安装场地。

（11）接通电源开关，点动控制各电动机起动，检查各电动机的转向是否符合要求。

（12）通电空载试验时，应认真观察各电器元件、线路、电动机及传动装置的工作情况是否正常。如不正常，应立即切断电源进行检查，在调整或修复后才能再次通电试车。

### 3. 安装注意事项

（1）不要漏接接地线。严禁采用金属软管作为接地通道。

（2）在控制箱外部布线时，导线必须穿在导线通道内或敷设在机床底座内的导线通道里。所有的导线不允许有接头。

（3）对在导线通道内敷设的导线进行接线时，必须集中精神，做到查出一根导线，立即套上编码套管，接上后再进行复验。

（4）在安装、调试中，工具、仪表的使用要符合要求。

（5）通电操作时，必须遵守安全操作规程。

### 练一练

#### 1. 填空题

（1）Z3035 型摇臂钻床共有 4 台电动机，它们分别是_____、_____、_____和_____。

（2）Z3035 型摇臂钻床 4 台电动机 M1、M2、M3 和 M4 分别由_____、_____、_____和_____控制。

（3）Z3035 型摇臂钻床热继电器 FR 为主轴电动机 M2 提供_____，熔断器 FU1 为电动机提供_____保护，FU2 为电动机_____、_____和控制变压器提供短路保护。

（4）Z3035 型摇臂钻床主轴电动机 M2 由_____控制，只要求单方向运转，主轴的正反转由_____操作。

（5）Z3035 型摇臂钻床冷却泵电动机 M1 由_____直接控制。

（6）Z3035 型摇臂钻床摇臂升降电动机 M3 由_____控制；由于此电动机是间断性工作的，所以不需要_____保护。

（7）Z3035 型摇臂钻床立柱夹紧与松开电动机 M4 由_____控制。此电动机的主要作用是拖动油泵供给液压装置压力油，以实现摇臂、立柱及主轴箱的_____和_____。

#### 2. 问答题

（1）Z3035 型摇臂钻床十字开关操作在"上""下""左""右""中"的位置时应的工作情况是什么？

（2）Z3035 型摇臂钻床照明电路的电源电压是多少？

（3）安装与调试 Z3035 型摇臂钻床电气控制电路时应注意什么？

（4）Z3035 型摇臂钻床电气控制电路信号灯和照明灯接成了 110V 电源，会产生什么后果？

（5）Z3035 型摇臂钻床的主轴是如何实现正反转控制的？

# 活动3　Z3035 型摇臂钻床电气控制电路检修

**知识探究**

Z3035 型摇臂钻床电气控制电路常见故障与检修见表 6-2-3 所列。

表 6-2-3　Z3035 型摇臂钻床电气控制电路常见故障与检修

| 故障现象 | 可能原因 | 处理方法 |
|---|---|---|
| 所有电动机不能起动 | 电源开关不正常 | 用万用表检查 U11、V11、W11 之间电压是否正常（正常时它们之间电压为 380V）。若不正常，找出 QS 对应故障，进行修复或更换 |
| | FU1 熔体被烧断 | 用万用表检查 U12、V12、W12 之间电压是否正常（正常时它们之间电压为 380V）。若不正常，找出 FU1 对应故障相，进行更换 |
| | FU2 熔体被烧断 | 用万用表检查 U14、V14、W14 之间电压是否正常（正常时它们之间电压为 380V）。若不正常，找出 FU1 对应故障相，进行更换 |
| | 控制变压器 TC 的一次绕组、二次绕组电压不正常 | 若一次绕组的电压不正常，则应检查变压器的接线是否有松动；若一次绕组的电压正常，二次绕组的电压不正常，则应检查变压器输出 110V 是否有短路或断路，同时检查 FU3 是否有熔断现象 |
| | FR 常闭触头接触不良 | 用万用表检查 1、2 之间电阻（注意停电检查）是否为 0，若不为 0，则更换熔体 |
| | SA 内的微动开关的常开触头接触不良 | 将 SA 分别扳到 5 个不同位置，用万用表检查对应位置电阻（注意停电检查）是否为 0，应为 0 时不为 0，调整对应触头或更换对应触头 |
| | KV 连接线接触不良或线圈被烧坏 | 用万用表检查 3、0 之间电阻（注意停电检查）是否为 ∞，若为 ∞，则重新接好线圈或更换线圈 |

（续表）

| 故障现象 | 可能原因 | 处理方法 |
|---|---|---|
| 主轴电动机 M2 发生故障 | 主轴电动机 M2 不能起动 | 若接触器 KM1 已吸合，但主轴电动机 M2 仍不能起动旋转，可检查接触器 KM1 的主触头接触是否正常，连接电动机的导线有无脱落或松动。若接触器不动作，则首先检查熔断器 FU2、FU4 的熔体是否被熔断。然后检查热继电器 FR 是否动作，其常闭触头的接触是否良好，十字开关 SA 的触头接触是否良好，接触器 KM1 的线圈接头是否松脱。有时，由于供电电压过低，零位继电器 KV 或接触器 KM1 不能吸合 |
| | 主轴电动机 M2 不能停止 | 当将十字开关 SA 扳到"中"停止位置时，主轴电动机 M2 仍运行不停止。此故障通常是接触器 KM1 的主触头发生熔焊。此时，应立即断开电源 QS，使主轴电动机 M2 停止，然后更换熔焊的触头或接触器，同时找出发生熔焊的原因，排除故障才能重新起动电动机 |
| 摇臂升降故障（摇臂升降是依靠电气、机械的紧密结合来实现的，在检修电气故障时，要注意机械部分的协调） | 摇臂升降电动机 M3 某个方向不能起动 | 电动机 M3 只有一个方向能正常运转，这一故障一般出在此故障方向的控制电路或供给电动机 M3 的电源上 |
| | 摇臂上升（或下降）后，正反转重复不停 | 这种故障的原因通常是开关 SQ2 的两副常开静触头的位置调整不当和它们不能及时分断 |
| | 摇臂升降后不能充分夹紧 | 原因可能有两种：其一是开关 SQ2 上压紧动触头的螺钉松动，造成触头位置偏移；其二是转换开关 SQ2 和连同它的传动齿轮在检修安装时，没注意到 SQ2 的两副常开触头的原始位置下夹紧装置的协调配合，致使其起不到夹紧的作用 |
| | 摇臂上升（或下降）后，不能按需要停止 | 开关 SQ2 上压紧动触头的螺钉松动，造成触头位置偏移 |
| 立柱夹紧与松开故障 | 立柱夹紧与松开电动机 M4 不能起动 | 主要原因是按钮 SB1 或 SB2 触头接触不良，接触器 KM4 或 KM5 的联锁常闭触头及主触头接触不良。可根据故障现象，落实到具体原因并排除 |
| | 立柱夹紧与松开后不能切除 M4 的电源 | 通常是由接触器 KM4 或 KM5 的主触头发生熔焊所造成的。应及时断开主电源，然后更换熔焊的触头或接触器，同时找出发生熔焊的原因，排除故障后才能重新起动电动机 |

## 技能训练

### 1. 工具、仪表及器材

（1）工具：测电笔、电工刀、剥线钳、尖嘴钳、斜口钳、螺钉旋具等。

（2）仪表：MF47 型万用表、5050 型兆欧表、T301 - A 型钳电流表。

（3）器材：控制板、走线槽、导线、坚固体、金属软管、编码套管等。

### 2. 具体检修

检修 Z3035 型摇臂钻床电气控制电路，并排除故障。

## 练一练

### 1. 填空题

（1）Z3050 型摇臂钻床的摇臂通常处于_____，以免丝杠_____。

（2）Z3050 型摇臂钻床的立柱与主轴箱均采用_____。当夹紧或松开时，要求_____处于_____状态。

（3）当主轴箱和立柱完全放松时，_____恢复原状，其_____保持闭合，指示灯_____亮，表示主轴箱与立柱处于_____状态，可以手动操作主轴箱在摇臂的_____上移动至适当位置。推动摇臂使外立柱绕_____旋转至适当的位置。

（4）在大修后，若将摇臂升降电动机的三相电源相序接反了，则会使上升和下降颠倒，采用_____方法可以解决。

### 2. 判断题

（1）Z3050 型摇臂钻床的工作由电气与机械紧密配合完成，不需要液压装置。（　　　）

（2）只有当 Z3050 型摇臂钻床的摇臂完全松开后，活塞杆通过弹簧片才会压下位置开关 SQ3，使摇臂上升或下降。（　　　）

（3）Z3050 型摇臂钻床的摇臂夹紧后，活塞杆会推动弹簧片压下位置开关 SQ3，自动切断夹紧电路，停止夹紧工作。（　　　）

（4）Z3050 型摇臂钻床的摇臂升降电动机 M3 采用了按钮和接触器双重联锁正反转控制。（　　　）

（5）Z3050 型摇臂钻床冷却泵电动机 M4 不转，故障出现在控制回路中。（　　　）

（6）Z3050 型摇臂钻床冷却泵电动机 M1 不设短路、过载保护。（　　　）

### 3. 问答题

（1）Z3035 型摇臂钻床中，若主轴电动机 M2 只能点动，则可能的故障原因是什么？

（2）Z3035 型摇臂钻床的主轴电动机因过载而自动停车后，操作者立即扳动 SA，但是电动机不能起动，试分析可能的原因。

（3）Z3035 型摇臂钻床立柱夹紧与松开故障可能的原因是什么？如何确定具体原因？

（4）立柱夹紧与松开故障的主轴电动机主要故障有哪些？如何排除？

（5）说明 Z3050 型摇臂钻床照明灯不亮的原因。

（6）试分析 Z3050 型摇臂钻床主轴电动机不能起动的故障原因。

（7）试分析 Z3050 型摇臂钻床立柱和主轴箱不能夹紧的故障原因。

## 任务评价

安装、检修 Z3035 型摇臂钻床电气控制电路任务评价见表 6-2-4 所列。

表 6-2-4　安装、检修 Z3035 型摇臂钻床电气控制电路任务评价

| 活动内容 | 配分/分 | 评分标准 | 扣分/分 |
|---|---|---|---|
| 装前检查 | 5 | 电器元件错检或漏检，扣 2 分/处 | |
| 器材选用 | 10 | （1）导线选用不符合要求，扣 4 分/处；<br>（2）穿线管选用不符合要求，扣 3 分/处；<br>（3）编码套管等附件选用不当，扣 3 分/项 | |
| 元件安装 | 15 | （1）控制箱内部元件安装不符合要求，扣 3 分/处；<br>（2）控制箱外部元件安装不牢固，扣 3 分/处；<br>（3）损坏电器元件，扣 10 分/只 | |
| 布线 | 20 | （1）不按电路图接线，扣 20 分；<br>（2）控制箱内导线敷设不符合要求，扣 3 分/根；<br>（3）通道内导线敷设不符合要求，扣 3 分/根；<br>（4）漏接地线，扣 8 分 | |
| 故障分析 | 15 | （1）标不出故障线段或错标在故障回路以外，扣 15 分/处；<br>（2）不能标出最小故障范围，扣 5～10 分/处 | |
| 排除故障 | 20 | （1）停电不验电，扣 15 分；<br>（2）测量仪器和工具使用不正确，扣 15 分/次；<br>（3）故障排除方法不正确，扣 10 分；<br>（4）损坏电器元件，扣 20 分/个；<br>（5）不能排除故障点，扣 16 分/个；<br>（6）扩大故障范围或产生新故障，扣 20 分/个 | |
| 通电试车 | 15 | （1）位置开关安装不合适，扣 5 分；<br>（2）整定值未整定或整定错误，扣 5 分/只；<br>（3）熔体规格配错，扣 3 分/只；<br>（4）通电不成功，扣 15 分 | |
| 安全文明生产 | | 违反安全文明生产规程，扣 10～70 分 | |
| 时间 | | 18h，不允许超时检查，只有在修复故障时才允许超时。检查时，每超过 5min 扣 5 分 | |
| 成绩 | | | |

## 任务 3　M7130 型平面磨床电气控制电路

知识目标

（1）熟悉 M7130 型平面磨床的基本组成和主要运动形式。

（2）掌握 M7130 型平面磨床电气控制电路的特点和控制要求，能读懂机床电路图。

（3）提高识别机床电气控制电路的能力。

技能目标

（1）会安装和调试 M7130 型平面磨床的电气控制电路。

（2）会维修 M7130 型平面磨床的电气控制电路。

素养目标

（1）使学生能够在安装与调试过程中养成追本溯源、勇于探究的精神。

（2）使学生具备必要的劳动保护和安全生产意识。

### 任务导入

磨床是用磨具和磨料（如砂轮、砂带、油石、研磨剂等）对工件的表面进行磨削加工的一种机床，它可以加工各种表面，如平面、内外圆柱面、圆锥面和螺旋面等。通过磨削加工，使工件的形状及表面的精度、粗糙度达到预期的要求；同时，它还可以进行切断加工。根据用途和采用的工艺方法不同，磨床可以分为平面磨床、外圆磨床、内圆磨床、工具磨床和各种专用磨床（如螺纹磨床、齿轮磨床、球面磨床、导轨磨床等），其中以平面磨床使用最多。平面磨床又分为卧轴和立轴、矩台和圆台四种类型，下面以 M7130 型平面磨床为例介绍磨床的电气控制电路等。

## 活动 1　M7130 型平面磨床的相关知识

### 知识探究

1. 磨床的型号含义

如图 6-3-1 所示是磨床的型号及含义。

2. M7130 型平面磨床的主要结构

M7130 型平面磨床的主要结构包括床身、立柱、滑座、砂轮箱、

【课件】

M7130 型
平面磨床电气控制电路

工作台和电磁吸盘，如图6-3-2所示。磨床的工作台表面有"T"形槽，可以用螺钉和压板将工件直接固定在工作台上，也可以在工作台上装上电磁吸盘，用来吸持铁磁性的工件。

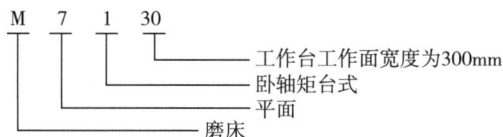

图6-3-1　磨床的型号及含义

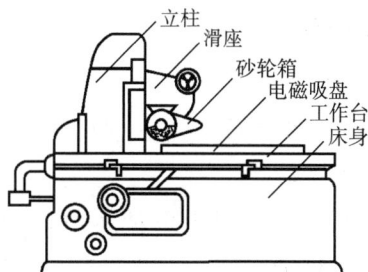

图6-3-2　M7130型平面磨床的主要结构

M7130型平面磨床磨削加工的示意图如图6-3-3所示。砂轮与砂轮电动机均装在砂轮箱内，砂轮直接由砂轮电动机带动旋转；砂轮箱装在滑座上，而滑座装在立柱上。

3.M7130型平面磨床主要运动形式

磨床的主运动是砂轮的旋转运动，而进给运动分为以下三种运动。

（1）工作台（带动电磁吸盘和工件）做纵向往复运动。

（2）砂轮箱沿滑座上的燕尾槽做横向进给运动。

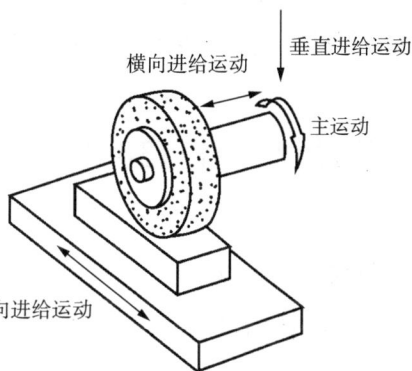

图6-3-3　M7130型平面磨床磨削加工的示意图

（3）砂轮箱和滑座一起沿立柱上的导轨做垂直进给运动。

4.M7130型平面磨床的电力拖动特点及控制要求

M7130型平面磨床采用多台电动机拖动，其电力拖动和电气控制、保护的要求如下。

（1）砂轮由一台笼形异步电动机拖动，因为砂轮的转速一般不需要调节，所以对砂轮电动机没有电气调速的要求，也不需要反转，可直接起动。

（2）平面磨床的纵向和横向进给运动一般采用液压传动，所以需要一台液压泵电动机驱动液压泵，对液压泵电动机也没有电气调速、反转和降压起动的要求。

（3）同车床一样，也需要一台冷却泵电动机提供冷却液。冷却泵电动机与砂轮电动机也具有联锁关系，即要求砂轮电动机起动后才能开动冷却泵电动机。

（4）平面磨床往往采用电磁吸盘来吸持工件。电磁吸盘要有退磁电路。同时，为防止在磨削加工时因电磁吸盘吸力不足而造成工件飞出，还要求有弱磁保护环节。

（5）具有各种常规的电气保护环节（如短路保护和电动机的过载保护）。具有安全的局部照明装置。

**技能训练**

上网搜集 M7130 型平面磨床的相关知识，进一步学习相关内容。

**练一练**

1. 填空题

（1）磨床是用_____和_____对工件的表面进行磨削加工的一种机床，它可以加工各种表面，如_____、_____、_____和_____等。

（2）M7130 型平面磨床的主要结构包括_____、_____、_____、_____、_____和_____。

（3）M7130：M 表示_____，7 表示_____，1 表示_____，30 表示_____。

2. 问答题

（1）M7130 型平面磨床的主要运动形式有哪些？

（2）M7130 型平面磨床的电力拖动特点是什么？有哪些控制要求？

# 活动 2　M7130 型平面磨床电气控制电路安装与调试

**知识探究**

1. M7130 型平面磨床的电气控制电路原理图

M7130 型平面磨床的电气控制电路原理如图 6-3-4 所示。

2. M7130 型平面磨床电气元件表

M7130 型平面磨床电气元件见表 6-3-1 所列。

表 6-3-1　M7130 型平面磨床电气元件

| 符　号 | 名　称 | 型号及规格 | 数　量 | 用　途 |
|---|---|---|---|---|
| M1 | 砂轮电动机 | W451-4，220/380V，1440r/min，4.5kW | 1 | 驱动砂轮 |
| M2 | 冷却泵电动机 | JCB-22，220/380V，2790r/min，125W | 1 | 驱动冷却泵 |
| M3 | 液压泵电动机 | JO42-4，220/380V，1450r/min，250W | 1 | 驱动液压泵 |
| QS1 | 电源开关 | HZ1-25/3 | 1 | 电源开关 |
| QS2 | 转换开关 | HZ1-10P/3 | 1 | 控制电磁吸盘 |
| SA | 照明灯开关 | HZ2-10/3，10A | 1 | 控制照明 |
| FR1 | 热继电器 | JR10-10，9.5A | 1 | M1 的过载保护 |

（续表）

| 符　号 | 名　　称 | 型号及规格 | 数　量 | 用　　途 |
|---|---|---|---|---|
| FR2 | 热继电器 | JR10 - 10，6.1A | 1 | M3 的过载保护 |
| KA | 欠电流继电器 | JT37 - 11L，1.5A | 1 | 欠电流保护 |
| YH | 电磁吸盘 | 1.2A，110V | 1 | 工件夹紧 |
| KM1 | 交流接触器 | CJ10 - 10，线圈电压 380V | 1 | 控制 M1 |
| KM2 | 交流接触器 | CJ10 - 10，线圈电压 390V | 1 | 控制 M3 |
| FU1 | 熔断器 | RL1 - 60/30，60A，熔体 30A | 3 | 电源保护 |
| FU2 | 熔断器 | RL1 - 15，15A，熔体 5A | 3 | 控制电路短路保护 |
| FU3 | 熔断器 | BLX - 1，1A | 1 | 照明电路短路保护 |
| FU4 | 熔断器 | RL1 - 15，15A，熔体 2A | 1 | 保护电磁吸盘 |
| SB1 | 按钮 | LA2，绿色 | 1 | 起动 M1 |
| SB2 | 按钮 | LA2，红色 | 1 | 停止 M1 |
| SB3 | 按钮 | LA2，绿色 | 1 | 起动 M3 |
| SB4 | 按钮 | LA2，红色 | 1 | 停止 M3 |
| R1 | 电阻器 | GF | 1 | 放电保护电阻 |
| R2 | 电阻器 | GF | 1 | 去磁电阻 |
| R3 | 电阻器 | GF | 1 | 放电保护电阻 |
| VC | 硅整流器 | GZH，1A，200V | 1 | 输出直流电压 |
| EL | 照明灯 | JD3，24V，40W | 1 | 工作照明 |
| C | 电容器 | 600V，5mF | 1 | 保护用电容 |
| X1 | 接插器 | CY0 - 36 | 1 | M2 用 |
| X2 | 接插器 | CY0 - 36 | 1 | 电磁吸盘用 |
| XS | 插座 | 250V，5A | 1 | 退磁器用 |
| 附件 | 退磁器 | TC1TH/H | 1 | 工件退磁用 |

## 3. 电路组成

该电路分为主电路、控制电路、电磁吸盘电路和照明电路四部分。

1）主电路分析

三相交流电源由电源开关 QS1 引入，由 FU1 提供全电路的短路保护。砂轮电动机 M1 和液压泵电动机 M3 分别由接触器 KM1、KM2 控制，并分别由热继电器 FR1、FR2 提供过载保护。由于磨床的冷却泵箱是与床身分开安装的，因此冷却泵电动机 M2 通过插头插座 X1 接通电源，在需要提供冷却液时才插上。M2 受 M1 起动和停转的控制。由于 M2 的容量较小，因此不需要过载保护。三台电动机均直接起动，单向旋转。

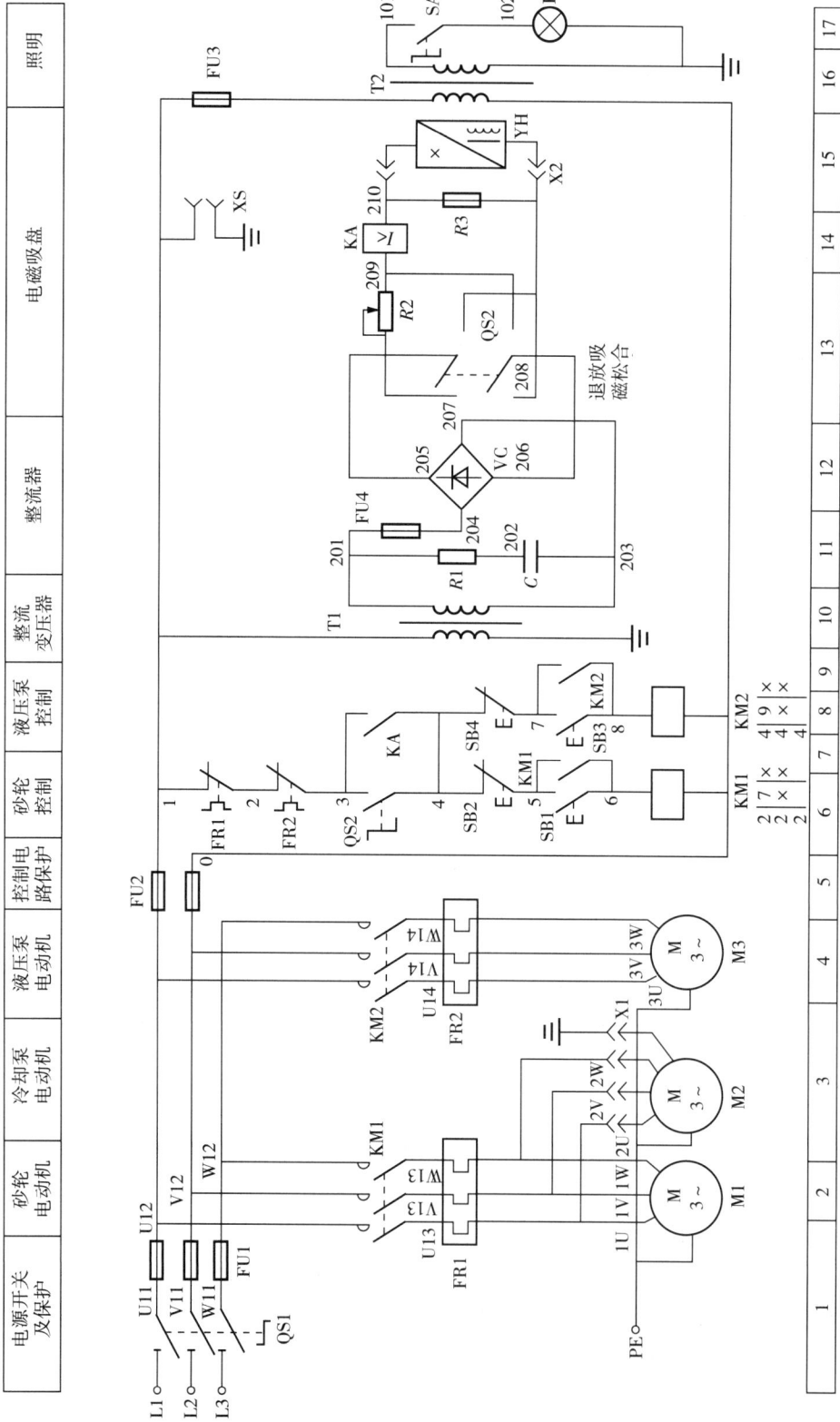

图6-3-4　M7130型平面磨床的电气控制电路原理

2）控制电路分析

控制电路采用 380V 电源，由 FU2 提供短路保护。

在电动机的控制电路中，串接着转换开关 QS2 的常开触头和欠电流继电器 KA 的常开触头。因此，3 台电动机起动的必要条件是使 QS2 或 KA 的常开触头闭合。欠电流继电器 KA 的线圈串联在电磁吸盘 YH 的工作回路中，所以当电磁吸盘和得电时，欠电流继电器 KA 线圈得电吸合，接通砂轮电动机 M1 和液压泵电动机 M3 的控制电路。这样，就保证了在加工件被 YH 吸住的情况下，砂轮和工作台才能进行磨削加工，保证了安全。

砂轮电动机 M1 和液压泵电动机 M3 都采用了接触器自锁正转控制，SB1、SB3 分别是它们的起动按钮，SB2、SB4 分别是它们的停止按钮。

3）电磁吸盘电路分析

电磁吸盘是用来固定加工工件的一种夹具。电磁吸盘结构与工作原理示意图如图 6-3-5 所示。

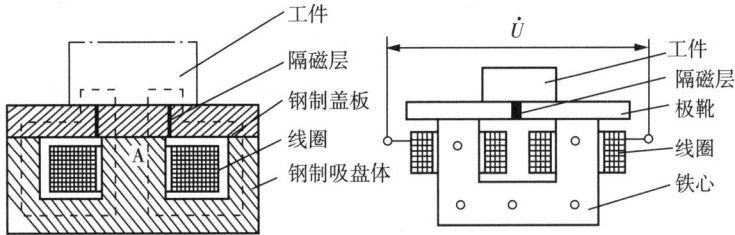

图 6-3-5  电磁吸盘结构与工作原理示意图

它的外壳由钢制箱体和钢制盖板组成。在箱体内均匀排列的多个凸起的芯体上绕有线圈，盖板则用非磁性材料（如铅锡合金）隔离成若干钢条。当线圈通直流电后，凸起的芯体和隔离成的钢条均被磁化形成磁极。当工件被放在电磁吸盘上时，也被磁化而产生与磁盘相异的磁极，并被牢牢吸住。与机械夹具相比较，电磁吸盘具有操作简便、不损伤工件的优点，特别适于同时加工多个小工件；采用电磁吸盘的另一个优点是工件在磨削时发热，能够自由伸缩，不会导致变形。但是电磁吸盘不能吸持非铁磁性材料的工件，而且其线圈还必须使用直流电。

电磁吸盘电路包括整流电路、控制电路和保护电路三部分。

整流变压器 $T_1$ 将 220V 的交流电压降为 145V，然后经桥式整流器 VC 后输出 110V 直流电压。QS2 是电磁吸盘 YH 的转换开关（又叫退磁开关），有"吸合""放松""退磁"3 个位置。当 QS2 扳到"吸合"位置时，触头（205～208）、（206～209）接通，电磁吸盘线圈通电，产生电磁吸力将工件牢牢吸持。此时，欠电流继电器 KA 线圈得电，KA 的常开触头闭合，接通砂轮和液压泵电动机控制电路。加工结束后，将 QS2 扳至中间的"放松"位置，电磁吸盘线圈断电，可将工件取下。如果工件有剩磁难以取下，可将 QS2 扳至左边的"退磁"位置，触点（205～207）、（206～208）接通。可见此时线圈通以反向电流产生反向磁场，对工件进行退磁，注意这时要控制退磁的时间，否则工件会因反向充磁而更难取下。R2 用于调节退磁的电流。采用电磁吸盘的磨床还配有专用的交流退磁器，如果退磁不够彻底，可以使用退磁器退去剩磁，XS 是退磁器的电源插座。

电磁吸盘的保护设置了弱磁保护、过电压保护、整流器的过电压保护。

采用电磁吸盘来吸持工件有许多好处，但在进行磨削加工时一旦电磁吸力不足，就会造成工件飞出事故。因此，在电磁吸盘线圈电路中串入欠电流继电器 KA 的线圈，KA 的动合触点与 QS2 的一对动合触点并联，串接在控制砂轮电动机 M1 的接触器 KM1 线圈支路中，QS2 的动合触点（3～4）只有在"退磁"挡才接通，而在"吸合"挡是断开的，这就保证了电磁吸盘在吸持工件时必须保证有足够的充磁电流，才能起动砂轮电动机 M1。在加工过程中一旦电流不足，欠电流继电器 KA 动作，能够及时地切断 KM1 线圈电路，使砂轮电动机 M1 停转，避免事故发生。如果不使用电磁吸盘，可以将其插头从插座 X3 上拔出，将 QS2 扳至"退磁"挡，此时 QS2 的触点（3～4）接通，不影响对各台电动机的操作。

电磁吸盘线圈的电感量较大，当 QS2 在各挡间转换时，线圈会产生很大的自感电动势，使线圈的绝缘和电器的触点损坏。因此，在电磁吸盘线圈两端并联电阻器 R3 作为放电回路。

在整流变压器 T1 的二次侧并联由 R1、C 组成的阻容吸收电路，用以吸收交流电路产生的过电压和在直流侧电路通断时产生的浪涌电压，对整流器进行过电压保护。

4）照明电路分析

照明变压器 T2 将 380V 交流电压降至 36V 安全电压供给照明灯 EL，EL 的一端接地，SA 为灯开关，由 FU3 提供照明电路的短路保护。

**技能训练** ▶▶▶

1. 工具、仪表及器材

（1）工具：测电笔、电工刀、剥线钳、尖嘴钳、斜口钳、螺钉旋具等。

（2）仪表：MF47 型万用表、5050 型兆欧表、T301 - A 型钳电流表。

（3）器材：控制板、走线槽、导线、坚固体、金属软管、编码套管等。

2. 安装步骤及工艺要求

（1）按表 6 - 3 - 1 配齐电气设备和元件，并逐个检查规格和质量是否合格。

（2）根据电动机容量、线路走向及要求和各元件的安装尺寸，正确选配导线的规格、导线通道类型和数量、接线端子板型号及节数、控制板、管夹、束节、紧固体等。

（3）在控制板上安装电器元件，并在各电器元件附近做好与电路图上标记相同的标记。

（4）按照控制板内布线的工艺要求进行布线和套编码套管。

（5）选择合理的导线走向，做好导线通道的支持准备，并安装板外部的所有电器。

（6）进行控制箱外部布线，并在导线线头上套装好与电路图线号相同的编码套管。对于可移动的导线通道应放适当的余量，使金属软管在运动时不承受拉力，并在规定的通道内放好备用导线。

（7）检查电路的接线是否正确和接地通道是否有连续性。

（8）检查热继电器的整定值是否符合要求，各级熔断器的熔体是否符合要求，如不符合要求应予以更换。

（9）检查电动机的安装是否牢固，以及与生产机械传动装置的连接是否可靠。

（10）检查电动机及线路的绝缘电阻，清理安装场地。

（11）接通电源开关，点动控制各电动机起动，检查各电动机的转向是否符合要求。

（12）通电空载试验时，应认真观察各电器元件、线路、电动机及传动装置的工作情况是否正常。如不正常，应立即切断电源进行检查，在调整或修复后才能再次通电试车。

### 3. 安装注意事项

（1）不要漏接接地线。严禁采用金属软管作为接地通道。

（2）在控制箱外部布线时，导线必须穿在导线通道内或敷设在机床底座内的导线通道里。所有的导线不允许有接头。

（3）在对导线通道内敷设的导线进行接线时，必须集中精神，做到查出一根导线，立即套上编码套管，接上后再进行复验。

（4）在安装、调试中，工具、仪表的使用要符合要求。

（5）通电操作时，必须遵守安全操作规程。

## 练一练

### 1. 填空题

（1）M7130型平面磨床三相交流电源由电源开关_____引入，由_____提供全电路的短路保护；砂轮电动机M1和液压泵电动机M3分别由_____、_____控制，并分别由_____、_____提供过载保护。

（2）M7130型平面磨床控制电路采用_____电源，由_____提供短路保护。

（3）M7130型平面磨床电磁吸盘电路包括_____、_____和_____三部分。

### 2. 问答题

（1）在M7130型平面磨床中，用电磁吸盘固定工件有什么优缺点？

（2）在M7130平面磨床电气控制电路中，欠电流继电器KA和电阻$R3$的作用分别是什么？

（3）安装与调试M7130型平面磨床电气控制电路时应注意什么？

（4）M7130型平面磨床电气控制电路信号灯和照明灯接成了110V电源，会产生什么后果？

（5）M7130型平面磨床采用电磁吸盘来吸持工件有哪些好处？在进行磨削加工时一旦电磁吸力不足，又会产生什么后果？

# 活动 3　M7130 型平面磨床电气控制电路检修

M7130 型平面磨床电气控制电路常见故障分析与检修见表 6-3-2 所列。

表 6-3-2　M7130 型平面磨床电气控制电路常见故障分析与检修

| 故障现象 | 可能原因 | 处理方法 |
|---|---|---|
| 3 台电动机都不能起动 | 欠电流继电器 KA 的常开触头接触不良和转换开关 QS2 的触头（3～4）接触不良，接线松脱或有油垢 | 检修故障时，应将转换开关 QS2 扳至"吸合"位置，检查欠电流继电器 KA 常开触头（3～4）的接通情况，不通则修理或更换元件，即可排除故障。否则，将转换开关 QS2 扳到"退磁"位置，拔掉电磁吸盘插头，检查 QS2 的触头（3～4）的通断情况，不通则修理或更换转换开关 |
| | 若 KA 和 QS2 的触头（3～4）无故障，电动机仍不能起动，可检查热继电器 FR1、FR2 常闭触头是否动作或接触不良 | 断开 QS1，用万用表 R×1 挡测试 1～2、2～3 的电阻是否为 0，不为 0，则存在故障。修复或更换对应热继电器常闭触点或热继电器 |
| 电磁吸盘无吸力 | 三相电源电压不正常 | (1) 常见的故障是熔断器 FU4 熔断，造成电磁吸盘电路断开，使吸盘无吸力<br>(2) 若检查整流器输出空载电压正常，而接上吸盘后，输出电压下降不大，欠电流继电器 KA 不动作，吸盘无吸力，则 KA 辅助触点断开，切断电路 |
| | FU1、FU2、FU4 有熔断现象 | 依次检查电磁吸盘 YH 的线圈、接插器 X2、欠电流继电器 KA 的线圈有无断路或接触不良的现象。检修故障时，可使用万用表测量各点电压，查出故障元件，进行修理或更换，即可排除故障 |
| 电磁吸盘吸力不足 | 引起这种故障的原因是电磁吸盘损坏或整流器输出电压不正常 | 若电磁吸盘电源电压不正常，则故障多是由整流元件短路或断路造成的。应检查整流器 VC 的交流侧电压及直流侧电压。若交流侧电压正常，直流输出电压不正常，则表明整流器发生元件短路或断路故障。若某一桥臂的整流二极管发生断路，将使整流输出电压降低到额定电压的一半；若两个相邻的二极管都断路，则输出电压为零 |

（续表）

| 故障现象 | 可能原因 | 处理方法 |
|---|---|---|
| 电磁吸盘退磁不好，使工件取下困难 | 退磁电路断路，根本没有退磁 | (1) 检查转换开关 QS2 接触是否良好；<br>(2) 检查退磁电阻 $R2$ 是否损坏 |
|  | 退磁电压过高 | 调整退磁电阻 $R2$，使退磁电压调至 $5\sim10\,\mathrm{V}$ |
|  | 退磁时间太长或太短 | 不同材质的工件所需的退磁时间不同，注意掌握好退磁时间 |
| 砂轮电动机的热继电器 FR1 经常脱扣 | 砂轮电动机 M1 为装入式电动机，它的前轴承是铜瓦，易磨损。磨损后易发生堵转现象，使电流增大，导致热继电器 FR1 脱扣 | 应修理或更换铜瓦 |
|  | 砂轮进刀量太大，电动机超负荷运行，造成电动机堵转，电流急剧上升，热继电器 FR1 脱扣 | 工作中应选择合适的进刀量，防止电动机超载运行 |
|  | 更换后的热继电器规格选得太小或整定电流没有重新调整，使电动机未达到额定负载时，热继电器 FR1 就已脱扣 | 应注意必须按其被保护电动机的额定电流进行选择和调整热继电器 |
| 冷却泵电动机被烧坏 | 切削液进入电动机内，造成匝间或绕组间短路，使电流增大 | 拆洗电动机 |
|  | 反复修理冷却泵电动机，使电动机端盖轴隙增大，造成转子在定子内不同心，工作时电流增大，电动机长时间过载运行 | 重装电动机 |
|  | 冷却泵被杂物塞住引起电动机堵转，电流急剧上升。由于该磨床的砂轮电动机与冷却泵电动机共用一个热继电器 FR1，而且两者容量相差太大，当发生以上故障时，电流增大不足以使热继电器 FR1 脱扣，从而造成冷却泵电动机烧坏。若给冷却泵电动机加装热继电器，就可以避免发生这种故障 | 给冷却泵电动机加装热继电器 |

**技能训练** ▰▰▰

1. 工具、仪表及器材

（1）工具：测电笔、电工刀、剥线钳、尖嘴钳、斜口钳、螺钉旋具等。

（2）仪表：MF47 型万用表、5050 型兆欧表、T301－A 型钳电流表。

（3）器材：控制板、走线槽、导线、坚固体、金属软管、编码套管等。

## 2. 具体检修

检修 M7130 型平面磨床电气控制电路，并排除故障。

### 练一练

（1）M7130 型平面磨床电磁吸力不足会造成什么后果？吸力不足的原因有哪些？

（2）M7130 型平面磨床电磁吸盘退磁不好的原因有哪些？怎么处理？

## 任务评价

M7130 型平面磨床电气控制电路故障与检修任务评价见表 6-3-3 所列。

表 6-3-3 M7130 型平面磨床电气控制电路故障与检修任务评价

| 活动内容 | 配分/分 | 评分标准 | 扣分/分 |
|---|---|---|---|
| 装前检查 | 5 | 电器元件错检或漏检，扣 2 分/处 | |
| 器材选用 | 10 | （1）导线选用不符合要求，扣 4 分/处；<br>（2）穿线管选用不符合要求，扣 3 分/处；<br>（3）编码套管等附件选用不当，扣 3 分/项 | |
| 元件安装 | 15 | （1）控制箱内部元件安装不符合要求，扣 3 分/处；<br>（2）控制箱外部元件安装不牢固，扣 3 分/处；<br>（3）损坏电器元件，扣 10 分/只 | |
| 布线 | 15 | （1）不按电路图接线，扣 15 分；<br>（2）控制箱内导线敷设不符合要求，扣 3 分/根；<br>（3）通道内导线敷设不符合要求，扣 3 分/根；<br>（4）漏接地线，扣 6 分 | |
| 故障分析 | 15 | （1）标不出故障线段或错标在故障回路以外，扣 15 分/处；<br>（2）不能标出最小故障范围，扣 5~10 分/处 | |
| 排除故障 | 20 | （1）停电不验电，扣 15 分；<br>（2）测量仪器和工具使用不正确，扣 15 分/次；<br>（3）故障排除方法不正确，扣 10 分；<br>（4）损坏电器元件，扣 20 分/个；<br>（5）不能排除故障点，扣 15 分/个；<br>（6）扩大故障范围或产生新故障，扣 20 分/个 | |
| 通电试车 | 20 | （1）位置开关安装不合适，扣 5 分；<br>（2）整定值未整定或整定错，扣 5 分/只；<br>（3）熔体规格配错，扣 3 分/只；<br>（4）通电不成功，扣 20 分 | |
| 安全文明生产 | | 违反安全文明生产规程，扣 10~70 分 | |
| 时间 | | 18h，不允许超时检查，只有在修复故障时才允许超时。检查时，每超过 5min 扣 5 分 | |
| 成绩 | | | |

## 任务4　万能铣床电气控制电路

知识目标

（1）熟悉 X62W 型万能铣床的基本组成和主要运动形式。

（2）掌握 X62W 型万能铣床电气控制电路的特点和控制要求，能读懂机床电路图。

（3）提高识别 X62W 型万能铣床电气控制电路的能力。

技能目标

（1）会安装和调试 X62W 型万能铣床的电气控制电路。

（2）会维修 X62W 型万能铣床的电气控制电路。

素养目标

（1）养成安全生产、文明生产习惯。

（2）在实践操作过程中，培养学生认真细致的工作态度。

【课件】

万能铣床

电气控制电路

### 任务导入

铣床的种类很多，按照结构形式和加工性能不同，铣床可分为立式铣床、卧式铣床、龙门铣床、仿形铣床和专用铣床等。

万能铣床是一种通用的多用途机床，它可以用圆柱铣刀、圆片铣刀、成型铣刀及端面铣刀等工具对各种零件进行平面、斜面、螺旋面及成形表面的加工，还可以加装万能铣头和圆工作台来扩大加工范围。本任务以 X62W 型万能铣床为例进行介绍。

## 活动1　X62W 型万能铣床的相关知识

### 知识探究

1. 铣床的型号及含义

如图 6-4-1 所示是铣床的型号及含义。

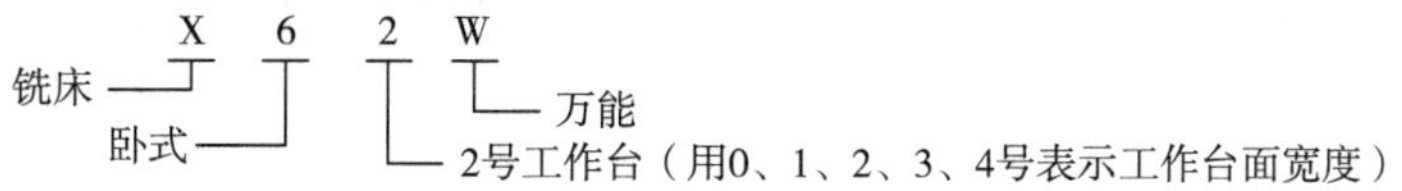

```
        X  6  2  W
铣床 ──┐              └── 万能
卧式 ──┘        └── 2号工作台（用0、1、2、3、4号表示工作台面宽度）
```

图 6-4-1　铣床的型号及含义

## 2. X62W 型万能铣床的主要结构

X62W 型万能铣床主要由床身、主轴、刀杆、悬梁、工作台、回转盘、横向溜板、升降台、底座等几部分组成（图 6-4-2）。床身被固定在底座上，其内装有主轴的传动机构和变速操纵机构，床身的顶部安装带有刀杆支架的悬梁，悬梁可沿水平导轨移动，以调整铣刀的位置。床身的前方（右侧面）装有垂直导轨，升降台可沿导轨上、下垂直移动。在升降台上面的水平导轨上，装有可在平行于主轴线方向（横向或前后）移动的溜板。溜板上面是可以转动的回转台，工作台就装在回转台的导轨上，它可以做垂直于主轴线方向（纵向或左右）的移动。在工作台上有固定工件的"T"形槽。这样，安装在工作台上的工件，可以进行上、下、左、右、前和后 6 个方向的位置调整或工作进给。此外，在该机床上还可以安装圆形工作台，溜板也可以绕垂直轴线方向左右旋转 45°，便于工作台在倾斜方向进行进给，完成螺旋槽的加工。

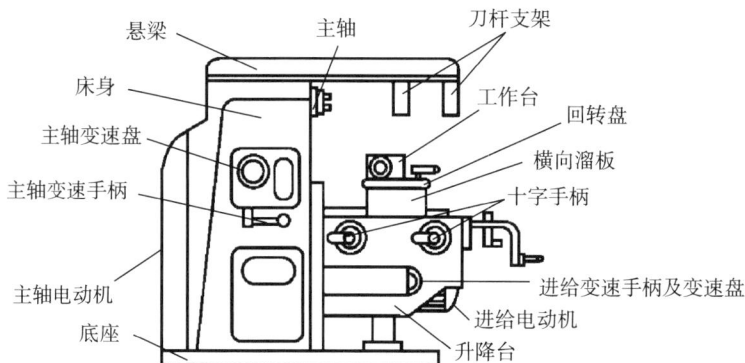

图 6-4-2　X62W 型万能铣床主要结构图

## 3. X62W 型万能铣床的主要运动形式

X62W 型卧式万能铣床的三种运动形式分别如下。

（1）主运动：主轴带动铣刀的旋转运动。

（2）进给运动：工作台带动工件在相互垂直的 3 个方向上的直线运动。

（3）辅助运动：工作台带动工件在相互垂直的 3 个方向上的快速移动。

## 4. X62W 型万能铣床的控制要求

（1）铣削加工有顺铣和逆铣两种加工方式，所以要求主轴电动机能正反转，可用万能转换开关实现主轴电动机的正反转。

（2）铣刀的切削是一种不连续切削，容易使机械传动系统发生振动。为了避免这种现象，在主轴传动系统中装设了惯性轮。但在高速切削后，停车很费时间，故采用电磁离合器制动以实现准确停车。

（3）工作台要求有前、后、左、右、上、下 6 个方向的进给运动和快速移动，所以要求进给电动机能正反转，并通过操纵手柄和机械离合器相配合来实现。

（4）电气联锁措施如下：

① 为防止刀具和机床被损坏，要求只有主轴旋转后，才允许有进给运动和进给方向的快速移动；

② 为了减小加工件表面的粗糙度，只有进给停止后主轴才能停止或同时停止；

③ 6个方向的进给运动中同时只能有一种运动产生；

④ 主轴运动和进给运动采用变速盘来进行速度选择，为保证变速齿轮进入良好啮合状态，对两种运动，都要求变速后做瞬时冲动；

⑤ 主轴电动机或冷却泵电动机过载时，进给运动必须立即停止，以免损坏刀具和铣床。

⑥ 要求有冷却系统、照明设备及各种保护措施。

**技能训练**

上网搜集 X62W 型万能铣床的相关知识，进一步学习相关内容。

**练一练**

1. 填空题

（1）万能铣床是一种通用的多用途机床，它可以用 _____、_____、_____ 及 _____ 等工具对各种零件进行 _____、_____、_____ 及 _____ 的加工，还可以加装万能铣头和圆工作台来扩大 _____。

（2）X62W 型万能铣床的主要结构包括 _____、_____、_____、_____、_____、_____、_____、_____ 和 _____。

（3）X62W：X 表示 _____，6 表示 _____，2 表示 _____，W 表示 _____。

2. 问答

（1）X62W 型万能铣床的主要运动形式有哪些？

（2）X62W 型万能铣床有哪些控制要求？

# 活动 2 X62W 型万能铣床电气控制电路安装与调试

**知识探究**

1. X62W 型万能铣床电气控制电路原理图

X62W 型万能铣床电气控制电路原理图如图 6-4-3 所示。

2. X62W 型万能铣床电气元件明细表

X62W 型万能铣床电气元件明细见表 6-4-1 所列。

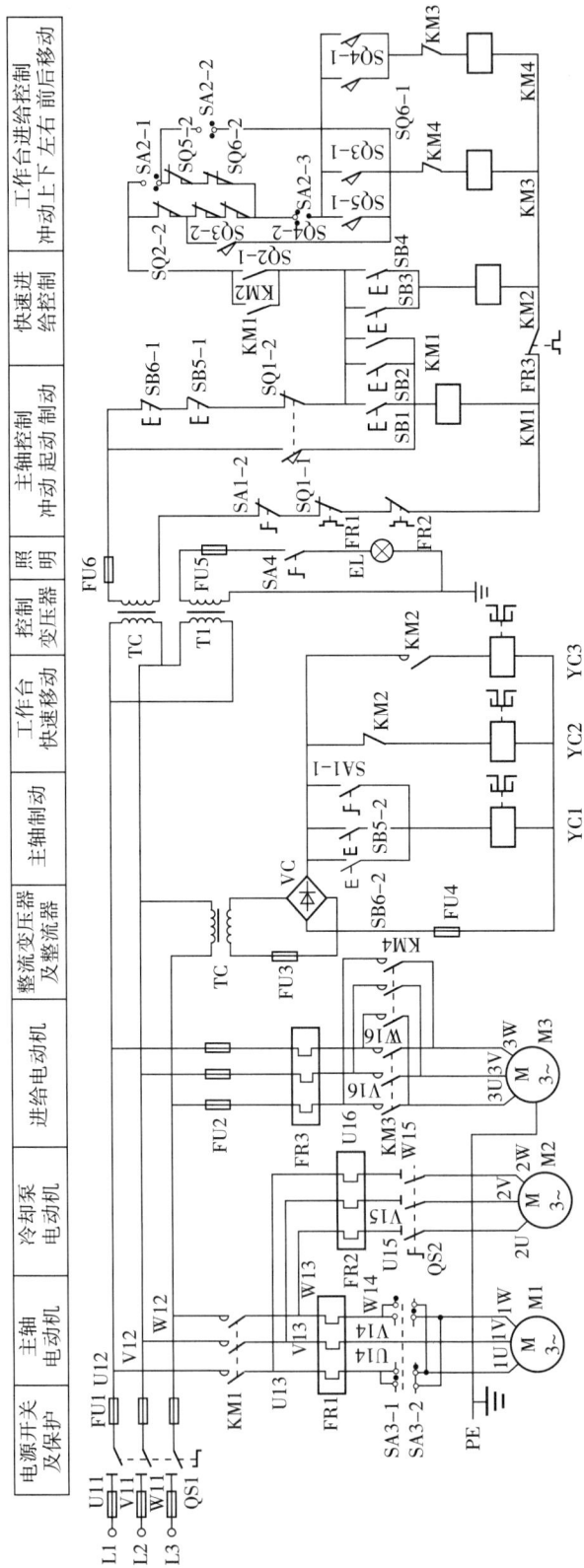

图6-4-3　X62W型万能铣床电气控制电路原理图

表6－4－1　X62W型万能铣床电气元件明细

| 符　号 | 名　称 | 型　号 | 规　格 | 数　量 | 用　途 |
|---|---|---|---|---|---|
| M1 | 主轴电动机 | Y132M－4－B3 | 7.5kW，380V，1450r/min | 1 | 驱动主轴 |
| M2 | 进给电动机 | Y90L－4 | 1.5kW，380V，1400r/min | 1 | 驱动进给 |
| M3 | 冷却泵电动机 | JCB－22 | 125W，380V，2790r/min | 1 | 驱动冷却泵 |
| QS1 | 电源转换开关 | HZ10－60/3J | 60A，500V | 1 | 电源总开关 |
| QS2 | 转换开关 | HZ10－10/3J | 10A，500V | 1 | 冷却泵开关 |
| SA1 | 万能转换开关 | LS2－3A | 10A，500V | 1 | 主轴换向 |
| SA2 | 万能转换开关 | HZ10－10/3J | 10A，500V | 3 | 圆工作台开关 |
| SA3 | 组合开关 | HZ2－10/3 | 10A，24V | 1 | M1换向开关 |
| FU1 | 熔断器 | RL1－60 | 60A，熔体50A | 3 | 电源短路保护 |
| FU2 | 熔断器 | RL1－15 | 15A，熔体10A | 1 | 进给保护 |
| FU3 FU6 | 熔断器 | RL1－15 | 15A，熔体4A | 2 | 整流、控制回路短路保护 |
| FU4 FU5 | 熔断器 | RL1－15 | 15A，熔体2A | 2 | 直流照明电路保护 |
| FR1 | 热继电器 | JR0－40/3 | 整定电流16A | 1 | M1过载保护 |
| FR2 | 热继电器 | JR10－10 | 整定电流0.43A | 1 | M3过载保护 |
| FR3 | 热继电器 | JR10－10 | 整定电流3.4A | 1 | M2过载保护 |
| TC | 控制变压器 | BK－150 | 380/110V | 1 | 控制回路电源 |
| T1 | 照明变压器 | BK－50 | 50VA/380V/24V | 1 | 照明电源 |
| VC | 整流器 | 2CZ×4 | 5A，50V | 1 | 整流用 |
| KM1 | 交流接触器 | CJ10－20 | 20A，线圈电压110V | 1 | 主轴起动 |
| KM2 | 交流接触器 | CJ10－10 | 10A，线圈电压110V | 1 | 快速进给 |
| KM3 | 交流接触器 | CJ10－10 | 10A，线圈电压110V | 1 | 快速进给M2正转 |
| KM4 | 交流接触器 | CJ10－10 | 10A，线圈电压110V | 1 | 快速进给M2反转 |
| SB1、SB2 | 按钮 | LA2 | 绿色 | 2 | M1起动 |
| SB3、SB4 | 按钮 | LA2 | 黑色 | 2 | 快速进给点动 |
| SB5、SB6 | 按钮 | LA2 | 红色 | 2 | 停止、制动 |
| YC1 | 电磁离合器 | B1DL－Ⅲ | | 1 | 主轴进给 |
| YC2 | 电磁离合器 | B1DL－Ⅱ | | 1 | 正常进给 |

（续表）

| 符　号 | 名　称 | 型　号 | 规　格 | 数　量 | 用　途 |
|---|---|---|---|---|---|
| YC3 | 电磁离合器 | B1DL-Ⅱ | | 1 | 快速进给 |
| SQ1 | 位置开关 | LX3-11K | 开启式 | 1 | 主轴冲动开关 |
| SQ2 | 位置开关 | LX3-11K | 开启式 | 1 | 进给冲动开关 |
| SQ3 | 位置开关 | LX3-131 | 单轮自动复位 | 1 | M2正反转及联锁 |
| SQ4 | 位置开关 | LX3-131 | 单轮自动复位 | 1 | |
| SQ5 | 位置开关 | LX3-11K | 开启式 | 1 | |
| SQ6 | 位置开关 | LX3-11K | 开启式 | 1 | |

### 3. X62W 型万能铣床使用元器件介绍

1）万能转换开关

万能转换开关主要作为控制电路的转换、电气测量仪表的转换及配电设备的远距离控制，也可作为小容量电动机的起动、制动、换向及变速控制。万能转换开关外观及符号如图 6-4-4 所示。

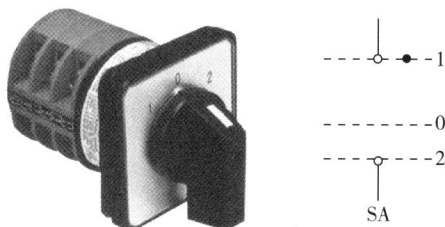

图 6-4-4　万能转换开关外观及符号

2）电磁离合器

（1）电磁离合器简介：DLMX-5（即原 B1DL-Ⅲ）型湿式多片电磁离合器主要用于机械传动系统中，可在主动部分运转的情况下使从动部分与主动部分结合或分离。目前我国生产的 X62、X63 系列铣床采用此种离合器，作为主轴传动、快速进给、慢速进给使用。电磁离合器外观及结构如图 6-4-5 所示。

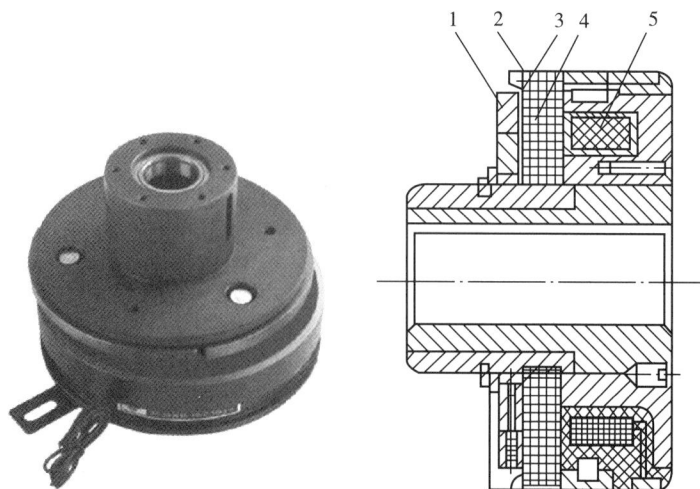

1—衔铁；2—联结；3—外片；4—内片；5—线圈。

图 6-4-5　电磁离合器外观及结构

（2）工作条件如下：

① DLMX-5 型湿式多片电磁离合器，必须浸在油中使用，或采用滴油方式润滑，且润滑油须保持清洁，不得含有导电杂质；

② 电磁离合器应水平安装使用，安装好的电磁离合器应保证摩擦片呈自由状态，并能轻便地沿花键套和联结移动；

③ 周围空气相对湿度不大于 $85\% \times [(20\pm5)℃]$；

④ 在无爆炸危险、无腐蚀金属和无破坏绝缘的气体及导电尘埃介质中使用；

⑤ 离合器用于直流 32V 电路中，线圈的电压波动不超过额定电压的 $+5\%$ 和 $-15\%$。

**4. 主电路工作原理**

主电路共有 3 台电动机：M1 是主轴电动机，拖动主轴带动铣刀进行切削加工，SA3 作为 M1 的换向开关；M2 是进给电动机，通过操作手柄和机械离合器的配合拖动工作台的前、后、左、右、上、下 6 个方向的进给运动与快速移动，其正反转由 KM3、KM4 来实现；M3 是冷却泵电动机，供应切削液，且当 M1 起动后 M3 才能起动，用手动开关 QS2 控制。3 台电动机共用一组熔断器 FU1 作短路保护，3 台电动机分别用热继电器 FR1、FR2、FR3 作过载保护。X62W 型万能铣床主电路图如图 6-4-6 所示。

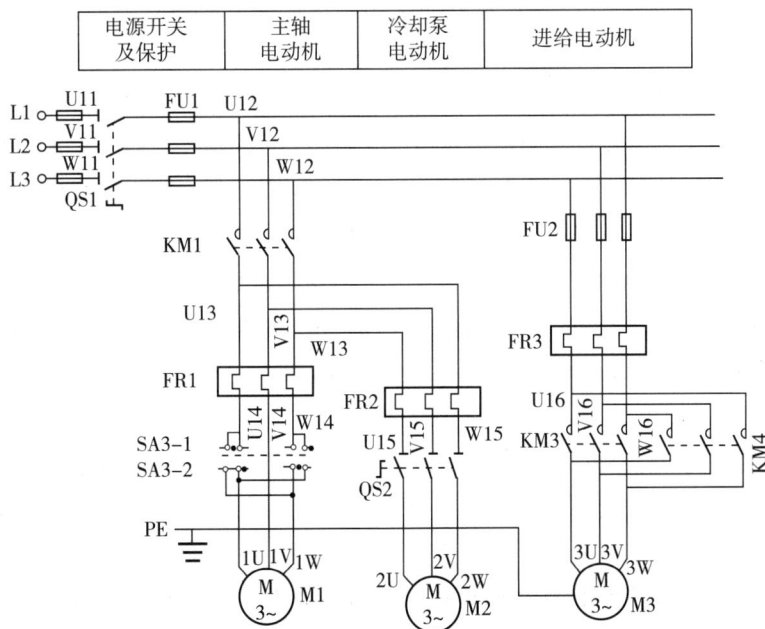

图 6-4-6 X62W 型万能铣床主电路图

三相交流电源由电源开关 QS1 引入。

1）主轴电动机 M1 的控制

为了操作方便，主轴电动机 M1 采用两地控制方式，一组安装在操作台上，另一组安装在床身上。SB1、SB2 是两组起动按钮并联在一起，停止按钮用 SB5 和 SB6；YC1 则是主轴制动用的电磁离合器，SQ1 是主轴变速时瞬时点动的位置开关。主轴电动机是通过弹性联轴器和变速机构的齿轮传动链来实现传动的，可使主轴获得十八级不同的转速。

（1）X62W 型万能铣床主轴的起动。起动前，应首先选择好主轴的转速，然后合上 QS1，再将 SA3 转动到需要的方向。主轴换向开关 SA1 位置及动作说明见表 6-4-2 所列。

表 6-4-2    主轴换向开关 SA1 位置及动作说明

| 位　　置 | 正　　转 | 停　　止 | 反　　转 |
|---|---|---|---|
| SA1-1 | − | − | + |
| SA1-2 | + | − | − |
| SA1-3 | + | − | − |
| SA1-4 | − | − | + |

按下 SB1（或 SB2），接触器 KM1 线圈得电，KM1 主触头和自锁触头闭合，主轴电动机 M1 起动运转，为工作台进给电路提供电源。

（2）X62W 型万能铣床主轴的制动。当铣削完毕，需要主轴电动机停止时，按下 SB5（或 SB6），SB5（或 SB6）常闭触头分断，接触器 KM1 线圈失电，KM1 触头复位，电动机 M1 惯性运转；SB5-2（或 SB6-2）常开触头闭合，接通电磁离合器 YC1，主轴电动机 M1 制动停转。

（3）主轴换铣床刀控制。M1 停转后并不处于制动状态，主轴仍可能自由旋转。在主轴换刀时，为避免主轴转动，造成更换困难，应将主轴制动。方法是将转换开关 SA1 扳向换刀位置，这时 SA1-1 常开触点闭合，使电磁离合器线圈 YC1 得电，主轴处于制动状态以方便换刀；同时，常闭触点断开，SA1-2 断开，将控制电路电源断开，铣床无法运行，确保人身安全。

（4）主轴变速时的瞬时冲动（冲动控制）。主轴变速箱装在床身左侧窗口上，主轴变速由一个变速手柄和一个变速盘来实现。主轴变速时的瞬时冲动（冲动控制），是利用变速手柄与冲动位置开关 SQ1 通过机械上的联动机构来进行控制的。

2）进给电动机 M2 的控制

工作台的进给运动在主轴起动后可进行。工作台的进给在主轴起动后方可进行。工作台的进给可在 3 个坐标的 6 个方向上运动，即工作台在回旋盘上的左右运动，升降台与加回旋盘一起在溜板上和溜板一起的前后运动，升降台在床身上的垂直导轨上做上、下运动。这些运动是通过两个操纵手柄和机械联动机构控制相应位置开关，使进给电动机正转或反转来实现的，工作台 6 个方向的运动都是通过操纵手柄和机械联动机构带动相应的位置开关动作来实现的，不能同时接通。

（1）圆形工作台的控制。为了扩大铣床的加工范围，可在铣床工作台上安装附件圆形工作台，进行圆弧或凸轮和铣削加工。转换开关 SA2 就是用来控制圆形工作台的。当需要圆形工作台旋转时，将 SA2 扳到接通位置，使接触 KM3 得电，电动机 M2 起动。通过一根专用轴带动圆形工作台旋转运动。当不需要圆形工作台旋转运动时，将 SA2 扳到断开位置，以保证工作台在 6 个方向上的进给运动。

（2）工作台的左右进给运动。工作台的左右进给运动由左右进给操作手柄控制。操作手柄与位置开关 SQ5 和 SQ6 联动，有左、中、右 3 个位置。当手柄被扳向中间位置时，位置开关 SQ5 和 SQ6 均未被压合，进给控制电路处于断开状态；当手柄被扳向左或右位置时，手柄压下位置开关 SQ5 或 SQ6，使常闭触头 SQ5-2 或 SQ6-2 分断，常开触头 SQ5-1或 SQ6-1 闭合，接触器 KM3 或 KM4 得电动作，电动机 M2 正转或反转。由于在 SQ5 或 SQ6 被压合的同时，通过机械机构已将电动机 M2 的传动链与工作台下面的左右进给丝杠相搭合，因此电动机 M2 的正转或反转就拖动工作台向左或向右运动。当工作台向左或向右进给到极限位置时，由于工作台两端各装有一块挡铁，因此挡铁手柄连杆使手柄自动复位到中间位置，位置开关 SQ5 或 SQ6 复位，电动机的传动链与左右丝杆脱落，电动机 M2 停止运转，工作台停止了进给，实现了左右终端保护。工作台左右进给手柄位置及其控制关系见表 6-4-3 所列。

表 6-4-3　工作台左右进给手柄位置及其控制关系

| 手柄位置 | 位置开关动作 | 接触器动作 | 电动机 M2 | 传动链搭合丝杠 | 工作台运动方向 |
|---|---|---|---|---|---|
| 左 | SQ5 | KM3 | 正转 | 左右进给丝杠 | 向左 |
| 中 | — | — | 停止 | — | 停止 |
| 右 | SQ6 | KM4 | 反转 | 左右进给丝杠 | 向右 |

（3）工作台的上下和前后进给运动控制。工作台的上下和前后进给运动是由一个手柄控制的。该手柄与位置开关 SQ3 和 SQ4 联动，有上、下、前、后、中 5 个位置。工作台上、下、前、后、中进给手柄位置及其控制关系见表 6-4-4 所列。

表 6-4-4　工作台上、下、前、后、中进给手柄位置及其控制关系

| 手柄位置 | 位置开关 | 接触器动作 | 电动机 M2 | 传动链搭合丝杠 | 工作台运动方向 |
|---|---|---|---|---|---|
| 上 | SQ4 | KM4 | 反转 | 上下进给丝杠 | 向上 |
| 下 | SQ3 | KM3 | 正转 | 上下进给丝杠 | 向下 |
| 前 | SQ3 | KM3 | 正转 | 前后进给丝杠 | 向前 |
| 后 | SQ4 | KM4 | 反转 | 前后进给丝杠 | 向后 |
| 中 | — | — | 停止 | — | 停止 |

当手柄被扳至中间位置时，位置开关 SQ3 和 SQ4 均未被压合，工作台无任何进给运动；当手柄被扳至下或前位置时，手柄压下位置开关 SQ3，使常闭触头 SQ3-2 分断，常开触头 SQ3-1 闭合，接触器 KM3 得电动作，电动机 M2 正转，带动着工作台向下或向前运动；当手柄被扳向上或后时，手柄压下位置开关 SQ4，使常闭触头 SQ4-2 分断，常开触头 SQ4-1 闭合，接触器 KM4 得电动作，电动机 M2 反转，带动着工作台向上或向后运动。在这里，为

什么进给电动机 M2 只有两个方向的运动，而工作台却有 4 个方向的运动呢？这是当手柄被扳到不同位置时，通过机械机构将电动机 M2 的转动链与不同的进给丝杆相搭合的缘故。当手柄被扳向下或向上时，手柄在压下位置开关 SQ3 或 SQ4 的同时，通过机械机构将电动机 M2 的传动链与升降台上下进给丝杆搭合，当 M2 正转或反转时，就带动升降台向下或向上运动；同理，当手柄被扳向前或向后时，手柄在压下位置开关 SQ3 或 SQ4 的同时，通过机械机构将电动机 M2 的传动链与溜板下面的前后进给丝杆搭合，当 M2 正转或反转时，就带动溜板向前或向后运动。和左右进给一样，当工作台在上、下、前、后 4 个方向的任一方向进给到极限位置时，挡块都会碰到手柄连杆，使手柄自动复位到中间位置 3，位置开关 SQ3 或 SQ4 复位，上下丝杆或前后丝杆与电动机脱离，电动机和工作台就停止了运动。

可见，两个操作手柄被置定于某一进给方向后，只能压下 4 个位置开关（SQ3、SQ4、SQ5、SQ6）中的一个开关，接通电动机 M2 正转或反转电路。同时，通过机械机构将电动机的传动链与 3 根丝杠（左右丝杠、上下丝杠、前后丝杠）中的一根（只能是一根）丝杠相搭合，拖动工作台沿选定的进给方向运动，而不会沿其他方向运动。

（4）左右进给手柄与上下前后进给手柄的联锁控制。在两个手柄中，只能进行其中之一进给的操作，即当一个操作手柄被置定某一进给方向后，另一个操作手柄必须置于中间位置，否则无法实现任何进给运动。这是因为在控制电路中对两者实行了联锁保护。如当把左右进给手柄扳向左时，若又将另一个进给手柄扳到向下进给方向，则位置开关 SQ3 和 SQ5 均被压下，触头 SQ5 - 2 和 SQ3 - 2 均分断，断开了接触器 KM3 和 KM4 的通路，电动机 M2 只能停转，保证了操作安全。

（5）进给变速时的瞬时点动。和主轴变速一样，进给变速时，为使齿轮进入良好的啮合状态，也要进行变速后的瞬时点动。进行变速时，必须先把进给操作手柄放在中间位置，然后将进给变速盘（在升降台前面）向外拉出，使进给齿轮松开，转动变速盘选定进给速度后，再将变速盘向里推回原位，齿轮便重新啮合。在推进的过程中，挡块压下位置开关 SQ2，使触头 SQ2 - 2 分断，SQ2 - 1 闭合，接触器 KM3 得电，电动机 M2 起动；但随着变速盘复位，位置开关 SQ2 跟着复位，使 KM3 断电释放，M2 失电停止运转。这样使电动机 M2 瞬时点动一下，齿轮系统产生一次抖动，齿轮便顺利啮合了。

（6）工作台的快速移动控制。为了提高工作效率，减少生产辅助工时，在不进行铣削加工时，可使工作台快速移动。6 个进给方向的快速移动是通过两个进给操作手柄和快速移动按钮配合实现的。

安装好工件后，扳动进给操作手柄选定进给方向，按下快速移动按钮 SB3 或 SB4（两地控制），接触器 KM2 得电，KM2 常闭触头分断，电磁离合器 YC2 失电，将齿轮传动链与进给丝杠分离。KM2 两对常开触头闭合，一对使电磁离合器 YC3 得电，将电动机 M2 与进给丝杠直接搭合；另一对使接触器 KM3 或 KM4 得电动作，电动机 M2 得电正转或反转，带动工作台沿选定的方向快速移动。由于工作台的快速移动采用的是点动控制方式，故松开 SB3 或 SB4，快速移动停止。

3）冷却泵及照明灯的控制

主轴电动机 M1 与冷却泵电动机 M3 采用顺序控制方式，即在主轴起动后冷却泵才能起动。冷却泵电动机 M3 由组合开关 QS2 控制。

铣床照明灯由变压器 T1 供给 24V 的安全电压，由 SA4 控制。熔断器 FU5 为它的短路保护装置。

**技能训练**

1. 工具、仪表及器材

（1）工具：测电笔、电工刀、剥线钳、尖嘴钳、斜口钳、螺钉旋具等。

（2）仪表：MF47 型万用表、5050 型兆欧表、T301 - A 型钳电流表。

（3）器材：控制板、走线槽、导线、紧固体、金属软管、编码套管等。

2. 安装步骤及工艺要求

（1）按表 6 - 4 - 1 配齐电气设备和元件，并逐个检查规格和质量是否合格。

（2）根据电动机容量、线路走向及要求和各元件的安装尺寸，正确选配导线的规格、导线通道类型和数量、接线端子板型号及节数、控制板、管夹、束节、紧固体等。

（3）在控制板上安装电器元件，并在各电器元件附近做好与电路图上标记相同的标记。

（4）按照控制板内布线的工艺要求进行布线和套编码套管。

（5）选择合理的导线走向，做好导线通道的支持准备，并安装板外部的所有电器。

（6）进行控制箱外部布线，并在导线线头上套装好与电路图线号相同的编码套管。对于可移动的导线通道应放适当的余量，使金属软管在运动时不承受拉力，并在规定的通道内放好备用导线。

（7）检查电路的接线是否正确和接地通道是否有连续性。

（8）检查热继电器的整定值是否符合要求，各级熔断器的熔体是否符合要求，如不符合要求应予以更换。

（9）检查电动机的安装是否牢固，与生产机械传动装置的连接是否可靠。

（10）检查电动机及线路的绝缘电阻，清理安装场地。

（11）接通电源开关，点动控制各电动机起动，检查各电动机的转向是否符合要求。

（12）通电空载试验时，应认真观察各电器元件、线路、电动机及传动装置的工作情况是否正常。如不正常，应立即切断电源进行检查，在调整或修复后才能再次通电试车。

3. 安装注意事项

（1）不要漏接接地线。严禁采用金属软管作为接地通道。

（2）在控制箱外部布线时，导线必须穿在导线通道内或敷设在机床底座内的导线通道里。所有的导线不允许有接头。

（3）对导线通道内敷设的导线进行接线时，必须集中精神，做到查出一根导线，立即套上编码套管，接上后再进行复验。

（4）在进行快速进给时，要注意将运动部件处于行程的中间位置，以防止运动部件与车头或尾架相撞造成设备事故。

（5）在安装、调试中，工具、仪表的使用要符合要求。

（6）通电操作时，必须遵守安全操作规程。

**练一练**

1. 填空题

（1）万能转换开关主要作为_____的转换、_____的转换及_____的远距离控制，也可作为小容量电动机的_____、_____、_____及_____。

（2）DLMX-5（即原 B1DL-Ⅲ）型湿式多片电磁离合器主要用于_____系统中，可在主动部分运转的情况下使从动部分与主动部分_____。目前我国生产的 X62、X63 系列铣床采用此种离合器作为_____、_____、_____使用。

（3）X62W 型万能铣床主电路共有 3 台电动机：_____是主轴电动机，拖动主轴带动铣刀进行切削加工；_____是进给电动机，通过操作手柄和机械离合器的配合拖动工作台的前、后、左、右、上、下 6 个方向的进给运动与快速移动，其正反转由 KM3、KM4 来实现；_____是冷却泵电动机，供应切削液，且当 M1 起动后 M3 才能起动，用手动开关 QS2 控制。

2. 问答题

（1）X62W 型万能铣床主轴电动机 M1 是如何实现多地控制的？

（2）X62W 型万能铣床主轴电动机 M1 与冷却泵电动机 M3 采用什么控制方式？如何实现？

（3）X62W 型万能铣床在主轴换刀时，为避免主轴转动，造成更换困难，应将主轴制动。采取什么方法？

（4）简述 X62W 主轴制动过程。

（5）在快速进给时，要注意什么？

（6）在控制箱外部布线时，应注意什么？

# 活动 3　X62W 型万能铣床电气控制电路检修

**知识探究**

X62W 型万能铣床电气控制电路常见故障分析与检修与前面的电路相似，具体见表 6-4-5 所列。

表6-4-5 X62W型万能铣床电气控制电路常见故障分析与检修

| 故障现象 | 可能原因及处理方法 |
|---|---|
| 主轴电动机 M1 不能起动 | 首先检查开关是否处在正常位置。然后检查三相电源、熔断器、热继电器的常闭触头、两地起停按钮及接触器 KM1 的情况，看有无电器损坏、接触不良、线圈断路等现象。另外，还应检查变速冲动开关 SQ1，因为因开关位置移动甚至撞坏，或常闭触头接触不良而引起的故障也不少见 |
| 工作台各个方向都不能进给 | 工作台的进给是由 M3 的正反转来配合机械传动来实现的。若各个方向都不能进给，多是由 M3 不能起动引起的。检修故障时，首先检查圆工作台的控制开关 SA5 是否在"断开"位置。若没问题，接着检查控制主轴电动机的接触器 KM1 是否吸合动作。因为只有接触器 KM1 吸合后，KM3、KM4 才能得电。若接触器 KM1 不能得电，则表明控制回路有故障，可检测控制变压器 TC 的一次侧、二次侧线圈和电源电压是否正常，熔断器是否熔断。待电压正常，接触器 KM1 吸合。主轴旋转后，若各个方向仍无运动，可扳动进给手柄到各个方向，观察其相关接触器是否吸合。若吸合，则表明故障发生在主回路和进给电动机上。常见的故障有接触器主触头接触不良、主触头脱落、机械卡死、电动机接线脱落和电动机绕组被烧断等。除此之外，由于经常扳动操作手柄，开关受到冲击，使位置开关 SQ3、SQ4、SQ5、SQ6 的位置发生变化或被撞坏，使线路处于断开状态。变速冲动开关在复位时不能闭合接通或接触不良，也会使工作台没有进给 |
| 工作台能向左、右进给，不能上、下、前、后进给 | 铣床控制工作台各个方向的开关是联锁的，使之只有一个方向运动。因此发生这种故障的原因只可能是控制上、下、前、后的位置开关发生变动或接触不良。检修故障时，用万用表检查相应位置开关有无接触导通即可，查找故障部位，修理或更换元件，就可排除故障 |
| 工作台能上、下、前、后进给，不能向左、右进给 | |
| 工作台不能快速移动 | 发生这种故障的原因往往是电磁离合器工作不正常。首先检查接线是否有松脱，整流变压器、熔断器 FU3、FU4 的工作是否正常。然后，电磁离合器线圈用环氧树脂黏合在电磁离合器的套筒内，散热条件差，易发热而被烧坏。另外，由于离合器的动摩擦片、静摩擦片经常摩擦。因此，它们容易被损坏，检修时也易被忽视 |
| 变速时不能冲动 | 发生这种故障多数是由于冲动位置开关 SQ1 经常受到频繁冲击，使开关位置改变（压不上开关），甚至使开关底座被撞坏或接触不良，使线路断开，从而造成主轴电动机 M1 或进给电动机不能瞬时点动。出现这种故障时，修理或更换开关，并调整好开关的动作距离，即可恢复冲动控制 |

**技能训练**

**1. 工具、仪表及器材**

（1）工具：测电笔、电工刀、剥线钳、尖嘴钳、斜口钳、螺钉旋具等。

（2）仪表：MF47 型万用表、5050 型兆欧表、T301 - A 型钳电流表。

（3）器材：控制板、走线槽、导线、坚固体、金属软管、编码套管等。

**2. 具体检修**

检修 X62W 型万能铣床控制电路，并排除故障。

**练一练**

**1. 填空题**

（1）在 X62W 型万能铣床中，KM1 的名称是_____，其型号为_____，额定电流为_____A，线圈电压为_____V。

（2）X62W 型万能铣床主轴电动机采用两地控制方式，因此起动按钮 SB1 和 SB2 的常开触头是_____（串/并）联的。

（3）在电路原理图中 YC1 的名称是电磁离合器，其主要用途是停车_____和_____。

（4）X62W 型万能铣床的工作台前后进给正常，但左右不能进给，其故障范围是_____。

**2. 简答题**

（1）为防止刀具和机床损坏，对主轴旋转和进给运动在顺序上有何要求？

（2）简述 X62W 型万能铣床主轴制动过程。

（3）X62W 型铣床主轴有哪些电气要求？

（4）X62W 型万能铣床中，KM1 和 KM2 的辅助触头并联于进给控制电路中，试说明它们的作用分别是什么？

（5）在 X62W 型万能铣床圆工作台开动期间，若拨动了两个进给手柄中的任一个，会出现什么结果？

（6）X62W 型万能铣床主轴正反转，为什么不用接触器控制而用组合开关控制？

（7）X62W 型万能铣床进给系统有哪些电气要求？

**任务评价**

X62W 型万能铣床电气控制电路安装与检修任务评价可参考表 6-4-6 进行。

表 6-4-6　X62W 型万能铣床电气控制电路安装与检修任务评价

| 活动内容 | 配分/分 | 评分标准 | 扣分/分 |
|---|---|---|---|
| 装前检查 | 5 | 电器元件错检或漏检，扣 2 分/处 | |
| 器材选用 | 10 | （1）导线选用不符合要求，扣 4 分/处；<br>（2）穿线管选用不符合要求，扣 3 分/处；<br>（3）编码套管等附件选用不当，扣 3 分/项 | |

【习题】
项目 6

（续表）

| 活动内容 | 配分/分 | 评分标准 | 扣分/分 |
|---|---|---|---|
| 元件安装 | 15 | (1) 控制箱内部元件安装不符合要求，扣 3 分/处；<br>(2) 控制箱外部元件安装不牢固，扣 3 分/处；<br>(3) 损坏电器元件，扣 8 分/只 | |
| 布线 | 15 | (1) 不按电路图接线，扣 15 分；<br>(2) 控制箱内导线敷设不符合要求，扣 3 分/根；<br>(3) 通道内导线敷设不符合要求，扣 3 分/根；<br>(4) 漏接地线，扣 5 分 | |
| 故障分析 | 10 | (1) 标不出故障线段或错标在故障回路以外，扣 8 分/处；<br>(2) 不能标出最小故障范围，扣 3～5 分/处 | |
| 排除故障 | 20 | (1) 停电不验电，扣 15 分；<br>(2) 测量仪器和工具使用不正确，扣 15 分/次；<br>(3) 故障排除方法不正确，扣 10 分；<br>(4) 损坏电器元件，扣 20 分/个；<br>(5) 不能排除故障点，扣 20 分/个；<br>(6) 扩大故障范围或产生新故障，扣 20 分/个 | |
| 通电试车 | 25 | (1) 位置开关安装不合适，扣 5 分；<br>(2) 整定值未整定或整定错误，扣 5 分/只；<br>(3) 熔体规格配错，扣 3 分/只；<br>(4) 通电不成功，扣 25 分 | |
| 安全文明生产 | | 违反安全文明生产规程，扣 10～70 分 | |
| 时间 | | 19h，不允许超时检查，只有在修复时才允许超时，检查时，每超过 5min 扣 5 分 | |
| 成绩 | | | |

# 参 考 文 献

[1] 赵承荻，黄旭 . 电机与电气控制技术 [M] . 北京：高等教育出版社，2002.

[2] 陈春玲 . 电工技术 [M] . 沈阳：辽宁科学技术出版社，2022.

[3] 曾祥富 . 电工技能与训练 [M] . 2 版 . 北京：高等教育出版社，2000.

[4] 唐义锋 . 电工电子基本技能训练 [M] . 北京：北京理工大学出版社，2021.

[5] 程周 . 电机拖动与电控技术 [M] . 3 版 . 北京：电子工业出版社，2013.

[6] 贾文勇，李连新 . 电力拖动控制线路与技能训练 [M] . 哈尔滨：哈尔滨工程大学出版社，2021.

[7] 王兆晶 . 维修电工（中级）鉴定培训教材 . 北京：机械工业出版社，2011.

[8] 杜德昌，路坤 . 机床维修电工 [M] . 2 版 . 北京：高等教育出版社，2012.

[9] 赵淑芝 . 电力拖动与自动控制线路技能训练 [M] . 3 版 . 北京：高等教育出版社，2018.

[10] 李敬梅 . 电力拖动控制线路与技能训练课教学参考书 [M] . 北京：中国劳动社会保障出版社，2007.

CDB2LE

19mm金属按钮开关

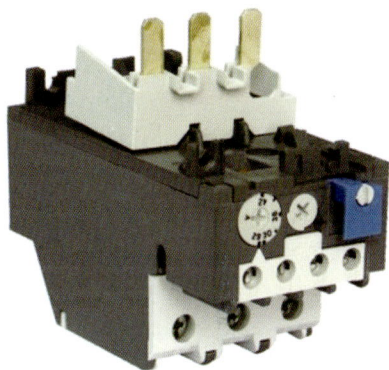

ABB

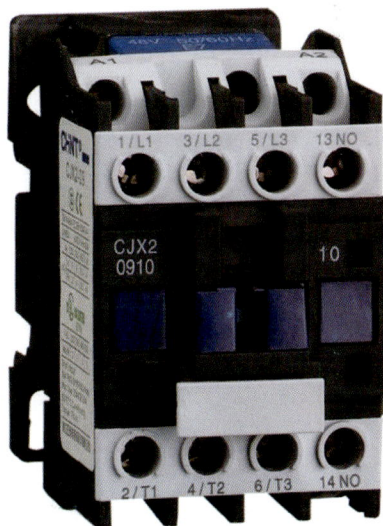

CJX2系列

CA6140型车床主要结构

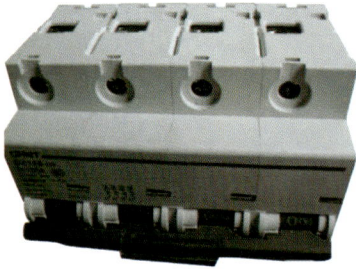
DZ158-125 4P 80A C型

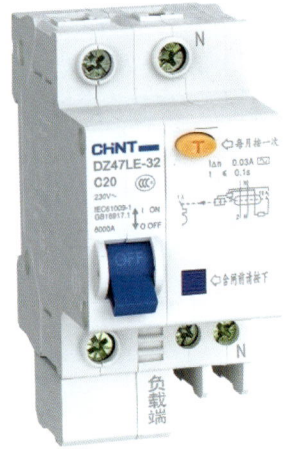
DZ47LE-32

ESC 系列

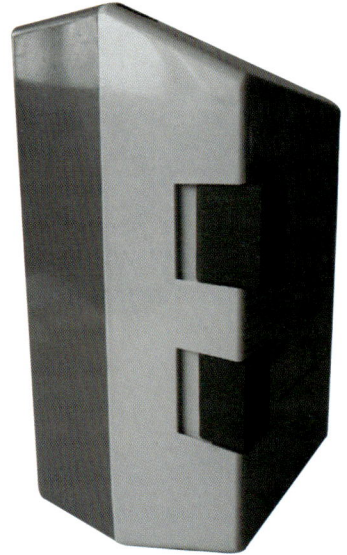
GMC 系列

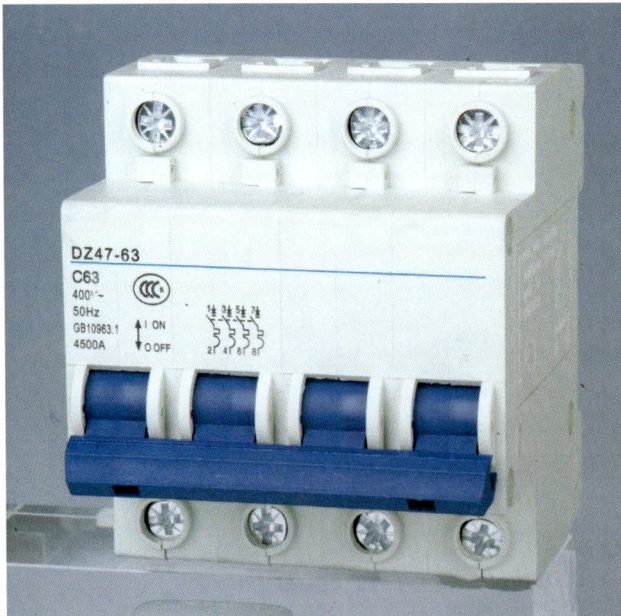
DZ47-63

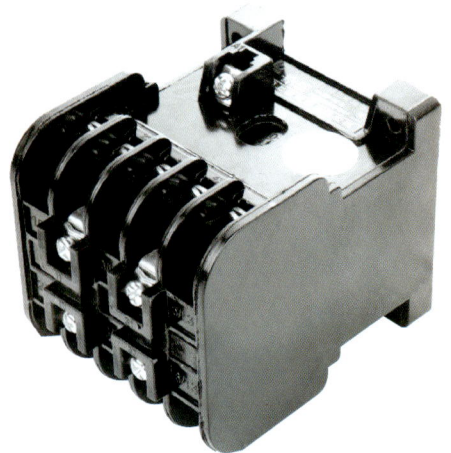
CJT1-10

HH10系列封闭式负荷开关 1

HLA38-11ZS 按钮

BS216B 控制按钮

HH10系列封闭式负荷开关 2

KD2-21按钮

HH10系列封闭式负荷开关 2

HZ10系列组合开关 1

HZ12型组合开关

HZ10系列组合开关 2

LA19-11自复位按钮

LA10-3H按钮

KT10系列

KT15系列

LA4-2H按钮

LAY7（PBCY090）LAY37圆形按钮

KT12系列

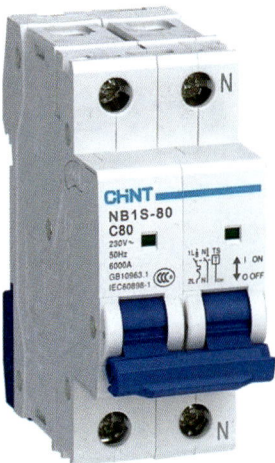

NB1S-80

LX19-111 211 行程开关

LX-028行程开关

NC7系列

LX19K-B行程开关芯

LW5D-162万能转换开关

LA4-3H 三联按钮盒

TR0系列有填料封闭管式熔断器

XCKN2145P20C行程开关

RC1系列瓷插式熔断器

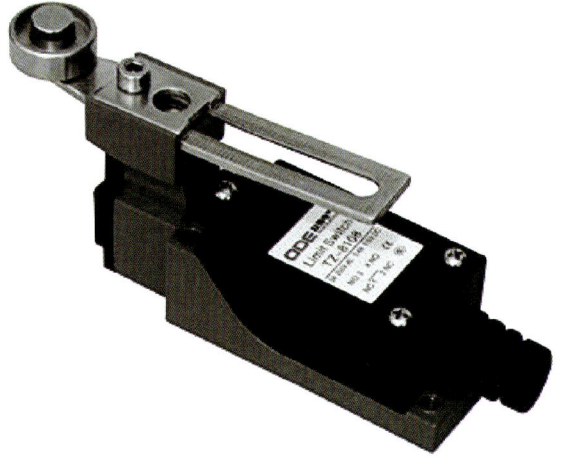

TZ-8108行程开关

RL1系列螺旋式熔断器

KT14系列

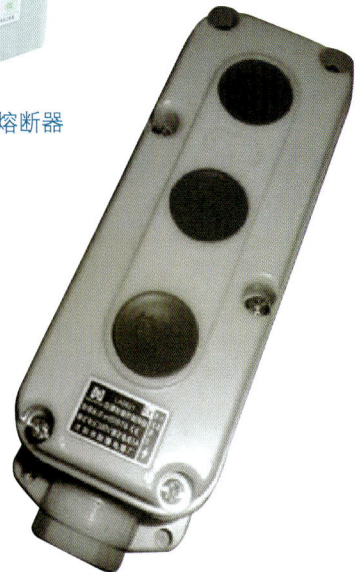

LA5821-3 防爆按钮

W 组合行程开关

YZR系列绕线型冶金及起重用三相异步电动

差动继电器

Y系列全封闭自扇冷式三相笼型异步电动机

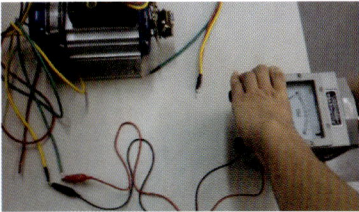

测两绕组间的绝缘电阻接线

YS系列三相异步电动机

测绕组与地间的绝缘电阻接线

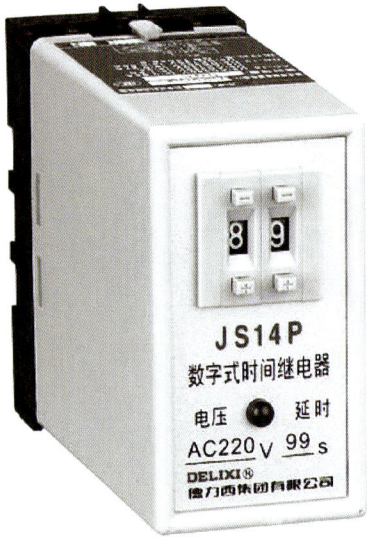

德力西3

大型电动机

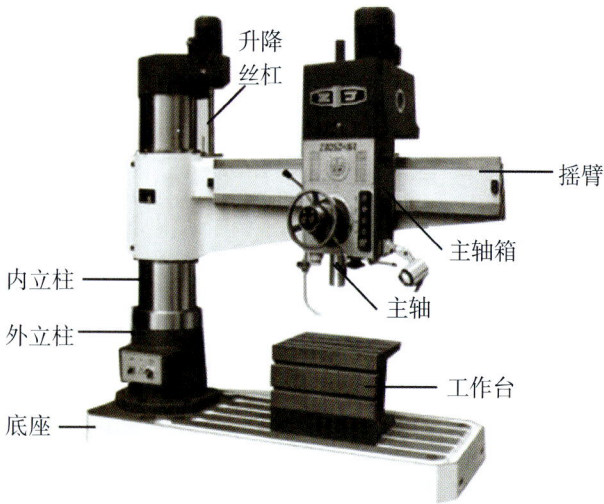

升降丝杠

摇臂

主轴箱

内立柱

主轴

外立柱

工作台

底座

Z3035型摇臂钻床的主要结构

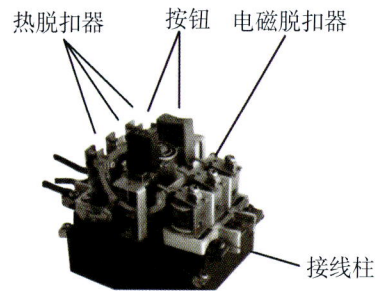

热脱扣器　按钮　电磁脱扣器

接线柱

低压断路器的结构

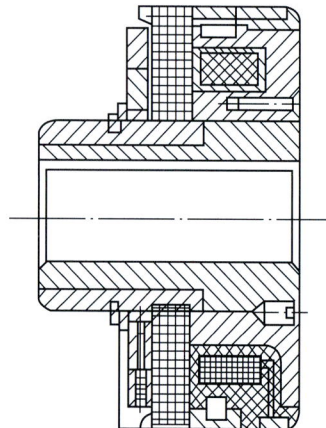

电磁离合器结构图

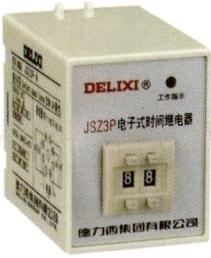
德力西 1

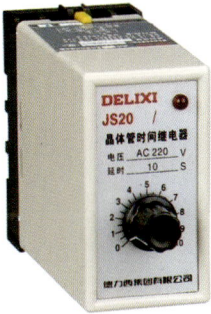
富士

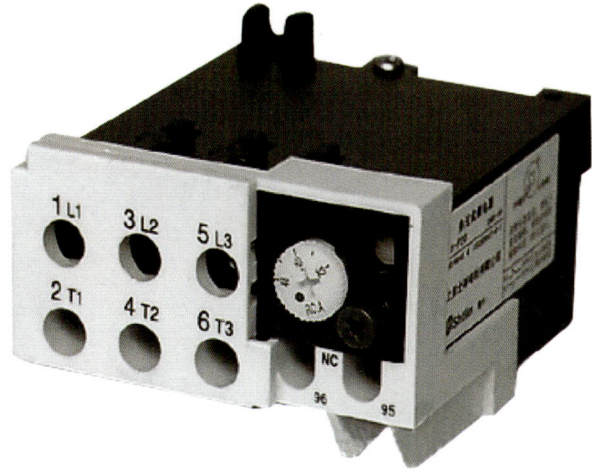
德力西 2

纯铜棒

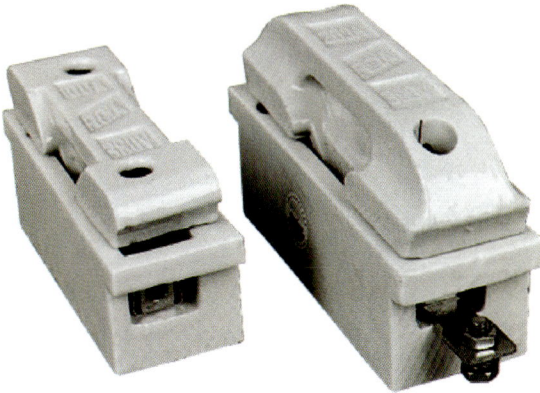
瓷插式熔断器

YZ 系列冶金及起重用三相异步电动机

电流继电器

拉具

开启式负荷开关 2P3A

快速熔断器外形结构及组成

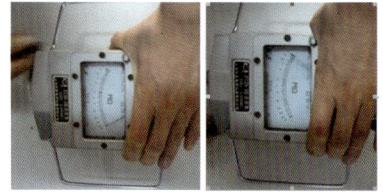
检查兆欧表是否能正常工作

快速熔断器

交流接触器

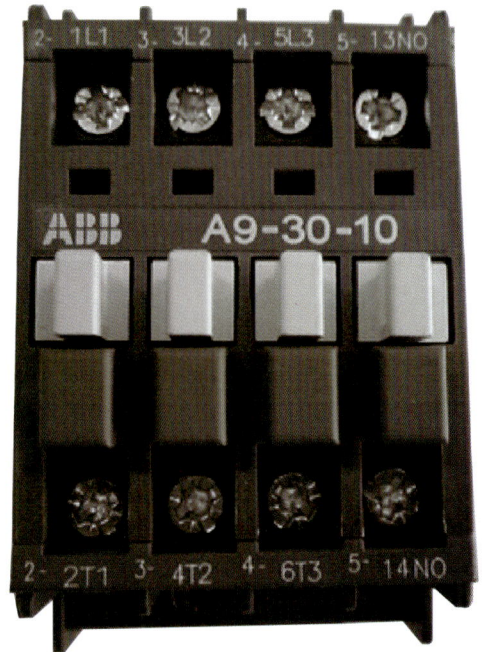
交流接触器 ABB 系列

三相异步电动机的外形图

钳形电流表1

螺旋式熔断器

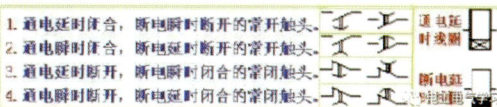
时间继电器触点的记忆方法

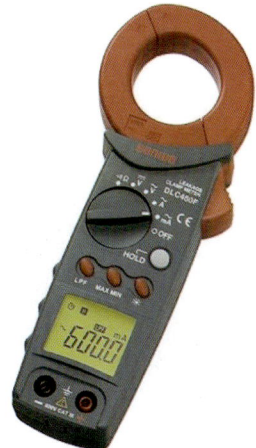
钳形电流表2

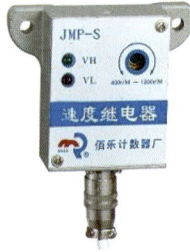
速度继电器

手动-△起动器实物

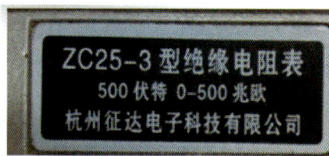
所选兆欧表的额定电压与量程

套筒

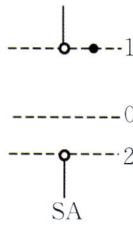
万能转换开关外形

无锁、小型按钮开关

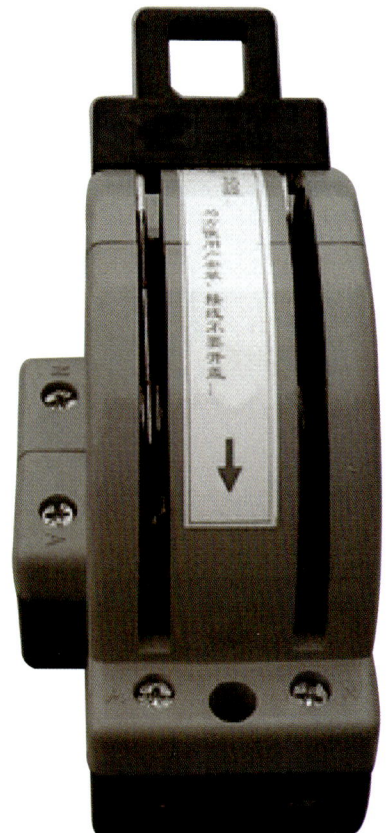
双电源负荷闸刀开关LT.STSHK11-2P-63A

三相异步电动机的结构

吊环

转子铁心　定子铁心　　　　　端盖

端盖　　转子绕组　定子绕组　机座　出线盒　风扇　风罩

移动式起重机

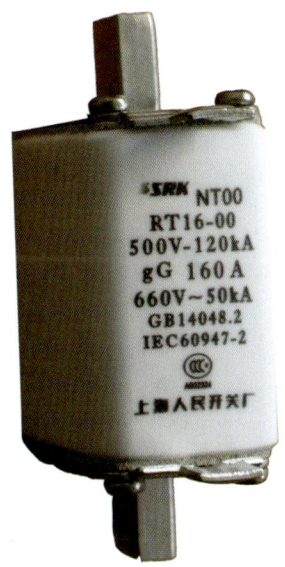

**SRK** NT00
RT16-00
500V-120kA
gG 160 A
660V~50kA
GB14048.2
IEC60947-2
上海人民开关厂

有填料式熔断器

双投闸刀开关LT.STSHK11-4P-225A

F
RVL185F
7XEN

F
RVL100F
7XFP

RVL16F
7XNB

自恢复式熔断器

无填料式熔断器

连接兆欧表的测试线

拧松端子

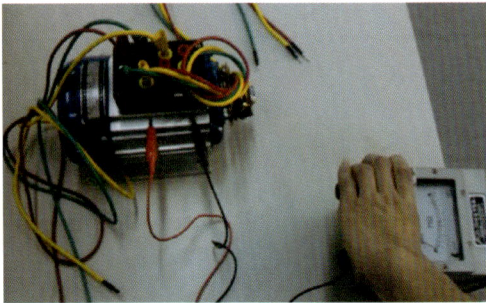

放电

富士1

户外防水隔离开关 4P20A440V

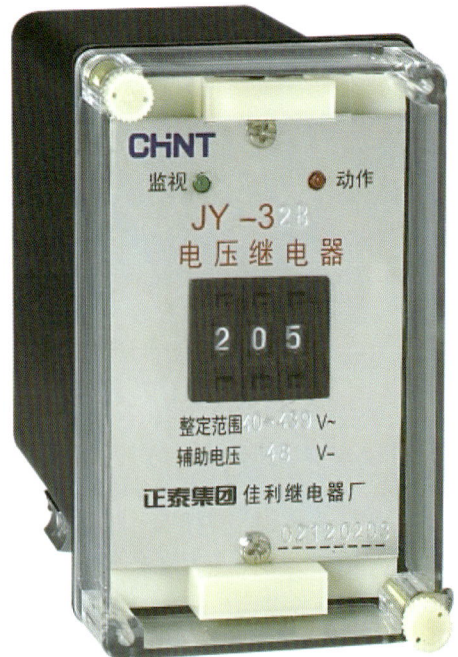

电压继电器

中间继电器

行程开关 ME-8104

信号继电器

固态继电器

西门子

矿山刮板运输机

卸下灭弧罩

Benlee 型组合开关

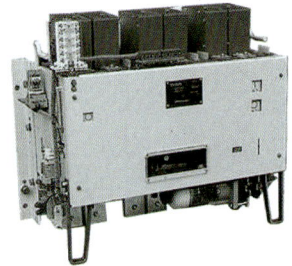
DW15

锤子

YD 系列变极多速电动机